ÉCRITS SCIENTIFIQUES ET MÉDICAUX

Dans la même collection

BICHAT	*Recherches physiologiques sur la vie et la mort (première partie) et autres textes.*
CUVIER	*Recherches sur les ossements fossiles de quadrupèdes – Discours préliminaire.*
DARWIN	*L'Origine des espèces.*
LAMARCK	*Philosophie zoologique.*

LOUIS PASTEUR

ÉCRITS SCIENTIFIQUES ET MÉDICAUX

Choix, présentation et notes
par
André PICHOT

GF-Flammarion

ISBN : 2-08-070825-2

INTRODUCTION GÉNÉRALE

Louis Pasteur (1822-1895) est sans doute, de nos jours encore, l'un des hommes de science les plus populaires. Tout le monde connaît ses travaux sur la génération spontanée et, surtout, sa découverte de la vaccination contre la rage ; découverte qui le place au firmament de la médecine et qui, de son vivant, lui avait valu le titre de « bienfaiteur de l'humanité ». On sait moins que Pasteur n'a en fait jamais été médecin, ni même vétérinaire, mais qu'il était chimiste. Ses travaux ont été fort divers, mais ils ont tous la particularité d'avoir immédiatement eu — émanant de Pasteur lui-même — une multitude d'applications, médicales bien sûr, mais aussi agro-industrielles ; et toutes ces applications ont eu une importance sociale et économique considérable. Rarement un homme de science a été à l'origine d'une telle cascade d'aussi rapides bouleversements dans des domaines aussi divers : la santé individuelle et l'hygiène publique, l'agriculture et l'industrie. Rarement la recherche scientifique a eu des résultats aussi immédiatement tangibles pour l'ensemble de la société et, qui plus est, des résultats qui étaient tous bénéfiques, et étaient reconnus tels par tous. D'ailleurs, Pasteur en argua pour obtenir des pouvoirs publics un soutien actif de la recherche scientifique, et pour inciter industriels et agriculteurs à entreprendre eux-mêmes des recherches destinées à améliorer leurs productions.

C'est sans doute à cela que Pasteur doit sa grande popularité. Il a lui-même sciemment contribué à l'édification de sa légende, par ses textes et par ses interventions publiques (voir, pages 267-273, l'expérience de Pouilly-le-Fort, où l'on assiste à une véritable mise en scène des bienfaits de la science). Très vite, il a été considéré comme l'archétype du grand savant, alliant la science et la bienfaisance, la bonté et le désintéressement. Cette réputation a été amplifiée par ses proches, et notamment par son gendre René Vallery-Radot, auteur d'une monumentale *Vie de Pasteur* qui fit longtemps autorité. Pendant plus d'un demi-siècle, Pasteur a été « Saint Pasteur ».

La société a évolué, et cette image d'Épinal ne présente plus l'attrait qu'elle a pu avoir par le passé, d'autant plus qu'elle a quelque peu tourné à l'image pieuse façon Saint-Sulpice, et a connu des extensions passablement grotesques [1]. Aujourd'hui, Pasteur nous semble avoir été un assez bon représentant de la bourgeoisie du XIXe siècle, soucieuse d'ordre social et d'ordre moral, par goût mais aussi parce qu'un tel ordre était indispensable au développement économique [2]. Il

1. Voici, à titre d'exemple, ce qu'écrit R. Vallery-Radot dans un ouvrage intitulé *Madame Pasteur* (Flammarion, Paris 1941, page 63) : « Sa chère confidente, d'une piété si haute, comprenait ce rôle du vrai savant qui n'admet pas plus, c'était les mots mêmes de Pasteur, "l'immixtion de la religion dans la science que de la science dans la religion". Dans l'église Saint-Jacques du Haut-Pas — où elle allait s'agenouiller chaque jour à l'heure matinale où Pasteur entrait au laboratoire — église qui nous semble garder encore quelque chose de sa prière, comme ces parfums d'encens qui demeurent le soir dans les chapelles silencieuses, elle comprenait, comme lui, qu'il ne faut pas risquer de ces confusions. Pour elle, si profondément chrétienne, rendre à la science ce qui est à la science lui semblait équivaloir au grand précepte : Rendez à César ce qui est à César. »

2. En ce domaine, on ne peut toutefois mettre en doute le désintéressement de Pasteur, qui s'est surtout préoccupé de l'intérêt commun et n'a tiré de ses travaux qu'un profit personnel bien inférieur à celui qu'il aurait pu en attendre. On dit qu'il refusa la somme de 100 000 francs, prix de la cession des droits du vaccin contre le

était d'un absolu conformisme en matière de morale et de religion, et, en matière de politique, d'un conservatisme non moins absolu parfois teinté d'opportunisme ; il était partisan d'un pouvoir fort, et fut toujours du côté du pouvoir [3]. Les témoignages surchargent cette image : Pasteur, nous dit-on, était incapable de rire ; il avait un caractère violent, et volontiers méprisant ; il ne connaissait que son travail, pour lequel il était très patient, minutieux et tatillon à l'extrême ; il n'avait pas de distractions ; il lisait peu, mais néanmoins appréciait la poésie de François Coppée parce qu'il la trouvait convenable (en son temps vivaient Baudelaire, Rimbaud, Verlaine). Il était d'un patriotisme assez cocardier (ce qu'il tenait de son père, fervent bonapartiste et ancien sergent-major de l'armée napoléonienne), et appréciait les honneurs. L'époque où il fut administrateur de l'École normale supérieure n'a pas laissé un souvenir très glorieux, et il dut finalement abandonner cette fonction parce qu'il y déployait un autoritarisme hors de mesure [4]. Si ce n'était anachronique, nous dirions qu'aujourd'hui Pas-

---

charbon du mouton pour l'Afrique du Sud, au souvenir du mauvais exemple qu'avait donné Liebig (son adversaire lors de l'étude des fermentations) en autorisant, contre une rétribution financière, l'utilisation de son nom pour une publicité de bouillon de viande. Si bien qu'aujourd'hui encore le public ne connaît Liebig, grand chimiste du XIXe siècle, que comme une marque de potage, alors que Pasteur a conservé son image de grand savant. Après sa fondation, les revenus des vaccins allèrent à l'Institut Pasteur.

3. Pasteur avait 26 ans au moment de la révolution de 1848 qui mit fin au règne de Louis-Philippe ; il traversa ensuite successivement la IIe République, le second Empire, la guerre de 1870, la Commune et la IIIe République.

4. Ernest Lavisse a raconté comment Pasteur, pour les guérir de leur « esprit d'insoumission », fit resservir chaque semaine aux élèves un ragoût de mouton qu'ils avaient refusé de manger, le trouvant infect. Voici, par ailleurs, comment il concevait la discipline : « J'ai à vous informer, après en avoir conféré avec M. le Directeur qui a complètement approuvé la proposition que je lui ai faite à ce sujet, que dorénavant tout élève qui sera trouvé fumant ou revenant de fumer sera signalé au Ministre comme devant être exclu de l'École [...]. Il ne s'agit pas de savoir si la peine sera disproportionnée à la faute [...] ; la faute ne sera pas d'avoir fumé, mais d'avoir manqué à l'injonction que vous recevez en ce moment » (cité par J. Nicolle, *Pasteur, sa vie, sa méthode, ses découvertes,* p. 100).

teur serait sans doute considéré comme un peu pétainiste [5].

Il ne s'agit pas ici de faire le procès de Pasteur, mais d'indiquer une caractéristique de l'homme essentielle pour comprendre l'œuvre : Pasteur était un homme d'ordre, en tous les sens du terme, même les plus excessifs. C'est là le mot-clé de ses travaux : ceux-ci ont toujours consisté à mettre de l'ordre, à quelque niveau que ce soit. Ils comportent assez peu d'éléments originaux [6] ; mais, le plus souvent, ils partent d'une situation très confuse, et le génie de Pasteur a toujours été de trouver, dans cette confusion initiale, un fil conducteur qu'il a suivi avec constance, patience et application. Toutes ses recherches sont systématiquement précédées d'une étude où il retrace l'historique du problème (en remontant parfois très loin dans le temps), et où il met en ordre les résultats déjà obtenus. Alors, et alors seulement, il procède à une approche expérimentale, dont le principe n'est peut-être pas très original, mais qui est toujours bien mieux conçue et réalisée que celles de ses prédécesseurs. Une telle démarche peut paraître évidente aujourd'hui ; elle l'était sans doute un peu moins au XIXe siècle. Mettre en ordre des données d'observation ou d'expérience était surtout beaucoup plus difficile que de nos jours car, dans ces domaines, on ne disposait que d'un cadre théorique très rudimentaire.

Le principe d'ordre se retrouve non seulement dans

5. L'anachronisme est moindre qu'il n'y paraît. Philippe Pétain est né en 1856, il avait donc 39 ans en 1895, date de la mort de Pasteur ; c'est dire que toute sa jeunesse s'est déroulée dans une France dont Pasteur était le grand homme et le modèle.

6. Cela peut surprendre, mais les études sur la dissymétrie moléculaire étaient déjà bien avancées quand Pasteur s'y intéressa, celles sur les fermentations également ; les expériences sur la génération spontanée sont l'affinement de travaux dont le principe était vieux de plus d'un siècle ; la présence de germes dans les maladies infectieuses étudiées par Pasteur a souvent été mise en évidence par d'autres que lui ; quant à la vaccination, elle avait été inventée par Jenner à la fin du XVIIIe siècle, et l'idée d'une prévention utilisant le principe de non-récidive de certaines maladies avait été proposée bien avant que Pasteur ne la réalisât.

la méthode, mais aussi dans la nature des travaux. Ceux-ci sont, en apparence, très divers ; presque toujours, ils ont été entrepris en vue d'applications pratiques, à l'instigation soit d'industriels soit des pouvoirs publics ; ce qui pourrait expliquer un certain éparpillement. Or — et cela, Pasteur lui-même l'a souligné —, tous ces travaux, si divers et entrepris au hasard de commandes, s'enchaînent en un ordre quasiment parfait. La chance y est sans doute pour quelque chose, mais encore fallait-il saisir le fil qui allait conduire de la dissymétrie moléculaire à la vaccination contre la rage. Cela, Pasteur a su le faire, et l'a manifestement fait consciemment, sans se perdre dans des voies de traverse.

Dans cette édition, nous reprendrons un à un ces différents travaux, en les présentant de manière détaillée et en les illustrant par des textes choisis dans les œuvres de Pasteur. Contentons-nous ici d'indiquer, avec quelques simplifications, leur succession et le principe de leur articulation.

Le premier travail est un travail de chimiste ; c'est l'étude, très spécialisée, du pouvoir rotatoire qu'ont les solutions d'acide tartrique sur le plan de polarisation de la lumière, la mise en relation de ce pouvoir avec la dissymétrie moléculaire dudit acide, et la découverte de l'existence de ses deux formes isomères optiques.

Nous sommes apparemment très loin des travaux de microbiologie qui feront la gloire de Pasteur. Cependant, il se trouve que, sur les deux isomères optiques de l'acide tartrique, un seul est produit par les êtres vivants (le raisin, à partir duquel on le fabrique), et qu'un seul (le même) est susceptible de fermentation. Pasteur en conclut que la fermentation, au lieu d'être une décomposition de matière organique comme le voulait Justus von Liebig (son adversaire en ce domaine), est liée à la vie, et, plus précisément, qu'elle est le fait de micro-organismes (il bénéficiait pour le soutenir dans cette idée de travaux antérieurs de C. Cagniard de Latour). Ainsi, l'étude de la fermentation poursuit logiquement les travaux sur la dissymétrie moléculaire. Et cela, même si, concrètement, elle a été entreprise à la demande d'un fabricant d'alcool qui rencontrait des difficultés dans ses fermentations de jus de betterave. Pasteur montra non seulement que les fermentations étaient inhérentes à la vie, mais aussi qu'il en existe diverses sortes, chacune étant due à un micro-organisme particulier (la levure de bière entraîne la fermentation alcoolique ; la levure lactique, la fermentation lactique ; *mycoderma aceti,* la fermentation acétique ; etc.) ; et il commença à étudier les différents produits de ces fermentations.

L'étude de la génération spontanée s'articule à la précédente par une double interrogation : d'où proviennent les micro-organismes responsables des fermentations ? comment relier l'origine de la vie et l'origine de la dissymétrie moléculaire propre aux êtres vivants ? À quoi s'ajoute un facteur déclenchant plus « concret » : la publication d'un livre, *Hétérogénie ou traité de la génération spontanée* (1859), où Félix-Archimède Pouchet s'affirmait partisan de la génération spontanée, en même temps que d'opinions philosophiques matérialistes opposées à celles de Pasteur. C'est là, très grossièrement résumé, le point de départ des célèbres travaux où Pasteur montra qu'il n'y a pas de génération spontanée des micro-organismes. Ce qui, entre autres, lui permit de concevoir le principe de la pasteurisation et d'expliquer correctement la stérilisation découverte par Nicolas-François Appert (à qui l'on doit l'invention des conserves alimentaires).

En même temps, Pasteur résout le problème de son fabricant d'alcool : les cuves de son usine étaient contaminées par des micro-organismes interférant avec la fermentation productrice d'alcool. Ce qui amène l'étude des maladies du vin, de la bière, etc. ; maladies que Pasteur attribue à l'existence de micro-organismes parasites, étrangers à la fermentation souhaitée (ainsi la présence de *mycoderma aceti* dans le vin transforme celui-ci en vinaigre ; ce qui est souhaitable dans l'industrie du vinaigre, mais ne l'est pas dans celle du vin). D'où la mise au point de méthodes hygiéniques pour l'industrie du vin, de la bière et du vinaigre, et celles de la pasteurisation de ces produits. Concrètement, ces travaux ont été entrepris à la demande du gouvernement : l'exportation de vin était importante économiquement, mais difficile techniquement car, souvent, le vin se conservait mal, s'altérait en vieillissant, et ne pouvait donc voyager. Cet aspect concret de la demande gouvernementale ne doit pas masquer la logique de la démarche pastorienne : l'étude des maladies du vin et de la bière est la poursuite des travaux antérieurs.

Des maladies du vin et de la bière, dues à des micro-organismes parasites, Pasteur passe aux maladies des animaux et de l'homme, dont certaines sont d'origine infectieuse (on le savait déjà plus ou moins, mais Pasteur le confirme de manière éclatante). Il étudie d'abord les maladies du ver à soie (à la demande du sénateur du Gard, qui était alors non seulement une région de viniculture mais aussi de sériciculture — les maladies du ver à soie et celles du vin se sont ainsi trouvées réunies), et met au point des techniques hygiéniques dans l'élevage de ces animaux. De la dissymétrie moléculaire, Pasteur était passé à l'industrie des boissons fermentées, et partant de celle-ci il est désormais arrivé à la médecine vétérinaire.

Après les maladies du ver à soie, il s'attaque aux maladies des animaux supérieurs, essentiellement le choléra des poules, le charbon du mouton, et enfin la rage. Tout d'abord, il ne s'agit que de mettre en évidence le caractère infectieux de ces maladies, et de quelques autres. Mais Pasteur découvre par hasard qu'il est possible d'atténuer la virulence du germe du choléra des poules, et que ce germe atténué a un pouvoir vaccinant (Jenner avait découvert la vaccination contre la variole à la fin du XVIIIe siècle). Pasteur exploite alors systématiquement cette possibilité, met au point un vaccin contre le choléra des poules, puis contre le charbon du mouton, et enfin contre la rage.

Sous la diversité apparente de la nature des travaux et le caractère « accidentel » de la manière dont ils ont été entrepris, il y a donc un ordre logique très régulier que Pasteur lui-même a reconnu avoir suivi. De la même manière que, dans chacune de ses études, il a mis en ordre des données antérieures assez confuses, il a suivi, dans la diversité des circonstances de sa vie, un fil conducteur qui enchaînait logiquement les travaux, l'amenant à choisir telle ou telle voie parmi celles qui s'offraient à lui (c'est la demande du fabricant d'alcool qui l'a amené à l'étude des fermentations, mais il n'a répondu à cette demande que parce qu'elle continuait logiquement son étude de la dissymétrie moléculaire ; et ainsi pour ses autres travaux).

Enfin, pour conclure sur ce point, il faut remarquer que l'importance de l'ordre dans la pensée de Pasteur est d'autant plus manifeste que les conséquences de ses travaux, qu'il s'agisse d'agriculture, d'industrie ou de santé, sont presque toutes de nature hygiénique ; or l'hygiène est toujours une affaire d'organisation, que ce soit dans le mode de vie ou dans le travail : instauration d'une hygiène dans l'industrie alimentaire, dans l'élevage des vers à soie ou du bétail, instauration d'une hygiène à l'hôpital, instauration d'une hygiène privée et d'une hygiène sociale. C'est-à-dire, dans tous les cas, instauration d'un ordre, un ordre technique nécessaire à la production agro-industrielle, un ordre technique nécessaire à la médecine, un ordre dans la vie privée nécessaire à la santé individuelle, et enfin un ordre social nécessaire à la fois à la santé publique et à la production industrielle. Il est difficile de ne pas faire le lien avec l'autoritarisme maniaque du Pasteur administrateur de l'École normale supérieure.

La seconde grande caractéristique des travaux de Pasteur est que, hormis ceux consacrés à la dissymétrie moléculaire, ils relèvent de sciences applicables et, presque toujours, d'une science qui se veut dès le départ appliquée, puisque Pasteur s'attaque à des problèmes qui lui sont soumis par les autorités politiques ou par des industriels. D'ailleurs, la plupart des travaux sont menés jusqu'au point où ils cessent d'être utiles pour ces applications ; ils vont rarement plus loin, et ne sont guère approfondis dans une perspective purement spéculative.

L'étude des fermentations est menée dans les limites des applications agro-industrielles (il est vrai que, dans ce cas, Pasteur ne disposait pas des méthodes d'analyse qui lui auraient permis d'aller beaucoup plus loin). L'étude sur la génération spontanée s'arrête à la pasteurisation et la stérilisation. Il en est de même pour les travaux sur les maladies du vin, du vinaigre et de la bière. Les recherches sur les maladies du ver à soie s'achèvent par la mise au point de méthodes hygiéniques préventives. Les travaux sur le charbon du mouton, sur le choléra des poules, ou sur la rage servent à la mise au point de vaccinations, sans qu'on trouve la moindre étude sur la nature de la maladie, sur la manière dont les germes perturbent la physiologie, sur le principe immunitaire, etc. Pasteur n'était pas médecin, rappelons-le.

Plus que d'un simple intérêt pratique, il s'agit là quasiment d'une position philosophique. L'étude sur la génération spontanée l'explique bien, notamment lorsqu'on la met en parallèle avec les affirmations à la fois matérialistes et vitalistes de Pouchet. Pour Pouchet, la génération spontanée était la marque de la continuité entre la vie et la matière ; son vitalisme faisait de la vie une propriété particulière de cette matière [7], et la dégageait ainsi de toute métaphysique idéaliste. Sa croyance à la génération spontanée était surtout motivée idéologiquement et ses arguments scientifiques et expérimentaux assez faibles. Pasteur, lui, prétend refuser l'argumentation idéologique et ne s'attacher qu'à l'expérience scientifique, laquelle montre que, dans les conditions choisies, il n'y a pas

7. Comme c'était déjà le cas pour les vitalistes du XVIIIe siècle, qui comparaient volontiers la force vitale à l'attraction newtonienne. Voir par exemple Bichat, *Recherches physiologiques sur la vie et la mort (première partie) et autres textes*, GF-Flammarion, Paris, 1995.

de génération spontanée. Mais, en réalité, il ne s'agit pas simplement pour Pasteur de constater l'impossibilité d'une telle génération ; il s'agit aussi d'exprimer une position philosophique sur les limites de la science et de revendiquer l'adhésion à une conception (non scientifique) séparant radicalement le vivant et l'inanimé (soit le contraire au vitalisme matérialiste de Pouchet).

La position philosophique sur les limites de la science est simplement l'interdiction de la recherche des origines. La recherche des causes est exclue de la démarche scientifique ; celle-ci doit se borner à ce qui relève de l'expérience (et donc finalement à ce qui est applicable). Une telle position est proche du positivisme. Elle relève chez Pasteur de la volonté de s'en tenir strictement à la méthode expérimentale ; mais il semble aussi qu'elle recouvre une volonté de limiter la science, de ne pas la voir empiéter sur un domaine qui appartient à la métaphysique, voire à la religion (cf. la note 1, page 10). Le cas de la génération spontanée est paradigmatique en ce domaine, mais on pourrait en étendre les conclusions aux autres travaux de Pasteur. Presque toujours, ces travaux affirment la radicale différence entre le domaine de la vie et celui de l'inanimé. Ainsi, Pasteur relie obstinément la dissymétrie moléculaire à la vie, alors que lui-même est parvenu (assez difficilement, il est vrai) à séparer chimiquement les isomères optiques. Pour lui, les fermentations sont propres aux êtres vivants, même si à son époque on a déjà isolé certaines « diastases », « ferments solubles [8] » qui sont des arguments favorables à une interprétation chimique catalytique de la fermentation. Selon lui, les micro-organismes n'entraînent de maladies que s'ils sont vivants (il ne comprit pas ce qu'étaient les toxines, même s'il semble l'avoir soupçonné) ; et, de même, ils n'ont un pouvoir vaccinant que si, tout en ayant perdu leur virulence, ils sont

8. Par opposition aux « ferments figurés » que sont les micro-organismes.

encore en vie. Cette affirmation d'une séparation entre le vivant et l'inanimé traverse l'œuvre de Pasteur d'une manière non moins constante que son souci maniaque de l'ordre. Il ne s'agit pas à proprement parler de vitalisme, mais plutôt d'une sorte d'indécision tendancieuse. Le vitalisme, tel qu'il est apparu au XVIIIe siècle, faisait de la vie une propriété particulière de la matière ; pour Pasteur la vie est une notion qui reste dans le flou, qu'il s'agisse de son origine ou de sa nature (la négation de la génération spontanée évite d'avoir à expliquer l'origine de la vie ; la dissymétrie moléculaire permet de dire que la vie suit les lois de la chimie, mais qu'elle conserve néanmoins une spécificité, etc.).

Il n'est guère facile de conclure en ce domaine, car Pasteur n'a pas toujours eu une position philosophiquement cohérente. Mais il semble bien que sa tendance au positivisme, le refus de se préoccuper des causes premières, la distinction affirmée de la vie et de l'inanimé (à une période où triomphent les conceptions chimiques de la vie), sont finalement autant de moyens, sous prétexte de ne pas mélanger la science et la métaphysique ou la religion, de laisser une place à ces dernières, tout en conférant à la science un certain degré de vérité, celui qui se manifeste dans l'efficacité de ses applications. En cela, Pasteur est typiquement un grand savant du XIXe siècle.

André PICHOT.

LA DISSYMÉTRIE MOLÉCULAIRE

Pasteur avait reçu une formation de chimiste. Ses thèses s'intitulaient : *Recherches sur la capacité de saturation de l'acide arsénieux. Étude des arsénites de potasse, de soude et d'ammoniaque,* et *Étude des phénomènes relatifs à la polarisation rotatoire des liquides. Application de la polarisation rotatoire des liquides à la solution de diverses questions de chimie.* C'est donc en chimie qu'il commença ses recherches et, plus spécialement — sa deuxième thèse l'y prédisposait — dans le domaine de la polarisation rotatoire.

Jean-Baptiste Biot (1774-1862) avait remarqué que les cristaux de quartz ont la propriété de faire tourner le plan de polarisation de la lumière, dans un sens ou dans l'autre [1]. John Herschel (1792-1871) avait rapproché cette observation de celle du cristallographe Gabriel Delafosse (1796-1878) qui, complétant les travaux de René-Just Haüy (1743-1822), avait remarqué, dans les cristaux de quartz, des facettes d'hémiédrie [2] inclinées tantôt dans un sens et tantôt dans l'autre. Herschel avait alors proposé de relier la propriété optique du quartz à sa structure cristalline, le sens de la rotation du plan de la lumière polarisée étant fonction du sens des facettes d'hémiédrie. Eilhard Mitscherlich (1794-1863) avait, quant à lui, constaté que l'acide tartrique et ses sels ont, en solution, un pouvoir rotatoire sur la lumière polarisée [3], tandis que ce qu'il

1. C'est-à-dire que, lorsqu'un faisceau de lumière polarisée traverse un cristal de quartz suivant son grand axe, le plan de polarisation tourne d'un certain angle, à gauche ou à droite.

2. C'est-à-dire des facettes qui introduisent une dissymétrie dans le cristal.

3. C'est-à-dire que, lorsqu'un faisceau de lumière polarisée traverse une telle solution, le plan de polarisation tourne d'un certain angle (dans ce cas, à droite).

appelait l'acide paratartrique n'en a aucun, bien qu'il ait exactement la même composition. Le problème paraissait d'autant plus mystérieux que Mitscherlich pensait que ces acides avaient non seulement la même composition, mais aussi le même arrangement d'atomes dans leurs molécules. Biot avait mis en doute cette dernière considération, arguant que l'analyse chimique ne permettait pas d'en décider. C'est là le point de départ de l'étude de Pasteur.

Ses travaux vont lui permettre de découvrir que le supposé acide paratartrique est en fait ce que nous appelons aujourd'hui du terme général de « racémique [4] », c'est-à-dire le mélange d'un acide tartrique L (lévogyre : qui dévie à gauche le plan de polarisation de la lumière) et d'un acide tartrique D (dextrogyre : qui dévie à droite ce plan). Quant à ce qui était appelé acide tartrique, c'est la seule forme D de cet acide (la forme la plus répandue dans la nature, celle qui est synthétisée, et consommée, par les êtres vivants [5]).

Pasteur commence par étudier la forme des cristaux d'acide tartrique et il leur découvre une dissymétrie, due à des facettes d'hémiédrie. Il étudie alors les cristaux d'acide paratartrique, il leur découvre également une dissymétrie, mais remarque qu'il y a deux sortes de cristaux dans cet acide : des cristaux dissymétriques identiques à ceux de l'acide tartrique et des cristaux qui en sont l'image dans un miroir (leur dissymétrie est donc inversée). Pasteur trie

4. Le nom de *racémique* (du latin *racemus,* raisin) avait été donné par Gay-Lussac à l'acide paratartrique (obtenu à partir de raisin). L'acide paratartrique étant le premier corps dont on a découvert qu'il était composé d'un mélange de deux isomères optiques inverses l'un de l'autre, le mot *racémique* a ensuite été appliqué à tous les corps qui ont cette propriété.

5. L'acide tartrique (ou acide dihydroxy-2,3 succinique) se présente en fait sous quatre formes différentes, une forme D, une forme L, un racémique (acide paratartrique, mélange équimoléculaire de D et L) et une forme optiquement inactive par compensation interne (parfois appelée acide mésotartrique) que Pasteur parviendra à fabriquer.

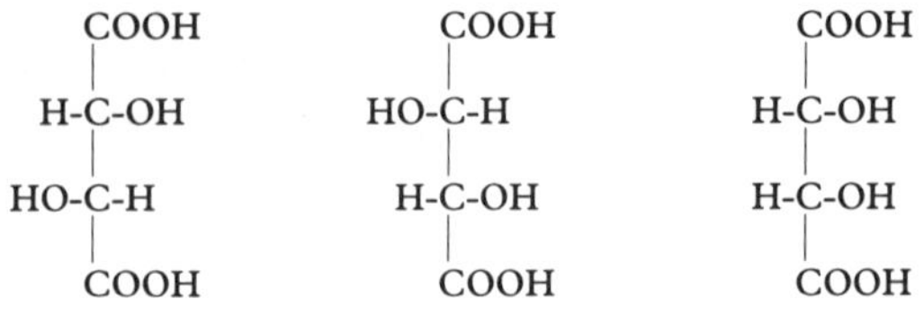

acide D-tartrique acide L-tartrique acide mésotartrique

manuellement ces deux types de cristaux, dissout séparément les uns et les autres dans de l'eau et constate que les solutions obtenues ont, sur la lumière polarisée, des pouvoirs rotatoires égaux mais inverses l'un de l'autre. Il en conclut que l'inactivité optique de l'acide paratartrique est due à une neutralisation de ces deux pouvoirs rotatoires inverses. L'acide tartrique, n'ayant qu'une forme (dissymétrique) de cristallisation, a un tel pouvoir rotatoire. Le pouvoir optique des solutions aqueuses de ces acides était ainsi relié à la forme de leurs cristaux (comme dans le cas du quartz qui, lui, est insoluble et manifeste ce pouvoir à l'état cristallin). Par la suite, lorsqu'il aura constaté qu'il existe des substances optiquement actives qui n'ont pas ces propriétés cristallines, Pasteur rattachera le pouvoir rotatoire à la dissymétrie moléculaire (susceptible d'exercer ses effets dans les solutions, où la structure cristalline a disparu). Quelques années plus tard (dans les années 1870), les travaux de Couer, Kékulé, Van't Hoff et Le Bel sur l'atome de carbone expliqueront la dissymétrie des molécules organiques [6].

Pasteur étudia différents sels d'acide tartrique, d'une forme et de l'autre, selon que ces sels sont obtenus avec des bases optiquement actives ou non. Il testa leur activité optique, mais chercha aussi à mettre au point, à partir de ces sels, des méthodes chimiques de préparation des isomères purs (L ou D) et du racémique, ou à transformer une forme en une autre. De telles transformations sont très difficiles. Pasteur parvint cependant à obtenir le racémique (et l'acide mésotartrique, inactif par compensation interne) en chauffant à 170°, pendant plusieurs heures, du D-tartrate de cinchonicine (la cinchonicine permet à l'acide tartrique de supporter cette température). Il mit également au point une méthode chimique permettant de séparer les isomères D et L, à partir du racémique, en utilisant la différence de solubilité des tartrates D et L de cinchonicine (le tartrate L précipite au fond du récipient, et le tartrate D reste en solution).

Plus important pour nous, car cela va conditionner ses recherches futures : il remarqua que les êtres vivants ne produisent (ou consomment) que l'une des deux formes actives (la forme D). Alors que le chimiste rencontre de grandes difficultés en ce domaine, les êtres vivants sont capables de fabriquer spécifiquement l'un des isomères optiques de diverses substances. C'est-à-dire qu'ils sont capables de distinguer des corps dont les propriétés chimiques

6. L'atome de carbone, tétravalent, est susceptible de recevoir des radicaux différents entraînant la dissymétrie des molécules.

sont identiques et qui ne diffèrent que par une configuration moléculaire, sur laquelle l'action du chimiste échoue presque toujours. D'où un rapport particulier assez ambigu entre la vie et la chimie ; une parenté (mêmes propriétés chimiques), mais aussi une différence (propriétés optiques différentes). C'est cette différence que Pasteur souligne de manière très forte. Le fait qu'il soit lui-même parvenu à mettre au point des méthodes chimiques différenciant les isomères optiques, ne l'incite pas à rechercher une relation entre les processus vitaux et les processus chimiques. Il peut en effet arguer de ce qu'il n'a fait que séparer les deux formes actives de tartrates à partir du racémique, mais qu'il n'est pas parvenu à synthétiser spécifiquement l'une de ces formes actives indépendamment de l'autre (et cela malgré des tentatives tout à fait curieuses évoquées dans le texte présenté ci-après — aimant, mouvements tournants, lumière, etc.).

La dissymétrie moléculaire sert de base à la distinction du vivant et de l'inanimé qui caractérise toute la science pastorienne. Dans les fermentations, une seule des formes optiquement actives est transformée, celle que les êtres vivants produisent ou consomment. D'où une relation entre les fermentations et la vie, spécialement la vie des micro-organismes. Ces micro-organismes marqués par la dissymétrie moléculaire peuvent-ils apparaître par génération spontanée, alors qu'en chimie il est si difficile de passer d'une forme optiquement inactive (symétrique ou racémique) à une forme optiquement active (dissymétrique) ? La dissymétrie moléculaire et l'impossibilité de la génération spontanée se renforcent l'une l'autre dans l'idée d'une séparation entre le vivant et l'inanimé. De la fermentation à la maladie, de la génération des micro-organismes à la transmission des maladies contagieuses, il n'y aura alors qu'un pas. Ce travail sur la dissymétrie moléculaire, qui peut paraître très abstrait et éloigné des préoccupations des médecins, va ainsi décider de toute la carrière scientifique de Pasteur, jusqu'à, et y compris, la vaccination contre la rage.

Le texte que nous avons retenu pour cette édition, est une conférence faite par Pasteur à la Société chimique de Paris le 22 décembre 1883. Les travaux qu'elle présente sont bien antérieurs ; ils datent de la fin des années 1840 et du début des années 1850 (*Œuvres complètes,* tome I, p. 369-380).

LA DISSYMÉTRIE MOLÉCULAIRE

(Conférence faite à la Société chimique de Paris le 22 décembre 1883)

Messieurs,

Dans ces dernières années, nos connaissances sur les composés organiques dissymétriques se sont enrichies de données nouvelles par les intéressants et remarquables travaux de deux savants chimistes français formés par deux de nos grandes écoles de chimie : M. Jungfleisch, élève de M. Berthelot, et M. Lebel, élève de M. Wurtz. Toutefois, lorsque j'entends parler de ces études, que je lis les ouvrages qui en rendent compte, il ne me paraît pas que la signification de leurs résultats soit toujours appréciée avec exactitude. Je voudrais essayer d'apporter dans le sujet un peu plus de rigueur et je suis, en vérité, fort reconnaissant au président de la Société chimique, M. Lauth, de m'avoir permis de venir vous en entretenir familièrement.

Les fondements de ce chapitre de chimie moléculaire, désigné sous le nom de *dissymétrie*, sont déjà d'une date un peu éloignée. Peut-être ne sont-ils pas présents à la mémoire de cette jeune réunion de chimistes, que je me plaisais à considérer l'autre jour à la brillante leçon de M. Wurtz. Permettez-moi donc de rafraîchir un peu les idées sur ces principes en vous disant quelques mots de l'acide tartrique gauche. Aussi bien ce sont mes premières joies de chercheur. Celles qu'inspire la science n'ont pas moins de poésie que les autres. Souffrez que je m'y arrête un instant.

J'étais élève à l'École normale supérieure, de 1843 à 1846. Le hasard me fit lire à la bibliothèque de l'École une note du savant chimiste cristallographe Mitscherlich, relative à deux combinaisons salines, le tartrate et le paratartrate de soude et d'ammoniaque [1]. Dans ces deux substances, concluait Mitscherlich, à la suite de l'étude approfondie de toutes leurs propriétés, « la nature et le nombre des atomes, leur arrangement et leurs distances sont les mêmes. Cependant le tartrate dévie le plan de la lumière polarisée et le paratartrate est indifférent ». Je méditai longtemps cette note ; elle troublait toutes mes idées d'étudiant ; je ne pouvais comprendre que deux substances fussent aussi semblables que le disait Mitscherlich, sans être tout à fait identiques. Savoir s'étonner à propos est le premier mouvement de l'esprit vers la découverte.

Ce n'est pas à vous que je rappellerai tout ce que nous devons à nos maîtres, combien est grande leur influence sur la direction donnée à nos travaux, à vous qui avez le bonheur d'avoir des professeurs embrasés du feu sacré, comme nous en donnait l'autre jour un exemple si particulier mon très éminent confrère M. Wurtz. A l'époque dont je vous parle, M. Dumas et M. Balard enflammaient notre ardeur pour la chimie. Un autre de nos maîtres à l'École normale, aussi modeste que savant, M. Delafosse, nous passionnait pour l'étude des cristaux.

A peine sorti de l'École normale, je formai le projet de préparer une longue série de cristaux, afin d'en déterminer les formes. Je pensai à l'acide tartrique et à ses combinaisons salines, ainsi qu'à celles de l'acide paratartrique par ces deux motifs que les cristaux de tous ces corps sont aussi beaux que faciles à obtenir et, d'autre part, que je pouvais à chaque instant contrôler l'exactitude de mes déterminations en me référant à un mémoire d'un habile et très précis physicien, M. de La Provostaye, qui avait publié une étude cristallographique étendue sur l'acide tartrique et l'acide paratartrique et les combinaisons salines de ces acides.

A peine engagé dans ce travail, je vis, à n'en pas douter, et après avoir levé toutes les difficultés de détail, que l'acide tartrique et toutes ses combinaisons avaient des formes dissymétriques. Cette observation avait échappé à M. de La Provostaye. Toutes ces formes tartriques avaient individuellement une image dans une glace qui ne leur était pas superposable. Je vis, au contraire, que rien de semblable n'existait pour les formes de l'acide paratartrique et de ses combinaisons. Tout à coup, je fus pris d'une grande émotion. J'avais toujours gardé la surprise profonde que m'avait causée la note de Mitscherlich sur le tartrate et le paratartrate de soude et d'ammoniaque. Malgré le soin extrême de son étude, me disais-je, au sujet de ces deux combinaisons, Mitscherlich, pas plus que M. de La Provostaye, n'aura vu que le tartrate était dissymétrique, car il doit l'être ; il n'aura pas vu davantage que le paratartrate ne l'est pas, ce qui est très probable également. Aussitôt, avec une ardeur fiévreuse, je préparai le tartrate double de soude et d'ammoniaque et le paratartrate correspondant et je me mis en devoir de comparer leurs formes cristallines, avec cette idée préconçue que j'allais trouver la dissymétrie dans la forme du tartrate et l'absence de dissymétrie dans celle du paratartrate. Alors, pensais-je, tout sera expliqué ; la note de Mitscherlich n'aura plus de mystère, la dissymétrie de la forme du tartrate correspondra à sa dissymétrie optique ; l'absence de dissymétrie de la forme dans le paratartrate correspondra à l'inactivité de ce sel sur le plan de la lumière polarisée, à son indifférence optique. En effet, je vis que le tartrate de soude et d'ammoniaque portait les petites facettes accusatrices de la dissymétrie ; mais quand je passai à l'examen de la forme des cristaux du paratartrate, j'eus un instant un serrement de cœur ; tous ces cristaux portaient les facettes de la dissymétrie. L'idée heureuse me vint d'orienter mes cristaux par rapport à un plan perpendiculaire à l'observateur, et alors je vis que dans cette masse confuse des cristaux du paratartrate il y en avait de deux sortes sous le rapport de la disposition des facettes de dissymétrie. Chez les uns, la facette de dissymétrie la plus rapprochée de mon corps s'inclinait à ma droite, relativement au plan d'orientation dont je viens de parler, tandis que, chez les autres, la facette dissymétrique s'inclinait à ma gauche. En d'autres termes, le paratartrate se présentait comme formé de deux sortes de cristaux, les uns dissymétriques à droite, les autres dissymétriques à gauche.

Une nouvelle idée, toute naturelle, se présenta bientôt à mon esprit. Ces cristaux, dissymétriques à droite, que je pouvais séparer manuellement des autres, offraient, eux, une identité absolue de formes avec ceux du tartrate droit. Poursuivant, dans toute la logique de ses déductions, mon idée préconçue, je séparai du paratartrate cristallisé ces cristaux droits ; je fis le sel de plomb et j'isolai l'acide. Cet acide se montra absolument identique à l'acide tartrique du raisin et jouissant, comme lui, de l'action sur la lumière polarisée. Je fus plus heureux encore le jour où, prenant à leur tour les cristaux à forme gauche du paratartrate et isolant leur acide, j'obtins un acide tartrique absolument pareil à l'acide tartrique du raisin, mais d'une dissymétrie de forme inverse de l'autre, et d'une action optique inverse. Sa forme était identique à celle de l'image de l'acide tartrique droit placé devant une glace et, toutes choses égales, il déviait à gauche de la même quantité que l'acide droit en valeur absolue.

Enfin, mettant en présence des solutions de ces deux acides à poids égaux, le mélange se résolut en une masse cristalline d'acide paratartrique, identique à l'acide paratartrique connu.

Les principes de la dissymétrie moléculaire étaient fondés. Il existe des substances dont le groupement atomique est dissymétrique et ce groupement se traduit au-dehors par une forme dissymétrique et par une action de déviation sur le plan de la lumière polarisée ; bien plus, ces groupements atomiques ont leurs inverses possibles dont les formes sont identiques à celles de leurs images et qui ont une action inverse sur la lumière polarisée.

A vrai dire, Messieurs, on comprend que les choses soient telles. Vous n'avez peut-être jamais fait une remarque qui vous paraîtra bien simple quand je vous l'aurai signalée une première fois. Considérez un objet quelconque, naturel ou artificiel, du règne minéral ou du règne organique, vivant ou mort, fait par la vie ou disposé par l'homme, un minéral, une plante, cette table, une chaise, le ciel, la terre, enfin un objet quelconque. A n'envisager que la forme de tous ces objets, que leur aspect extérieur et la répétition de leurs parties semblables, s'ils en possèdent, vous trouverez que tous peuvent se partager en deux grandes catégories : la première catégorie comprendra tous les objets qui ont un plan de symétrie, la seconde catégorie comprendra tous ceux qui n'ont pas de plan de symétrie. Avoir un plan de symétrie — il peut y en avoir plusieurs pour un même objet — c'est pouvoir être partagé par un plan, de telle sorte que vous retrouviez à gauche ce qui est à droite. Cette table a un plan de symétrie, car, si j'imagine un plan vertical passant par ses deux bords opposés, je trouve à droite exactement ce qui est à gauche ; la chaise sur laquelle vous êtes assis a un plan de symétrie — elle n'en a qu'un, la table en a deux ; elle eût été ronde qu'elle en aurait eu une infinité — ; faites passer un plan vertical par le milieu du dos de votre chaise et par le milieu de son siège et vous laisserez à droite ce que vous retrouverez fidèlement à gauche. Au contraire, il y a des corps qui n'ont pas de plan de symétrie. Coupez une main par un plan quelconque, jamais vous ne laisserez à droite ce qui sera à gauche. Il en est de même d'un œil, d'une oreille, d'un escalier tournant, d'une hélice, d'une coquille spiralée. Tous ces objets et bien d'autres n'ont pas de plan de symétrie ; ils sont tels que, si vous les placez devant une glace, leur image ne leur est pas superposable. La main droite placée devant une glace vous donne pour image la main gauche. Un escalier tournant placé devant une glace vous donne l'escalier tournant en sens inverse. Or les groupements atomiques qui composent les molécules de toutes les espèces chimiques sont des objets et des assemblages comme tous les objets et tous les assemblages que nous trouvons autour de nous. *A priori* donc, on peut croire qu'eux également doivent se partager en nos deux catégories : les groupements d'atomes qui ont un plan de symétrie et une image qui leur est superposable, et les groupements d'atomes qui n'ont pas de plan de symétrie et une image qui ne leur est pas superposable. En d'autres termes, il doit y avoir des groupes d'atomes symétriques et d'autres dissymétriques, c'est-à-dire des groupes droits et gauches, des groupes inverses les uns des autres. Ceux-ci, nous les connaissons ; c'est, par exemple, le groupe tartrique droit et le groupe tartrique gauche. Il existe une foule de groupes d'atomes dissymétriques qui attendent encore la production artificielle ou naturelle de leurs inverses. Nous avons le sucre droit ; nous ignorons l'existence du sucre gauche. Nous avons l'albumine gauche ; nous ignorons l'albumine droite. Nous avons la quinine gauche ; nous ignorons la quinine droite [2]...

Je veux que vous fassiez tout de suite une remarque : elle consiste en ce que, dans les corps qui ont un plan de symétrie, très souvent les parties que le plan de symétrie laisse à sa droite et à sa gauche n'ont pas, elles, de plan de symétrie. La chaise sur laquelle vous êtes assis a un plan de symétrie, comme je le disais tout à l'heure ; c'est le plan vertical qui passe par le milieu du dos et le milieu du siège. Mais les deux moitiés de la chaise séparées par ce plan n'ont pas de plan de symétrie. Songez-y un instant : vous reconnaîtrez que la moitié droite n'est pas superposable à la moitié gauche. En d'autres termes, si vous me permettez cette assimilation, la chaise peut être considérée comme un paratartrique. Le corps humain est dans le même cas. C'est également un paratartrique ; il a un plan de symétrie qui passe par le milieu du front et le nombril. Or toutes les parties qui sont à droite ne peuvent être superposées à celles qui sont à gauche. Les unes et les autres n'ont pas de plan de symétrie. En d'autres termes, la symétrie est compatible avec une dissymétrie double et inverse, tandis que la symétrie est absolument incompatible avec une dissymétrie simple. Disons tout de suite, quoique ce sera plus clair tout à l'heure, que, si la dissymétrie simple est le produit d'actions et de forces dissymétriques, la dissymétrie double est le produit de forces symétriques.

Messieurs, une particularité singulière concerne la dissymétrie moléculaire. On trouve la dissymétrie établie dans un très grand nombre de principes immédiats des animaux et des végétaux, notamment dans les principes immédiats essentiels à la vie. Tous les produits, pour ainsi dire, de l'œuf et de la graine sont dissymétriques.

Il existe, sans doute, chez les animaux et les végétaux des principes immédiats, tels que l'urée et l'acide oxalique, qui ne sont pas dissymétriques ; mais ce sont des produits de seconde main, en quelque sorte, comparables à nos produits des laboratoires chez lesquels la dissymétrie est absente.

En d'autres termes, lorsque le rayon de lumière solaire vient à frapper une feuille verte et que le carbone de l'acide carbonique, l'hydrogène de l'eau, l'azote de l'ammoniaque et l'oxygène de cet acide carbonique et de cette eau forment des composés chimiques et que la plante grandit, ce sont des corps dissymétriques qui prennent naissance. Vous, au contraire, tout habiles chimistes que vous êtes, quand vous unissez par mille manières diverses ces mêmes éléments, vous faites toujours des produits dépourvus de dissymétrie moléculaire. Il n'existe pas, à ma connaissance, un seul produit de synthèse chimique, né sous l'influence des causes qu'on peut considérer comme propres à la vie végétale, qui ne soit dissymétrique, qui n'ait, en d'autres termes, la forme générale d'une hélice, d'un escalier tournant, d'un tétraèdre irrégulier, d'une main, d'un œil...

Par opposition, il n'existe pas un seul produit de synthèse, préparé dans les laboratoires ou dans la nature minérale morte, qui ne soit de la forme d'un octaèdre, d'un escalier droit...

On a annoncé souvent la production directe de substances dissymétriques. M. Dessaignes a cru avoir fait l'acide aspartique de l'asparagine naturelle à l'aide des acides malique et fumarique inactifs. M. Loir, le premier, a vu que la nitromannite était active. M. Bichat, reprenant alors, à ma sollicitation, l'étude du pouvoir rotatoire de la mannite, a reconnu que cette substance n'était pas inactive, comme on le croyait auparavant. MM. Perkin et Duppa ont annoncé avoir fait l'acide tartrique du raisin en partant de l'acide succinique inactif tiré du succin [3]. J'ai fait voir que l'acide aspartique de M. Dessaignes était un isomère de l'acide aspartique et inactif, que l'acide tartrique de MM. Perkin et Duppa était de l'acide paratartrique et de l'acide tartrique inactif.

J'ai dédoublé, il est vrai, cet acide paratartrique du succin en acide tartrique droit et en acide tartrique gauche et M. Jungfleisch a fait davantage. Il a reproduit ce dédoublement avec l'acide paratartrique dérivé de l'acide succinique de synthèse totale, que M. Maxwell Simpson nous avait appris à préparer. M. Lebel, en outre, découvrant, devinant plutôt, par des vues théoriques ingénieuses, l'existence de divers paratartriques dans certains produits organiques de synthèse, ayant dans leurs formules ce qu'il appelle du carbone asymétrique [4], le propylglycol de M. Wurtz, par exemple, a dédoublé également ces paratartriques en corps droits et en corps gauches inverses. Dès lors, on a dit : il n'y a donc pas que la vie végétale qui fasse des dissymétriques et la ligne de démarcation signalée par M. Pasteur entre la chimie chez les végétaux et chez les minéraux n'existe pas *. C'est ici qu'est l'erreur d'appréciation. J'ai la prétention de vous montrer que cette séparation, cette barrière est, au contraire, affirmée par les résultats observés par moi d'abord, ensuite par M. Jungfleisch et par M. Lebel.

On peut exprimer les faits qui concernent la dissymétrie moléculaire de la manière suivante : quand les principes immédiats essentiels à la vie prennent naissance, c'est sous l'influence de forces dissymétriques et c'est pourquoi la vie fait des substances dissymétriques. Quand le chimiste dans son laboratoire combine des éléments ou des produits nés de ces éléments, il ne met en jeu que des forces non dissymétriques. Voilà pourquoi toutes les synthèses qu'il détermine n'ont jamais la dissymétrie.

Me demanderez-vous : quelles sont donc les forces dissymétriques qui président à l'élaboration des principes immédiats naturels ? Il me serait difficile de répondre avec précision ; mais la dissymétrie, je la vois partout dans l'univers. L'univers est dissymétrique. Imaginez le système solaire placé devant une glace, avec le mouvement propre de ses astres, vous aurez dans la glace une image, non superposable à la réalité. Placez devant une glace la terre avec les courants électriques en solénoïdes qu'imaginait Ampère pour rendre compte du magnétisme terrestre et de ses pôles, vous aurez une image non superposable à la réalité et, surtout, placez devant une glace la plante verte avec le rayon solaire qui

* Voici comment s'est exprimé M. Schützenberger : « Ainsi tombe la barrière que M. Pasteur avait posée entre les produits artificiels et les produits naturels. Cet exemple montre combien il faut être réservé dans les distinctions que l'on croit pouvoir établir entre les réactions chimiques de l'organisme vivant et celles du laboratoire. »

Dans une leçon récente de M. Jungfleisch (voir *Moniteur scientifique*, septembre 1883, 3e sér., XIII, p. 862), l'auteur dit : « Jusqu'à ces dernières années, on regardait les phénomènes de la vie comme étant seuls susceptibles de communiquer à la matière l'action sur la lumière polarisée... Cette barrière a été renversée. Voici des échantillons d'acide tartrique et de tartrates préparés par synthèse complète. »

la frappe, rayon qui ne la frappe jamais qu'étant en mouvement, vous aurez une image non superposable à la réalité. Sans nul doute, je le répète, si les principes immédiats de la vie sont dissymétriques, c'est que, à leur élaboration, président des forces cosmiques dissymétriques ; c'est là, suivant moi, un des liens entre la vie à la surface de la terre et le cosmos, c'est-à-dire l'ensemble des forces répandues dans l'univers. Vous, dans vos laboratoires, avec vos dissolvants, vos actions de froid et de chaleur, vous n'avez à votre service que des forces symétriques. Est-ce à dire qu'il y ait là une séparation absolue ? Non, certes. Loin que je l'aie jamais dit ou pensé, j'ai, le premier, indiqué les moyens de la faire disparaître. Que faut-il faire pour imiter la nature ? Il faut rompre avec vos méthodes qui sont, à ce point de vue, surannées et impuissantes. Il faut chercher à faire agir des forces dissymétriques, recourir à des actions de solénoïde, de magnétisme, de mouvement dissymétrique lumineux, à des actions de substances elles-mêmes dissymétriques. Lorsque, entraîné, enchaîné, devrais-je dire, par une logique presque inflexible de mes études, j'ai passé des recherches de cristallographie et de chimie moléculaire à l'étude des ferments, j'étais tout entier à la pensée d'introduire la dissymétrie dans les phénomènes chimiques [5]. A Strasbourg déjà, j'avais fait construire par Ruhmkorff de puissants aimants ; à Lille, j'avais eu recours à des mouvements tournants, provoqués par des mécanismes d'horlogerie. J'allais essayer de faire vivre une plante, dès sa germination, sous l'influence des rayons solaires renversés à l'aide d'un miroir conduit par un héliostat.

Je ne vous dirai rien de ces tentatives dont quelques-unes me semblent aujourd'hui grossières. Pourtant les efforts que j'ai faits dans le but d'introduire la dissymétrie dans les actions chimiques des laboratoires n'ont pas été stériles.

En combinant la cinchonicine, substance active dissymétrique, avec l'acide paratartrique, j'ai vu se déposer du tartrate gauche de cinchonicine et le tartrate droit rester dans la liqueur. Avec un corps inactif, l'acide paratartrique, j'ai donc fait des actifs simples séparés, l'acide tartrique gauche et l'acide tartrique droit. Quoique, à vrai dire, j'aie le premier imité la nature dans ses méthodes et établi une harmonie de fait entre les produits naturels et artificiels, je me garde bien d'en conclure que la barrière entre les deux chimies soit renversée. J'en conclus, au contraire, que l'expérience dont je vous parle consacre cette proposition, savoir que les forces mises en jeu dans nos laboratoires diffèrent de celles auxquelles la nature végétale est soumise.

J'ai introduit d'une autre manière, et d'une manière beaucoup plus intéressante, la dissymétrie dans les actions chimiques. J'ai montré que le paratartrate d'ammoniaque peut fermenter sous l'influence de petits champignons microscopiques et que l'acide tartrique gauche apparaissait. Le tartrate droit d'ammoniaque se décompose, le tartrate gauche reste intact. Avec un inactif paratartrique, j'ai donc fait apparaître la dissymétrie simple, mais pourquoi ? C'est parce que le petit ferment est un corps vivant formé, comme tous les grands êtres, d'un ensemble de produits dissymétriques et que, pour sa nutrition, ce petit être s'accommode mieux du groupe tartrique droit que du groupe tartrique gauche.

J'ai fait plus encore : j'ai fait vivre de petites graines de *penicillium glaucum,* de cette moisissure qu'on trouve partout, à la surface de cendres et d'acide paratartrique, et j'ai vu l'acide tartrique gauche apparaître. C'est encore la dissymétrie simple obtenue avec un corps inactif ; mais toujours également, pour arriver à ce résultat, il a fallu, vous le voyez, faire intervenir des actions de dissymétrie, la dissymétrie des produits immédiats naturels qui composent la graine de la moisissure.

Telles sont précisément les méthodes auxquelles M. Lebel a eu recours lorsqu'il a voulu extraire de ses paratartriques des actifs simples, des dissymétriques. Il a eu recours à l'emploi d'un dissymétrique ou à l'emploi d'une moisissure ou d'un microbe.

Encore une fois, ces expériences accusent la ligne de démarcation profonde entre le règne minéral et le règne organique, puisque pour imiter ce que fait la nature, c'est-à-dire préparer un corps droit ou un corps gauche, nous sommes contraints de faire intervenir des actions toutes particulières, des actions de dissymétrie. La ligne de démarcation dont nous parlons n'est pas une question de chimie pure et d'obtention de produits tels ou tels, c'est une question de forces ; la vie est dominée par des actions dissymétriques dont nous pressentons l'existence enveloppante et cosmique *. Je pressens même que toutes les espèces vivantes sont primordialement, dans leur structure, dans leurs formes extérieures, des fonctions de la dissymétrie cosmique. La vie, c'est le germe et le germe, c'est la vie. Or qui pourrait dire ce que seraient les *devenir* des germes, si l'on pouvait remplacer dans ces germes les principes immédiats, albumine, cellulose, etc., etc., par leurs principes dissymétriques inverses ? La solution consisterait, d'une part, dans la découverte de la génération spontanée, si tant est qu'elle soit en notre pouvoir ; d'autre part, dans la formation de produits dissymétriques à l'aide des éléments carbone, hydrogène, azote, soufre, phosphore, si, dans leurs mouvements, ces corps simples pouvaient être dominés, au moment de leurs combinaisons, par des forces dissymétriques.

Voudrais-je tenter des combinaisons dissymétriques de corps simples ? je ferais réagir ces derniers sous l'influence d'aimants, de solénoïdes, de lumière polarisée elliptique,... enfin de tout ce que je pourrais imaginer d'actions dissymétriques.

* Je suis persuadé que le paratartrate double de soude et d'ammoniaque ne se dédouble lui-même, à l'ordinaire, dans sa cristallisation, que parce qu'une force dissymétrique est présente, et si ce n'est pas une action de lumière ou de magnétisme, je crois volontiers que cette force est due à quelque poussière organique dissymétrique à la surface des vases de cristallisation. Rien ne serait plus facile que de faire cristalliser une solution de paratartrate de soude et d'ammoniaque en dehors de toute poussière organique. On devrait obtenir le paratartrate non dédoublé [6].

Si je me suis fait comprendre, vous devez vous dire : oui, il y a une séparation profonde entre le règne organique et le règne minéral [7]. Cette ligne de démarcation a deux expressions : d'une part, on n'a jamais fait un produit de synthèse, minéral ou organique, ayant d'emblée la dissymétrie moléculaire. On fait des paratartriques, mais les paratartriques sont des résultantes de forces symétriques. C'est se tromper entièrement que de croire qu'on fait de la dissymétrie quand on produit des paratartriques. D'autre part, la dissymétrie préside aux actions chimiques qui donnent lieu aux principes immédiats essentiels de la vie végétale et tout le prouve, en effet. De toute nécessité, nous devons chercher à mettre en jeu des forces dissymétriques, ce qu'on ne fait pas dans nos laboratoires actuels.

Permettez-moi de terminer cette exposition par des considérations d'un autre ordre qui me paraissent également très dignes d'attirer votre attention.

Combinons un corps dissymétrique avec un corps ayant un plan de symétrie. Supposons, par exemple, que de ma main droite je tienne ce livre. Il en résulte un assemblage tout pareil, et non superposable à l'assemblage que nous obtiendrions si je tenais ce même livre et de la même manière, avec ma main gauche. Par exemple, le tartrate droit de potasse (la potasse est un corps sans action sur la lumière polarisée, non dissymétrique) réalise un tel assemblage. Le tartrate gauche de potasse sera l'inverse de ce tartrate droit. Si ces tartrates cristallisent, et ils cristallisent, leurs formes seront identiques et non superposables ; l'une sera l'image de l'autre dans une glace ; ces formes possèdent l'hémiédrie que j'ai appelée non superposable. C'est là un fait absolument général. Tous les tartrates droits de bases inactives ont leurs dissymétriques inverses dans les tartrates gauches de ces mêmes bases. Mais supposons l'assemblage d'un corps dissymétrique avec un corps dissymétrique ; supposons, par exemple, que je prenne de ma main droite un pied humain. Cet assemblage n'aura plus une dissymétrie simple, mais double et très différente, au total, de la dissymétrie de l'assemblage de ma main gauche avec le même pied. Dans un cas, la dissymétrie droite de ma main droite s'ajoutera à la dissymétrie droite du pied, si c'est le pied droit, tandis que ma main gauche étant associée à ce pied droit, les deux dissymétries se contrarieront. Et comme il y a une main droite et une main gauche, un pied droit et un pied gauche, quatre assemblages seront possibles : main droite, pied droit ; main gauche, pied gauche ; main droite, pied gauche ; main gauche, pied droit.

Les formes extérieures de ces quatre assemblages renfermeront toutes les mêmes parties, mais autrement distribuées. Combinons, pour plus de précision, l'acide tartrique avec l'acide malique, ou plutôt le tartrate d'ammoniaque avec le malate d'ammoniaque. L'acide malique est dissymétrique comme l'acide tartrique. Ce tartromalate d'ammoniaque donne une idée d'un des quatre groupes dont nous venons de parler. Que sera sa forme ? Elle sera telle qu'elle en comportera trois autres semblables, mais ces quatre formes ne seront pas superposables les unes aux autres, c'est la tétartoédrie. Voici ces quatre formes. — J'ai étudié et préparé deux d'entre elles. Continuons : au lieu de deux corps dissymétriques, prenons-en trois ; supposez, par exemple, que, tenant de ma main droite ce pied droit, j'y associe, en outre, ce corps qui est lui-même dissymétrique, parce que c'est une pyramide à quatre faces irrégulières. En considérant chacun des inverses de ces trois corps dissymétriques, j'aurai huit assemblages pareils, mais non superposables. Supposons que j'unisse l'acide tartrique à l'acide malique et à la quinine (à la morphine, à la cinchonine...), j'aurai trois groupes actifs réunis. Or, la forme cristalline de l'assemblage en comportera sept autres pareils non superposables. Au lieu de trois groupes dissymétriques réunis ensemble, prenez-en quatre et en les combinant avec leurs inverses, quatre à quatre, vous aurez seize assemblages possibles et, par conséquent, chaque forme en comporterait quinze autres pareilles. — La combinaison de cinq groupes dissymétriques comporterait trente-deux assemblages, et ainsi de suite. Eh bien, Messieurs, il y a ici une impossibilité cristallographique. La dissymétrie simple correspond à une dissymétrie inverse. Au droit répond le gauche. Une dissymétrie double peut donner lieu à quatre combinaisons. Dans le premier cas, c'est l'hémiédrie ; dans l'autre cas, c'est la tétartoédrie ; mais, étant données les lois de la cristallographie, il n'est pas possible d'imaginer l'octoédrie ; ce mot même n'a jamais été employé, et encore moins a-t-on imaginé toutes les dissymétries plus élevées suivantes. Les plus habiles cristallographes, praticiens ou mathématiciens, je le répète, non seulement n'ont pas rencontré, mais encore n'ont pas supposé l'existence possible de l'octoédrie. Ici se présente une des propositions, à mon avis, les plus curieuses. Vous savez que les molécules les plus complexes de la chimie végétale sont les albumines. Vous savez, en outre, que ces principes immédiats n'ont jamais été obtenus à l'état cristallin. Ne peut-on ajouter que, vraisemblablement, ils ne peuvent pas cristalliser ? Pour comprendre l'impossibilité de leur cristallisation, d'après ce qui vient d'être dit, il suffit d'imaginer qu'ils sont constitués par trois groupes moléculaires dissymétriques ; à plus forte raison, s'ils l'étaient par quatre, par cinq, etc., etc. S'il en est qui cristallisent, comme l'hémoglobine, on peut croire que ces produits ne sont pas dissymétriques ou qu'ils ne contiennent que deux groupes dissymétriques, non trois, non quatre, etc. Il serait fort intéressant d'établir expérimentalement cette proposition. La chose est facile. — On pourrait tenter, par exemple, de faire le tartromalate de quinine ou de toute autre base active. La cristallisation de telles combinaisons n'est-elle pas impossible * ? En d'autres termes, pour

* Dans le cas contraire, il faudrait imaginer qu'un des groupes dissymétriques serait placé dans l'assemblage total, de façon que son influence ne se fît pas sentir au pourtour du groupement général, ce qui, vraisemblablement, n'est pas possible.

faire les produits essentiels de la vie, les principes immédiats de nos tissus, de notre sang, principes qui doivent être mous, flexibles, glissants, non cristallins, la nature, pour faire ces produits de la vie, n'aurait qu'à unir un nombre minimum de trois groupes dissymétriques.

Vous jugerez sans doute avec moi, Messieurs, que cette limitation d'une part de la puissance de la nature par les lois de la cristallographie et cette extension de ses ressources au contraire dans la formation des principes immédiats de la vie, avec leurs caractères propres, sont bien dans l'harmonie générale des lois de l'univers où l'on retrouve tout à la fois la simplicité des moyens et la fécondité des résultats !

LES FERMENTATIONS

L'étude des fermentations est le deuxième des grands travaux pastoriens. Il se situe à l'articulation de la chimie et de la microbiologie et oriente définitivement Pasteur vers les sciences de la vie. On vient de le voir : les êtres vivants ne consomment ou ne produisent qu'une des formes optiquement actives de diverses substances ; cela attire l'attention de Pasteur et lui fait rechercher le rôle des micro-organismes dans les fermentations.

Le mot « fermentation » est très ancien [1], mais son sens fut longtemps mal défini ; il désignait toutes sortes d'altérations de substances organiques. L'exemple-type est bien sûr la fermentation alcoolique (du vin ou de la bière), mais, par le passé, le mot fermentation était appliqué à des transformations qu'on qualifierait aujourd'hui de putréfaction. Les interprétations de ces processus ont été très diverses. Au XVIIe siècle, les iatrochimistes, comme Van Helmont, interprétaient quasiment toutes les transformations chimiques et tous les processus vitaux comme des réactions provoquées, voire commandées, par des ferments. De manière moins alchimique, Stahl, au début du XVIIIe siècle, considérait que les ferments étaient des corps doués d'un mouvement propre, et qu'ils transmettaient ce mouvement à la matière en fermentation. Lavoisier (fin du XVIIIe siècle) et Gay-Lussac (début du XIXe) avaient commencé une étude chimique quantitative de la transformation du sucre en alcool lors de la fermentation alcoolique. Pour eux, la fermentation s'exprimait par une

1. Il vient du latin *fervere* (bouillir) ; cette étymologie renvoie au dégagement de gaz carbonique qui accompagne la fermentation, dégagement qui fait mousser les liquides, comme dans une ébullition.

équation simple : sucre = alcool + acide carbonique [2]. Cette équation oublie cependant la nécessité du ferment. Le chimiste Jöns-Jacob Berzelius (1779-1848) ajouta l'idée de catalyse : le ferment est un catalyseur, qui n'apparaît pas dans l'équation chimique. Justus von Liebig (1803-1873), qui fut l'adversaire de Pasteur sur cette question, considérait encore que la fermentation était due à la décomposition de substances organiques. Selon lui, le ferment était une matière organique en décomposition, laquelle décomposition communiquait un « mouvement » aux substances fermentiscibles (le sucre par exemple), ce qui décomposait celles-ci à leur tour (en alcool et en gaz carbonique). La fermentation n'était donc qu'une « transmission » de la décomposition d'une matière organique (le ferment) à une autre matière organique (la matière fermentiscible). Cette théorie, proche de celle de Stahl, relevait d'une conception purement chimique ; la vie n'intervenait pas dans la fermentation. Pour Jean-Antoine Chaptal (1756-1832), vie et fermentation étaient même antagonistes, puisque, selon lui, c'était la vie qui, en s'opposant à la décomposition du raisin, s'opposait à sa fermentation (tandis que le raisin pressé, et donc « mort », pouvait fermenter).

L'interprétation de Pasteur est radicalement différente. Pour lui, les fermentations ne sont pas dues à la décomposition, mais au contraire à une production de matière organique, car elles sont causées par des micro-organismes qui se nourrissent de la matière fermentiscible (sucre par exemple) ; les produits de la fermentation (alcool, gaz carbonique) sont le résidu de cette nutrition. Les ferments sont donc des micro-organismes vivants, et non de la matière organique en putréfaction. En 1836-38, Charles Cagniard de Latour (1777-1859) avait établi que la levure de bière, responsable de la fermentation alcoolique, était un micro-organisme ; Cagniard de Latour avait même suggéré que la fermentation devait être un effet de la « végétation » de ce micro-organisme [3]. Cependant, cette découverte n'avait pas fondamentalement remis en question l'inter-

2. Lavoisier, *Traité élémentaire de chimie,* Paris, 1793 (2e éd.), tome I, p. 150 : « Les effets de la fermentation vineuse se réduisent donc à séparer en deux portions le sucre qui est un oxyde ; à oxygéner l'une aux dépens de l'autre pour en former l'acide carbonique ; à désoxygéner l'autre en faveur de la première pour en former une substance combustible qui est l'alcool ; en sorte que s'il était possible de recombiner ces deux substances, l'alcool et l'acide carbonique, on reformerait du sucre. »

3. C. Cagniard de Latour, Observations sur la fermentation du moût de bière, *L'Institut,* 23 novembre 1836, IV. Mémoire sur la fermentation vineuse, *Annales de chimie et de physique,* 2e sér., LXVIII, 1838.

prétation de la fermentation alors en vigueur ; Liebig l'avait combattue [4], et l'on pouvait toujours prétendre que c'était la portion morte de la levure qui servait de ferment, et non cette levure en tant qu'être vivant. Le courant dominant, dans la seconde moitié du XIXe siècle, tendait à interpréter les processus vitaux comme des processus chimiques. La fermentation y était considérée comme un processus purement chimique (suivant l'équation de Lavoisier), indépendant de la vie, voire opposé à celle-ci. Recourir à la vie dans son explication et, qui plus est, l'associer spécifiquement à la vie, était considéré comme un retour au vitalisme. C'est pourtant ce que Pasteur va faire. Il dispose d'une première orientation donnée par Cagniard de Latour ; il la développe et montre que c'est en tant qu'être vivant que la levure agit, et non en tant que matière organique en décomposition.

On lira cette démonstration dans les textes qui suivent. Disons simplement ici qu'une quantité infinitésimale de levure suffit à provoquer la fermentation d'une grande quantité de matière fermentiscible, et que souvent la levure s'accroît dans ce processus. Par ailleurs, si la levure est tuée par ébullition, elle est incapable de provoquer la moindre fermentation, quelque quantité qu'on en ajoute à la matière fermentiscible (elle aussi préalablement portée à ébullition). Enfin, il est possible de faire fermenter une solution sucrée qui, hormis une quantité infinitésimale de levure vivante, ne contient pas de matière azotée d'origine organique. C'est donc bien la levure en tant qu'être vivant, qui est responsable de la fermentation.

Sur ces questions, se greffe celle de la distinction entre les « ferments figurés » (les micro-organismes) et les « ferments solubles » (des substances chimiques). A l'époque de Pasteur, plusieurs « ferments solubles » avaient déjà été isolés. En 1833, Payen et Persoz avaient préparé, à partir d'orge, une substance qu'ils avaient nommée « diastase » et qui dégradait l'amidon (cette « diastase » était donc une « amylase »). Marcelin Berthelot (1827-1907) avait extrait de la levure une substance, nommée « zymase » ou « ferment inversif », qui dégradait le saccharose. Il suffisait d'une quantité infime de ces « ferments solubles » pour transformer une grande quantité de matière (amidon, saccharose) ; il

4. J. Liebig, Sur les phénomènes de la fermentation et de la putréfaction, et sur les causes qui les provoquent, *Annales de chimie et de physique,* 2e sér., LXXI, 1839. Lettres sur la chimie, traduction française, Paris 1845 (16e lettre). Nouvelles Lettres sur la chimie, Paris 1852 (28e lettre). Traité de chimie organique, Paris 1841-1843.

s'agissait donc de catalyseurs. Cela confortait la conception chimique catalytique des fermentations, mais Pasteur maintint son interprétation d'une fermentation due aux micro-organismes. En 1860, M. Berthelot concilia les deux thèses en proposant d'admettre que les micro-organismes n'agissent pas en tant qu'ils sont vivants, mais en tant qu'ils sécrètent ces « ferments solubles ». Pasteur approuva, mais en soulignant que seuls les êtres vivants produisent de tels ferments. La distinction entre la vie (dissymétrie moléculaire, fermentations) et l'inanimé était donc ainsi maintenue. Il est vrai que lesdits « ferments solubles » étaient préparés à partir d'êtres vivants. Cette préparation était très grossière et peu spécifique (par précipitation alcoolique), et l'étude des voies métaboliques était très difficile dans ces conditions. Si bien que la thèse pastorienne de la fermentation par les « ferments figurés », qui avait en outre l'avantage d'une multitude d'applications pratiques, resta longtemps la meilleure explication [5].

Ces travaux de Pasteur, et c'est là un fait notable, s'inscrivent dès le départ dans le cadre d'une recherche appliquée à l'industrie. L'étude de la dissymétrie moléculaire ressortissait principalement à la recherche fondamentale ; celle de la fermentation comporte encore certains aspects purement scientifiques, mais elle a été entreprise à la demande d'un industriel et en vue d'une application. A l'époque, Pasteur était le doyen de la toute nouvelle Faculté des sciences de Lille. En 1856, un industriel de la région, M. Bigo, vint lui demander conseil à la suite de problèmes rencontrés dans l'usine où il fabriquait de l'alcool par fermentation du jus de betterave. Pasteur remarqua, au microscope, que, dans les fermentations normales produisant de l'alcool, les globules de levure étaient ronds, tandis que, lorsque la fermentation s'altérait et produisait de l'acide lactique au lieu d'alcool, ces globules étaient allongés.

Il s'attacha alors à montrer qu'il existe une « levure lactique », qui provoque une fermentation lactique au lieu d'une fermentation alcoolique (le sucre y est transformé en acide lactique, et non en alcool). Telle sorte de levure produit de l'alcool ; telle autre, de l'acide lactique ; telle autre, une autre substance, etc. En ensemençant un milieu de culture avec telle levure, on obtiendra donc tel produit de fer-

5. En 1897, deux ans après la mort de Pasteur, Hans et Édouard Büchner réussirent à extraire de la levure une fraction soluble, une « zymase », qui était capable de transformer le sucre en alcool, en dehors de toute levure vivante.

mentation plutôt que tel autre. Si l'on ne procède pas à un ensemencement spécifique et qu'on laisse apparaître « spontanément » les micro-organismes dans le milieu de culture, la levure à qui ce milieu convient le mieux proliférera aux dépens des autres, entraînant préférentiellement telle fermentation plutôt que telle autre. Par conséquent, il est possible, en modulant les conditions de fermentation (spécialement le degré d'acidité du milieu), de favoriser telle ou telle espèce de levure, et donc telle ou telle fermentation, et ainsi d'obtenir tel ou tel produit (ainsi, la fermentation d'une solution sucrée donnera de l'acide lactique en milieu basique, mais plutôt de l'alcool en milieu neutre ou légèrement acide, car un milieu basique est plus propice au développement de la levure lactique et un milieu neutre à celui de la levure alcoolique). Ces études sont directement applicables à l'utilisation industrielle des différentes fermentations.

Par ailleurs, Pasteur mit en évidence le caractère anaérobie de nombreuses fermentations, et ce que, par la suite, on a appelé « l'effet Pasteur ». Dans le cas de la fermentation alcoolique, l'« effet Pasteur » se traduit par un rendement en alcool beaucoup plus élevé quand la fermentation se fait à l'abri de l'air, en l'absence d'oxygène libre, que lorsqu'elle se fait à l'air libre. Pasteur établit que, si la croissance de la levure est meilleure en présence d'oxygène, la fermentation, elle, est beaucoup plus intense dans des conditions anaérobies. Dans ces conditions de vie, elle remplace en quelque sorte la respiration ; tout se passe comme si la levure prélevait sur les substances fermentiscibles l'oxygène dont elle a besoin, au lieu de le prélever dans l'air. Cette découverte est importante d'un point de vue industriel (elle rend possible une amélioration du rendement dans la fabrication d'alcool), mais elle a aussi un grand intérêt scientifique, car elle signifie qu'une vie sans respiration d'oxygène libre est possible. Pasteur découvrit même que l'oxygène libre est toxique pour certains micro-organismes ; ce qui marquera l'ensemble de ses travaux ultérieurs, où toujours il se préoccupera de la question de l'air (rôle de l'air dans la génération spontanée, rôle de l'air dans la perte de virulence des germes pathogènes, etc. ; voir ci-après pour ces questions).

La fermentation la plus étudiée par Pasteur fut la fermentation alcoolique. Pour elle, il fit non seulement les travaux indiqués ci-dessus, mais il chercha à identifier et à quantifier ses différents produits. Les méthodes d'analyse dont il disposait, et la complexité des processus de fermentation, font que ses résultats ont une valeur très relative (en plus de l'alcool et du gaz carbonique, il identifia la glycérine et l'acide succinique). Ils montrent cependant que la fermentation est un processus beaucoup plus complexe que ce que laissait penser l'équation de Lavoisier.

La fermentation alcoolique fit l'objet d'un mémoire assez développé (*Œuvres complètes,* tome II, p. 52-126). La longueur de ce mémoire, l'impossibilité d'y faire des coupes, rendent difficile de l'inclure dans des œuvres choisies. Aussi, avons-nous préféré présenter les textes suivants :

— Mémoire sur la fermentation appelée lactique, *Mémoires de la Société des sciences, de l'agriculture et des arts de Lille,* séance du 3 août 1857, 2e série, V, 1858, p. 13-26 — *Annales de chimie et de physique,* 3e série, LII, 1858, p. 404-418 (*Œuvres complètes,* tome II, p. 4-13).

— Nouveaux faits pour servir à l'histoire de la levure lactique, *Comptes rendus de l'Académie des sciences,* séance du 14 février 1859, XLVIII, p. 337-338 (*Œuvres complètes,* tome II, p. 34-36).

— Mémoire sur la fermentation de l'acide tartrique, *Comptes rendus de l'Académie des sciences,* séance du 29 février 1858, XLVI, p. 615-618 (*Œuvres complètes,* tome II, p. 25-28).

— Mémoire sur la fermentation alcoolique (extrait par l'auteur), *Comptes rendus de l'Académie des sciences,* séance du 27 juin 1859, XLVIII, p. 1147-1152 (*Œuvres complètes,* tome II, p. 48-50).

Dans les deux premiers textes, Pasteur isole une levure et met en évidence son rôle dans la fermentation lactique (la production d'acide lactique à partir de sucre). Dans le troisième, il observe l'effet de la fermentation sur l'activité optique d'une solution de tartrate. Dans le quatrième, qui est un bref résumé de son grand mémoire sur la fermentation alcoolique, il étudie les différentes substances produites par la fermentation alcoolique (les principales étant l'alcool, le gaz carbonique, la glycérine et l'acide succinique).

MÉMOIRE SUR LA FERMENTATION APPELÉE LACTIQUE

I. — *Avant-propos.*

Je crois devoir indiquer en quelques mots comment j'ai été conduit à m'occuper de recherches sur les fermentations. Ayant appliqué jusqu'à présent tous mes efforts à essayer de découvrir les liens qui existent entre les propriétés chimiques, optiques et cristallographiques de certains corps dans le but d'éclairer leur constitution moléculaire, on s'étonnera peut-être de me voir aborder un sujet de chimie physiologique bien éloigné en apparence de mes premiers travaux. Il s'y rattache néanmoins très directement.

Dans l'une de mes dernières communications à l'Académie [8], j'ai établi que l'alcool amylique, contrairement à ce que l'on avait cru jusqu'alors, était une matière complexe formée de deux alcools distincts, isomères, l'un déviant à gauche le plan de polarisation de la lumière, l'autre dépourvu de toute action [9]. La similitude des propriétés de ces alcools est extrême. Mais ce qui leur donne une valeur particulière dans la direction d'études que j'ai adoptée, c'est qu'ils ont offert la première exception connue à la loi de corrélation de l'hémiédrie et du phénomène rotatoire moléculaire. Je résolus dès lors de faire une étude approfondie des deux alcools amyliques, de déterminer, s'il était possible, les causes de leur production simultanée et leur véritable origine, sur laquelle certaines idées préconçues me portaient à ne point partager l'opinion commune. La constitution moléculaire des sucres me paraît très différente de celle de l'alcool amylique [10]. Si cet alcool, lorsqu'il est actif, avait le sucre pour origine, comme tous les chimistes l'admettent, son action optique serait empruntée à celle du sucre. C'est ce que je répugne à croire dans l'état actuel de nos connaissances, parce que toutes les fois que l'on essaye de suivre la propriété rotatoire d'un corps dans ses dérivés, on la voit disparaître promptement. Il faut que le groupe moléculaire primitif se conserve en quelque sorte intact dans le dérivé pour que ce dernier continue d'être actif, résultat que mes recherches permettent de prévoir, puisque la propriété optique est tout entière dans une disposition dissymétrique des atomes élémentaires. Or je trouve que le groupe moléculaire de l'alcool amylique est trop distant de celui du sucre pour que, s'il en dérive, il en retienne une dissymétrie d'arrangement de ses atomes. Je le répète, ce sont là des idées préconçues. Elles suffisaient cependant pour me déterminer à étudier quelle pouvait être l'influence du ferment dans la production des deux alcools amyliques. Car on voit toujours ces alcools prendre naissance dans l'opération de la fermentation, et c'était là encore une invitation de plus à persévérer dans la solution de ces questions. Je dois avouer en effet que mes recherches sont dominées depuis longtemps par cette pensée que la constitution des corps, en tant qu'on l'envisage au point de vue de sa dissymétrie ou de sa non-dissymétrie moléculaire, toutes choses égales d'ailleurs, joue un rôle considérable dans les lois les plus intimes de l'organisation des êtres vivants et intervient dans leurs propriétés physiologiques les plus cachées [11].

Tels ont été pour moi l'occasion et le motif d'expériences nouvelles sur les fermentations. Mais, comme il arrive souvent en pareille circonstance, mon travail s'est agrandi peu à peu et a dévié de sa première direction ; de telle sorte que les résultats que je publie aujourd'hui paraissent étrangers à mes études antérieures. La liaison se montrera plus évidente dans ceux qui suivront. J'espère pouvoir ultérieurement mettre en rapport les phénomènes de la fermentation et le caractère de dissymétrie moléculaire propre aux substances organiques [12].

II. — *Historique.*

L'acide lactique a été découvert par Scheele, en 1780, dans le petit-lait aigri. Son procédé pour le retirer de cette matière serait encore aujourd'hui le meilleur que l'on puisse suivre *. Bouillon-Lagrange et plusieurs autres, par des recherches inexactes, obscurcirent l'étude de ses propriétés, ce qui fut cause que Braconnot décrivit en 1813 comme nouveau, et sous le nom bizarre d'acide de Nancy ou acide nancéique, un produit qui n'était autre que l'acide lactique de Scheele. Quoi qu'il en soit, le travail de Braconnot est l'un des mieux faits parmi les nombreux Mémoires auxquels cet acide a donné lieu. Il le rencontra dans le riz abandonné sous l'eau en fermentation ; dans le jus de betterave qui, après avoir éprouvé la fermentation visqueuse et un mouvement de fermentation alcoolique, s'aigrit et donne de l'acide lactique et de la mannite ; dans des haricots et des pois bouillis à l'eau fermentée ; dans une eau

* Il fit réduire d'abord le petit-lait au huitième par l'évaporation. Il le filtra, le satura par la chaux pour précipiter le phosphate de chaux. La liqueur fut filtrée et délayée dans trois fois son poids d'eau ; il y versa goutte à goutte de l'acide oxalique pour précipiter toute la chaux. Il évapora la liqueur en consistance de miel. L'acide épaissi fut redissous dans l'alcool rectifié, ce qui élimina le sucre de lait et beaucoup d'autres matières étrangères. La distillation chassa l'alcool. [BOUILLON-LAGRANGE. *Annales de chimie*, an XII, L, p. 288 ; d'après Scheele, Mémoire sur le lait ou son acide, ou acide galactique, *in :* Mémoires de chimie, *Dijon et Paris*, 1785, in-12, seconde partie, p. 51-68].

sure faite avec du levain de boulanger ; enfin dans le lait aigri et dans l'acide lactique de Scheele *.

La composition de l'acide lactique fut établie par MM. Pelouze et J. Gay-Lussac, en 1833 **. Plus tard, en 1841, MM. Fremy et Boutron *** publièrent un travail qui mérite une mention spéciale dans l'histoire de ce corps, parce qu'ils y font connaître le moyen de prolonger l'action des matières organiques azotées sur les sucres, de façon à transformer plus complètement ces derniers en acide lactique [13]. Ils ont remarqué que l'action du caséum était arrêtée par l'acide lactique lui-même, et en saturant le liquide de temps à autre par le bicarbonate de soude, ils ont pu transformer tout le sucre du lait. MM. Pelouze et Gélis [14] ont fait mieux : ils ont ajouté de la craie à l'eau sucrée et au ferment. La craie maintient constamment la neutralité, sans que l'opérateur ait à exercer aucune surveillance [15]. Alors on a pu, en reprenant les expériences de Braconnot et imitant celles de M. Colin sur la fermentation alcoolique, faire fermenter *lactiquement* le sucre à l'aide de toutes les matières plastiques azotées. Aussi les conditions matérielles de la préparation et de la production de l'acide lactique sont bien connues des chimistes. Tout le monde sait aujourd'hui qu'en ajoutant à de l'eau sucrée de la craie, plus une matière azotée telle que le caséum, le gluten, les membranes animales, la fibrine, l'albumine, etc., le sucre se transforme en acide lactique [16]. Mais l'explication des phénomènes est très obscure. On ignore

* Braconnot. [Expériences sur un acide particulier qui se développe dans les matières acescentes.] *Annales de chimie*, LXXXVI, 1813, p. 84-100 ; — Vogel. [Note sur la formation de l'acide lactique pendant la fermentation.] *Journal de pharmacie*, III, 1817, p. 491-493 ; — Berzelius. [Sur l'acide lactique.] *Annales de chimie et de physique*, XLVI, 1846, p. 420-428 ; — ont reconnu que l'acide lactique était un acide particulier.

** Gay-Lussac et Pelouze. [Sur l'acide lactique.] *Annales de chimie et de physique*, 2e sér., LII, 1833, p. 410-424.

*** Boutron et Fremy. [Recherches sur la fermentation lactique.] *Annales de chimie et de physique*, 3e sér., II, 1841, p. 257-274.

tout à fait le mode d'action de la matière plastique azotée. Son poids ne change pas d'une manière sensible. Elle ne devient pas putride. Elle se modifie cependant et elle est continuellement dans un état d'altération évidente, bien qu'il soit difficile de dire en quoi il consiste. Des recherches minutieuses n'ont pu jusqu'à présent faire découvrir le développement d'êtres organisés. Les observateurs qui en ont reconnu ont établi, en même temps, qu'ils étaient accidentels et nuisaient au phénomène.

Les faits paraissent donc très favorables aux idées de M. Liebig ou à celles de Berzelius. Aux yeux du premier, le ferment est une substance excessivement altérable qui se décompose et qui excite la fermentation par suite de l'altération qu'elle éprouve elle-même en ébranlant par communication et désassemblant le groupe moléculaire de la matière fermentiscible. Là, selon M. Liebig, est la cause première de toutes les fermentations et l'origine de la plupart des maladies contagieuses. Pour Berzelius, l'acte chimique de la fermentation rentre dans les actions de contact. Ces opinions obtiennent chaque jour un nouveau crédit. On peut, à cet égard, consulter le Mémoire de MM. Fremy et Boutron sur la fermentation lactique, les pages qui traitent de la fermentation et des ferments dans le bel ouvrage que M. Gerhardt [17] a laissé en mourant, enfin le Mémoire tout récent de M. Berthelot sur la fermentation alcoolique [18]. Ces travaux s'accordent à rejeter l'idée d'une influence quelconque de l'organisation et de la vie dans la cause des phénomènes qui nous occupent. Je suis conduit à une manière de voir entièrement différente.

Je me propose d'établir dans la première partie de ce travail que, de même qu'il existe un ferment alcoolique, la levure de bière, que l'on trouve partout où il y a du sucre qui se dédouble en alcool et en acide carbonique, de même il y a un ferment particulier, une levure lactique, toujours présente quand du sucre devient acide lactique, et que, si toute matière plastique azotée peut transformer le sucre en cet acide, c'est qu'elle est pour le développement de ce ferment un aliment convenable.

III. — *Nouvelle levure. — Sa préparation. — Ses propriétés. — Ses analogies et ses différences avec la levure de bière.*

Si l'on examine avec attention une fermentation lactique ordinaire, il y a des cas où l'on peut reconnaître au-dessus du dépôt de la craie et de la matière azotée des taches d'une substance grise formant quelquefois zone à la surface du dépôt. Cette matière se trouve d'autres fois collée aux parois supérieures du vase, où elle a été emportée par le mouvement gazeux. Son examen au microscope ne permet guère, lorsqu'on n'est pas prévenu, de la distinguer du caséum, du gluten désagrégés, etc. ; de telle sorte que rien n'indique que ce soit une matière spéciale, ni qu'elle ait pris naissance pendant la fermentation. Son poids apparent est toujours très faible, comparé à celui de la matière azotée primitivement nécessaire à l'accomplissement du phénomène. Enfin très souvent elle est tellement mélangée à la masse de caséum et de craie, qu'il n'y aurait pas lieu de croire à son existence. C'est elle néanmoins qui joue le principal rôle. Je vais tout d'abord indiquer le moyen de l'isoler, de la préparer à l'état de pureté.

J'extrais de la levure de bière sa partie soluble, en la maintenant quelque temps à la température de l'eau bouillante avec quinze à vingt fois son poids d'eau [19]. La liqueur, solution complexe de matière albuminoïde et minérale, est filtrée avec soin *. On y fait dissoudre

* Si elle ne passait pas claire, on pourrait facilement la rendre limpide en la faisant bouillir avec un peu de craie ou en lui ajoutant une très petite quantité d'eau de chaux ou de sucrate de chaux qui la précipitent abondamment. Cette précaution est presque toujours nécessaire quand l'eau de levure a été préparée avec de la levure qui est en lavage depuis quelques jours. La levure fraîche, ou qui n'a subi qu'un ou deux lavages par décantation à froid, donne une eau de levure qui passe très limpide au filtre.

environ 50 à 100 grammes de sucre par litre, on ajoute de la craie et l'on sème une trace de cette matière grise dont j'ai parlé tout à l'heure, extraite d'une bonne fermentation lactique ordinaire ; puis on porte à l'étuve à 30 ou 35°. Il est bon également de faire passer un courant d'acide carbonique pour chasser l'air du flacon, auquel on adapte un tube courbé plongeant dans l'eau [20]. Dès le lendemain, une fermentation vive et régulière se manifeste. Le liquide, très limpide à l'origine, se trouble ; la craie disparaît peu à peu, en même temps qu'un dépôt s'effectue et augmente continûment et progressivement au fur et à mesure de la dissolution de la craie. Le gaz qui se dégage est de l'acide carbonique pur ou un mélange en proportions variables d'acide carbonique et d'hydrogène. Lorsque la craie a disparu, si l'on évapore le liquide, du jour au lendemain il fournit une cristallisation abondante de lactate de chaux, et l'eau mère contient des quantités variables de butyrate de cette base [21]. Si les proportions de craie et de sucre sont convenables, le lactate cristallise en masse volumineuse au sein même du liquide pendant le cours de l'opération. Quelquefois la liqueur prend une viscosité très grande. En un mot, on a sous les yeux une fermentation lactique des mieux caractérisées, avec tous les accidents et toute la complication habituelle de ce phénomène, bien connu des chimistes dans ses manifestations extérieures.

On peut remplacer, dans cette expérience, la décoction de levure par celle de toute matière plastique azotée, fraîche ou altérée, selon les cas. Ce liquide limpide, tenant en dissolution une matière azotée, n'est qu'un aliment, et à ce titre son origine importe peu, pourvu que sa nature se prête au développement du corps organisé qui se produit et se dépose successivement [22].

Voyons maintenant quels sont les caractères de cette substance, dont la production est corrélative des phénomènes compris sous la dénomination de fermentation lactique. Prise en masse, elle ressemble tout à fait à de la levure ordinaire égouttée ou pressée. Elle est un peu visqueuse, de couleur grise. Au microscope, elle est formée de petits globules ou d'articles très courts, isolés ou en amas, constituant des flocons irréguliers ressemblant à ceux de certains précipités amorphes. Les globules, beaucoup plus petits que ceux de la levure de bière, sont agités vivement, lorsqu'ils sont isolés, du mouvement brownien, c'est-à-dire du mouvement qu'affecte toujours la matière solide en suspension dans un liquide lorsqu'elle est amenée à un état suffisant de division *. Lavée à grande eau par décantation, puis délayée dans de l'eau sucrée pure, elle l'acidifie immédiatement, progressivement, mais avec une grande lenteur, parce que l'acidité gêne beaucoup son action sur le sucre [23]. Si l'on fait intervenir la craie, qui maintient la neutralité du milieu, la transformation du sucre est sensiblement accélérée, et en moins d'une heure le dégagement du gaz est manifeste et la liqueur se charge de lactate et de butyrate de chaux en quantités variables. Lorsque, d'autre part, il y a une matière albuminoïde présente propre à la nourriture de la substance, elle se développe et l'on en recueille des quantités qui n'ont de limites que dans le poids de sucre employé et le poids de matière albuminoïde. Elle peut être recueillie et transportée au loin sans perdre son énergie. Son activité n'est qu'affaiblie quand on la dessèche ou qu'on la fait bouillir avec de l'eau. Enfin il faut très peu de cette levure pour transformer un poids considérable de sucre. Ces fermentations doivent s'effectuer de préférence à l'abri de l'air, afin qu'elles ne soient pas gênées par des végétations ou des infusoires étrangers.

Nous retrouvons là tous les caractères généraux de la levure de bière, et ces substances ont probablement des organisations qui, dans une classification natu-

* Je n'assigne pas la grosseur des petits globules. Je crois qu'à cet état de ténuité de la matière, l'illusion produite par le jeu de la lumière sur les bords des globules entraîne à des erreurs de l'ordre de grandeur des mesures elles-mêmes. C'est cependant un point que des personnes plus versées que moi dans les recherches microscopiques pourront résoudre avec plus de certitude.

relle, doivent occuper deux genres voisins ou deux familles rapprochées.

Pour ce qui est de la rapidité et de la régularité de la fermentation lactique dans les conditions que j'ai assignées, *lorsque le ferment lactique se développe seul,* tous les chimistes en seront surpris : elle est souvent plus rapide, à quantité de matière égale, que la fermentation alcoolique. La fermentation lactique, telle qu'on la pratique ordinairement, est beaucoup plus longue ; cela se conçoit très bien. Le gluten, le caséum, la fibrine, les membranes, les tissus,... que l'on emploie renferment énormément de matières inutiles. Le plus souvent elles ne deviennent un aliment pour le ferment lactique qu'après s'être putréfiées, altérées au contact de végétations ou d'animalcules qui ont rendu leurs éléments solubles et assimilables.

Voici un autre caractère qui permet de rapprocher encore le nouveau ferment de la levure de bière : Si l'on sème dans le liquide sucré albumineux limpide de la levure de bière et non de la levure lactique, c'est de la levure de bière qui se développera, et avec elle la fermentation alcoolique, bien qu'il n'y ait rien de changé aux autres conditions de l'opération. Il ne faudrait pas en conclure qu'il y aura identité de composition chimique entre les deux levures, pas plus que la composition chimique de deux végétaux n'est la même parce qu'ils ont vécu dans le même sol.

Enfin, il y a une dernière analogie que je ne dois pas omettre ; c'est qu'il n'est pas nécessaire d'avoir déjà de la levure lactique pour en préparer : elle prend naissance spontanément *, avec autant de facilité que

* Je me sers de ce mot comme expression du fait, en réservant complètement la question de la génération spontanée [24]. Au contact de l'air commun la levure lactique prend naissance si les conditions de nature du milieu et de température s'y prêtent. Si l'on opère à l'abri de l'air ou avec de l'air préalablement chauffé, les choses se passent comme il arrive pour la levure de bière ou les infusoires, et l'on peut reproduire dans ces conditions les expériences bien connues de divers physiologistes qui ont répété et précisé celles d'Appert et de Gay-Lussac sur l'influence de l'air dans les phénomènes dont il est ici question.

la levure de bière, toutes les fois que les conditions sont favorables.

Que l'on dissolve du sucre dans de l'eau de levure limpide [25], et qu'on ajoute de la craie, la fermentation s'y établira dès le lendemain ou le surlendemain, et, parce que le milieu est neutre, elle aura une tendance à être exclusivement lactique. On aura beau empêcher le contact de l'air ; il suffira que dans les transvasements ce contact ait eu lieu, et, à moins de précautions toutes particulières, que je ne suppose pas, cela arrivera infailliblement. Néanmoins, il est bien préférable de semer dans le liquide un peu de ferment lactique, parce que, dans le cas contraire, on s'expose à avoir le développement simultané de plusieurs fermentations et celui d'animalcules qui nuisent beaucoup.

Toutes les fois qu'un liquide albumineux de nature convenable renferme un corps tel que le sucre pouvant éprouver des transformations chimiques diverses et dépendantes de la nature de tel ou tel ferment, les germes de ces ferments tendent tous à se propager à la fois, et le plus ordinairement leur développement simultané se présente, à moins que l'un des ferments n'envahisse le terrain plus promptement que les autres. Or, c'est précisément cette dernière circonstance que l'on détermine quand on suit cette méthode de l'ensemencement d'un être déjà formé et prêt à se reproduire. Si l'on ne sème aucun ferment dans un mélange d'eau sucrée, de matière albuminoïde et de craie, on a généralement plusieurs fermentations parallèles avec leurs ferments respectifs, et des animalcules qui paraissent dévorer les petits globules de ces ferments. L'addition préalable d'un ferment déterminé et pur favorise beaucoup la production d'une fermentation unique et correspondante, sans l'assurer dans tous les cas. On peut comparer ce qui se passe dans les fermentations à ce que nous offre un terrain dans lequel on ne place aucune semence. On le voit bientôt chargé de plantes et d'insectes divers qui se nuisent mutuellement.

La pureté d'un ferment, son homogénéité, son développement libre, sans aucune gêne, à l'aide d'une nourriture très bien appropriée à sa nature individuelle, voilà l'une des conditions essentielles des bonnes fermentations. Or, à cet égard, il faut savoir que les circonstances de neutralité, d'alcalinité, d'acidité ou de composition chimique des liqueurs ont une grande part dans le développement prédominant de tels ou tels ferments, parce que leur vie ne s'accommode pas au même degré des divers états des milieux. Que l'on fasse dissoudre, par exemple, du sucre dans de l'eau de levure très limpide sans ajouter de craie et sans rien semer, on peut être assuré que le surlendemain la fermentation sera alcoolique, avec levure déposée au fond du vase. Dans des cas très rares, dont j'ai eu cependant la preuve à diverses reprises dans mes nombreux essais, le ferment développé sera le ferment lactique. Je le répète, c'est une exception si les choses se passent ainsi, et lors même qu'on aurait préalablement semé du ferment lactique. C'est que, dans ces conditions, la liqueur peut devenir acide et que l'acidité paraît affaiblir et contrarier le ferment lactique plus que le ferment alcoolique. Bien des recherches sont encore à faire dans cette direction.

Que l'on rende au contraire le milieu neutre ou un peu alcalin, le ferment lactique aura une grande tendance à se montrer et à se multiplier. Je vais en donner des preuves certaines. Si l'on ajoute à de l'eau sucrée et à de la levure de bière de la magnésie dont la réaction est alcaline, il y aura à la fois fermentation alcoolique et fermentation lactique avec précipitation de lactate de magnésie cristallisé ; et si l'on étudie le liquide au microscope, on verra, mêlés aux globules de levure, une quantité considérable de petits globules de ferment lactique. Ces globules prennent naissance spontanément au sein du liquide albuminoïde fourni par la partie soluble de la levure, alors que l'alcalinité du liquide diminue beaucoup l'activité de la levure comme ferment alcoolique. Un milieu légèrement alcalin convient donc très bien au développement de la nouvelle levure, mais aussi il est éminemment favorable aux infusoires, qui, en dévorant les jeunes globules, ou tout au moins en leur enlevant leur nourriture, mettent une entrave souvent insurmontable à ce genre de phénomènes.

La levure de bière offre des particularités de même nature. Elle agit fort mal au milieu d'une liqueur alcaline ; le plus souvent elle y est arrêtée. Elle est également gênée par une acidité même très minime, contrairement à ce qui est admis généralement. C'est d'un milieu neutre qu'elle s'accommode le mieux, et, comme dans toute fermentation alcoolique ordinaire il se forme des acides, il y a une cause permanente de ralentissement de son action. Et, en effet, j'ai reconnu que l'addition de la craie à la levure de bière favorise singulièrement le dédoublement du sucre en alcool et en acide carbonique. Et quand rien n'entrave ce mode de fermentation alcoolique, lorsque celle-ci a toute la rapidité qu'elle peut acquérir, la quantité d'acide formée dépasse très peu ou n'atteint pas celle qui se serait produite sans addition de craie. Il faudrait donc théoriquement maintenir le milieu neutre dans la fermentation alcoolique ; elle serait incomparablement plus prompte. Ce procédé néanmoins n'est point pratique ; il amènerait de graves accidents, parce que la neutralité du milieu favorisant le développement de la levure lactique et des animalcules aux dépens de la partie soluble de la levure de bière qui leur sert d'aliment, il arriverait le plus souvent que beaucoup de sucre se transformerait en acide lactique ou que les animalcules enlèveraient à la levure sa propre nourriture [26].

Les détails dans lesquels je viens d'entrer permettent de prévoir toutes les variations auxquelles sont sujettes les fermentations, et en particulier la fermentation lactique, qui exige un milieu dont la neutralité convient également à d'autres végétaux et à des infusoires. Lors même que l'on suit toutes les précautions que j'ai indiquées, il arrive encore souvent qu'il y a complication et coïncidence de phénomènes divers.

J'ai dû rechercher dès lors les circonstances les mieux appropriées à la production de la levure lactique seule. On a vu que c'était la levure de bière et les infusoires qui gênaient le plus. Il faut donc des conditions propres à en arrêter le développement sans influer notablement sur celui de la levure lactique. J'espère y arriver par l'emploi du jus d'oignon brut comme milieu albumineux. L'huile essentielle de ce jus s'oppose complètement à la formation de la levure de bière ; elle paraît nuire également aux infusoires. Je reviendrai donc, dans un travail spécial, sur l'utilité de l'emploi de ce jus naturel.

Lors même que par l'emploi de ce jus d'oignon on n'arriverait pas à résoudre complètement la difficulté, c'est-à-dire à déterminer *constamment et facilement* la fermentation lactique sans complication de ferments ou d'infusoires étrangers aux phénomènes, tous les faits que j'ai recueillis me portent à croire que le moyen le plus efficace pour atteindre ce résultat est de chercher à nuire à la production des ferments parasites au moyen de substances particulières *. Que l'on sème, par exemple, des globules frais de levure de bière dans le jus d'oignon brut, et jamais ces globules ne se développent [27]. Ils ne provoquent aucunement la fermentation alcoolique. Au contraire, que l'on fasse préalablement bouillir le jus d'oignon, ce qui a pour effet de chasser l'huile essentielle sulfurée, et peut-être de modifier les principes albumineux, la levure de bière se développera dans le liquide refroidi avec une efficacité remarquable, et le sucre du jus ou celui que l'on pourrait avoir ajouté se changera en alcool et en acide carbonique. Aussi jamais la fermentation alcoolique ne se déclare spontanément dans le jus d'oignon brut naturel, bien que ce jus soit acide à la manière du jus de raisin, tandis qu'il éprouve toujours la fermentation lactique jointe ou

* Ou par le choix de la matière azotée qui doit servir au développement de l'espèce de levure que l'on a intérêt de faire naître à l'exclusion d'autres.

non à diverses particularités, sur lesquelles j'appellerai ultérieurement l'attention *.

Dans tout le cours de ce Mémoire, j'ai raisonné dans l'hypothèse que la nouvelle levure est organisée, que c'est un être vivant et que son action chimique sur le sucre est corrélative de son développement et de son organisation. Si l'on venait me dire que dans ces conclusions je vais au-delà des faits, je répondrais que cela est vrai, en ce sens que je me place franchement dans un ordre d'idées qui, pour parler rigoureusement, ne peuvent être irréfutablement démontrées. Voici ma manière de voir. Toutes les fois qu'un chimiste s'occupera de ces mystérieux phénomènes, et qu'il aura le bonheur de leur faire faire un pas important, il sera instinctivement porté à placer leur cause première dans un ordre de réactions en rapport avec les résultats généraux de ses propres recherches. C'est la marche logique de l'esprit humain dans toutes les questions controversées. Or il m'est avis, au point où je me trouve de mes connaissances sur le sujet, que quiconque jugera avec impartialité les résultats de ce travail et ceux que je publierai prochainement reconnaîtra avec moi que la fermentation s'y montre corrélative de la vie, de l'organisation de globules, non de la mort ou de la putréfaction de ces globules, pas plus qu'elle n'y apparaît comme un phénomène de contact, où la transformation du sucre s'accomplirait en présence du ferment sans lui rien donner, sans lui rien prendre. Ces derniers faits, on le verra bientôt, sont contredits par l'expérience.

Dans un prochain travail je m'occuperai de l'action

* C'est en étudiant du jus d'oignon qui, abandonné à lui-même, était devenu très acide que Fourcroy et Vauquelin ont découvert pour la première fois dans les liquides naturels fermentés un principe cristallisable identique avec celui de la manne. C'est Vauquelin qui remarqua la production de cristaux dans ce jus d'oignon évaporé, et c'est M. Chevreul qui fit l'étude de ces cristaux et reconnut leur identité avec la mannite.

Le travail de Fourcroy et Vauquelin [intitulé : Sur l'analyse chimique de l'oignon *(allium cepa)*] est imprimé par extraits dans les *Annales de chimie,* LXV, 1808, p. 161-174.

chimique de la nouvelle levure sur les matières sucrées [28].

NOUVEAUX FAITS POUR SERVIR À L'HISTOIRE DE LA LEVURE LACTIQUE

[*Lettre à M. Dumas.*]

Dans un Mémoire que j'ai eu l'honneur de communiquer il y a quelques mois à l'Académie [29], je suis arrivé à cette conclusion que, de même qu'il existe un ferment alcoolique, la levure de bière, que l'on trouve partout où il y a du sucre qui se dédouble en alcool et en acide carbonique, de même il y a un ferment particulier, une levure lactique, toujours présente quand du sucre devient acide lactique, et que si toute matière plastique azotée peut transformer le sucre en cet acide, c'est qu'elle est pour le développement de ce ferment un aliment convenable *.

Cette nouvelle levure, constituée par des globules ou mieux par des articles très courts, un peu renflés aux extrémités, de 1/600 de millimètre de diamètre environ, a tous les caractères généraux de la levure de bière, mais dans aucun cas elle ne dédouble le sucre en alcool et en acide carbonique. Le principal produit de son action est l'acide lactique, et je vous ai annoncé depuis longtemps que dans la fermentation par la levure de bière il ne se formait pas la plus petite quantité de cet acide.

Cette levure lactique est-elle organisée à la façon de la levure de bière ? Ne serait-elle pas un précipité de

* Non seulement mes recherches ultérieures ont confirmé l'exactitude de ces conclusions de mon premier travail, mais j'ai reconnu qu'il existait un grand nombre de levures distinctes ayant toutes leur spécialité d'action. La grande difficulté est de les isoler et de trouver les conditions appropriées au développement exclusif de chacune d'elles.

matière azotée ayant la propriété d'agir sur le sucre par sa nature chimique, par son contact, comme l'aurait dit Berzelius, ou par un phénomène de mouvement communiqué, comme s'exprimerait M. Liebig ? Assurément rien ne démontre mieux l'organisation de la levure de bière que les expériences sur la multiplication des globules de levure dans une eau sucrée mêlée à une petite quantité d'ammoniaque et de phosphates alcalins et terreux [30], expériences que vous avez bien voulu faire connaître récemment à l'Académie [31].

Il résulte de là que si les mêmes essais pouvaient réussir avec la levure lactique, il serait également bien difficile de mettre en doute le fait de son organisation déjà si vraisemblable, et par l'aspect microscopique de cette levure, et par ses frappantes analogies avec la levure de bière.

Tels sont précisément les résultats que j'ai l'honneur de vous prier de communiquer à l'Académie, ainsi que les particularités remarquables qui les accompagnent.

Je mêle à de l'eau sucrée pure une petite quantité d'un sel d'ammoniaque, des phosphates et du carbonate de chaux précipité. Après vingt-quatre heures, la liqueur commence à se troubler et un dégagement de gaz a lieu ; la fermentation continue les jours suivants, l'ammoniaque disparaît, les phosphates et le sel calcaire se dissolvent, du lactate de chaux prend naissance, et corrélativement on voit se déposer de la levure lactique, le plus ordinairement associée à des infusoires. Souvent aussi la liqueur se charge de butyrate de chaux. En un mot, on a tous les caractères de la fermentation lactique, bien définie autrefois par M. Fremy, dans les conditions générales de son existence ; et ce n'est pas sans surprise que l'on voit un abondant dépôt de matière végétale et animale dans une liqueur qui ne renfermait primitivement d'autre produit azoté qu'un sel d'ammoniaque [32].

Si l'on supprime le carbonate de chaux, les choses se passent de la même manière, sans qu'il se forme la moindre quantité de levure de bière, mais seulement de la levure lactique et quelques infusoires, que l'acidité croissante du milieu fait périr promptement. D'ailleurs la fermentation est très pénible dans ces conditions et ne tarde pas à s'achever, probablement aussi par suite de l'acidité que prend la liqueur [33].

Quant à l'origine de la levure lactique, dans ces expériences, elle est due uniquement à l'air atmosphérique ; nous retombons ici dans les faits de générations spontanées. Si l'on supprime tout contact avec l'air commun, ou si l'on porte à l'ébullition le mélange de sucre, de sel d'ammoniaque, de phosphates et de craie pour n'y laisser rentrer que de l'air chauffé au rouge, il ne se forme ni levure lactique, ni infusoires, ni fermentation quelconque [34].

Vous remarquerez, Monsieur, que dans les expériences précédentes la vie végétale et animale a pris naissance dans du sucre candi pur, substance cristallisable, mêlée à un sel d'ammoniaque et à de la matière minérale, c'est-à-dire dans un milieu où il n'y avait aucun produit ayant eu antérieurement une organisation quelconque.

Sur ce point la question de la génération spontanée a fait un progrès.

MÉMOIRE SUR LA FERMENTATION DE L'ACIDE TARTRIQUE

Première partie. — De même qu'il existe un ferment alcoolique, la levure de bière, que l'on trouve partout où il y a du sucre qui se dédouble en alcool et en acide carbonique, et qui est organisé d'après les observations de M. Cagniard de Latour, de même il y a une levure lactique toujours présente quand du sucre devient acide lactique, et si toute matière plastique azotée peut transformer le sucre en cet acide, c'est qu'elle est pour le développement de ce ferment un aliment approprié à sa nature. Tel est le résultat d'un travail que j'ai eu l'honneur de communiquer à l'Académie dans la séance du 30 novembre dernier [35]. Je vais montrer que la fermentation de l'acide tartrique donne lieu à des conclusions tout à fait analogues [36].

On savait depuis longtemps, par des accidents de fabrication, que le tartrate de chaux brut, encore mêlé à des matières organiques et abandonné sous l'eau, pouvait fermenter. Un chimiste manufacturier, M. Nœllner, étudia les produits de cette fermentation, et y reconnut l'existence d'un acide qu'il crut nouveau, dont M. Nicklès [37] donna la composition exacte, et que MM. Dumas, Malaguti et Leblanc [38], dans leur beau travail sur les éthers cyanhydriques, trouvèrent identique avec l'acide métacétonique que M. Gottlieb avait obtenu en faisant agir la potasse sur le sucre.

Je ne m'occuperai pas aujourd'hui des substances qui résultent de la fermentation de l'acide tartrique. J'y reviendrai bientôt dans un travail spécial. Je dirai seulement que mes expériences ont porté sur le tartrate d'ammoniaque, et non sur le tartrate de chaux, et que ce changement dans la nature de la base en a amené dans la composition des produits, avec d'autres particularités fort curieuses, mais dont le détail compliquerait l'étude de la cause du phénomène, à laquelle je veux m'attacher principalement dans la première partie de cette communication.

Voici comment j'opère :

Le tartrate d'ammoniaque pur est dissous dans de l'eau distillée à laquelle j'ajoute une matière albuminoïde azotée soluble dans l'eau, l'extrait d'un jus de plante, d'une humeur quelconque de l'économie animale, ou la partie soluble de la levure de bière ordinaire [39]. Il suffit que la solution tartrique en renferme 2 à 3 millièmes de son poids total. La liqueur, parfaitement limpide, est placée très chaude dans un flacon qu'elle remplit jusqu'au col, et, lorsque sa température est descendue à 30° environ, on ajoute quelques centimètres cubes du liquide trouble d'une bonne fermentation de tartrate en train depuis quelques jours, et provoquée, si l'on veut, à la manière ordinaire. La quantité de matière solide que l'on sème par cet artifice est tout à fait impondérable. Elle a pourtant une très grande influence. Si les conditions de température et de neutralité ou d'alcalinité légère du milieu sont bien observées, en quelques heures tout le liquide sera troublé, et la fermentation s'annoncera dès le lendemain par un dégagement gazeux.

Voici quelques caractères de la fermentation disposée comme je viens de le dire.

Le trouble de la liqueur et le dégagement de gaz augmentent peu à peu, et l'on voit un dépôt se former progressivement au fond du vase. Ce dépôt est excessivement minime par rapport au poids de tartrate. Comme dans toutes les fermentations, le dégagement gazeux diminue après avoir atteint un maximum. Il est d'ailleurs très facile de suivre, par l'examen optique de la liqueur, la transformation graduelle de l'acide tartrique en produits inactifs sur la lumière polarisée [40]. La matière qui se dépose pendant la fermentation se montre au microscope formée de petites tiges ou de granulations d'un très petit diamètre, réunies en amas, en lambeaux irréguliers, et comme soudées par une substance glutineuse. Mais un examen plus attentif montre que cette réunion des granules est due probablement à un enchevêtrement de petits filaments constitués par les granulations disposées comme des grains de chapelet. Le diamètre des petites granulations ou globules est sensiblement le même que dans la levure lactique et l'aspect général au microscope de ces deux productions offre de grandes analogies. Le dépôt dont il est ici question, lavé à grande eau et placé dans une solution de tartrate d'ammoniaque dans l'eau pure, en détermine la fermentation [41]. Après quelques heures de contact, on peut prouver qu'il y a du tartrate transformé, c'est-à-dire que la fermentation est à peu près immédiate.

Deuxième partie. — L'Académie se rappelle la constitution singulière de l'acide racémique. Elle sait qu'il est formé par la combinaison d'une molécule d'acide tartrique droit, qui est l'acide tartrique ordinaire, et d'une molécule d'acide tartrique gauche, qui ne diffère du droit que par l'impossibilité de superposer leurs formes, d'ailleurs identiques, et par le pouvoir rotatoire qui s'exerce à droite dans le premier, à gauche dans le second, exactement de la même quantité en valeur absolue. L'Académie sait, de plus, qu'il y a entre les propriétés chimiques de ces deux acides une identité telle qu'il est matériellement impossible de les distinguer, à moins toutefois qu'on ne les mette en présence de substances actives sur la lumière polarisée. Car alors toutes leurs manières d'être diffèrent essentiellement [42].

Il y avait donc un intérêt très grand à rechercher si l'acide racémique éprouverait la même fermentation que l'acide tartrique droit, en d'autres termes, si la levure dont j'ai donné plus haut le mode de production transformerait l'acide tartrique gauche aussi facilement et de la même façon que l'acide tartrique droit. Le racémate d'ammoniaque fut mis en fermentation en suivant les indications que j'ai indiquées tout à l'heure pour le tartrate droit. La fermentation se déclara avec la même facilité, les mêmes caractères et dépôt de la même levure. Mais en étudiant la marche du phénomène à l'aide de l'appareil de polarisation, on voit que les choses se passent tout autrement. Après quelques jours de fermentation, le liquide primitivement inactif possède un pouvoir rotatoire à gauche sensible, et ce pouvoir augmente progressivement à mesure que la fermentation se continue, de manière à atteindre un maximum [43]. La fermentation est alors suspendue. Il n'y a plus trace d'acide droit dans la liqueur, qui, évaporée et mêlée à son volume d'alcool, donne immédiatement une abondante cristallisation de tartrate gauche d'ammoniaque.

Voilà sans doute un excellent moyen de préparer

l'acide tartrique gauche. Mais tout l'intérêt du fait qui précède me paraît se rattacher au rôle physiologique de la fermentation qui se présente dans mes expériences comme un phénomène de l'ordre vital. En effet, nous voyons ici le caractère de dissymétrie moléculaire propre aux matières organiques intervenir dans un phénomène physiologique comme modificateur de l'affinité. Il n'est pas douteux que c'est le genre de dissymétrie propre à l'arrangement moléculaire de l'acide tartrique gauche qui est la cause unique, exclusive, de la non-fermentation de cet acide dans les conditions où l'acide inverse est détruit [44].

Assurément certaines idées philosophiques sur le concours nécessaire de toute chose à l'harmonie de l'univers permettent d'affirmer que le caractère si général de dissymétrie des produits organiques naturels joue un rôle dans l'économie végétale et animale. Mais la science veut autre chose que des vues *a priori*. Or, je remarque que, pour la première fois, dans le phénomène que je viens de faire connaître, le caractère de dissymétrie droite ou gauche des produits organiques intervient manifestement comme modificateur de réactions chimiques d'un ordre physiologique.

Quant à la cause intime de la différence que j'ai signalée entre la fermentation des deux acides tartriques, il me paraît vraisemblable de l'attribuer au pouvoir rotatoire des matières qui entrent dans la constitution de la levure. On comprend que, si la levure est naturellement constituée par des matières dissymétriques, elle ne s'accommodera pas à un degré égal d'un aliment qui lui-même sera dissymétrique dans le même sens ou en sens inverse : à peu près comme on a vu dans mes recherches antérieures le tartrate droit de quinine différer essentiellement du tartrate gauche de cette base qui est active, tandis que les tartrates droit et gauche de potasse ou de toute autre base inactive sont chimiquement identiques.

MÉMOIRE SUR LA FERMENTATION ALCOOLIQUE (EXTRAIT PAR L'AUTEUR)

Lorsque les analyses exactes de Gay-Lussac et Thenard et celles de Saussure eurent fixé définitivement la composition du sucre et de l'alcool, il devint facile de voir théoriquement qu'en ajoutant de l'alcool et de l'acide carbonique on pouvait reproduire la composition du sucre ; c'est ce que Gay-Lussac fit remarquer dans une lettre très instructive qu'il adressa à M. Clément en 1815, lettre qui se termine ainsi : « Si l'on suppose maintenant que les produits que fournit le ferment puissent être négligés relativement à l'alcool et à l'acide carbonique, qui sont les seuls résultats sensibles de la fermentation,... on trouvera qu'étant données 100 parties de sucre, il s'en convertit, pendant la fermentation, 51,34 en alcool et 48,66 en acide carbonique *. » Cette déduction théorique de Gay-Lussac coïncidait avec les vues que Lavoisier avait publiées vingt-cinq ans auparavant sur la fermentation alcoolique, et elle éloigna tous les doutes que n'auraient pas manqué de soulever tôt ou tard les expériences inexactes de cet illustre chimiste.

On admettait cependant que l'expérience ne pouvait justifier en tout point les théories de Gay-Lussac, car Lavoisier avait justement indiqué qu'une petite portion du sucre se transformait en un acide organique qu'il croyait être de l'acide acétique, mais que l'on s'accordait depuis de longues années à identifier avec l'acide lactique.

Les résultats de mes recherches sont en désaccord sensible avec les opinions généralement admises sur les produits de la fermentation :

* Gay-Lussac. Lettre à M. Clément sur l'analyse de l'alcool et de l'éther sulfurique, et sur les produits de la fermentation. *Annales de chimie,* XCV, 1815, p. 318.

1° L'acide de la fermentation alcoolique n'est dans aucun cas de l'acide acétique ou de l'acide lactique.

2° L'alcool et l'acide carbonique ne sont pas les seuls produits du dédoublement du sucre. Il s'y joint constamment de l'acide succinique et de la glycérine. Les proportions de l'acide succinique varient entre 5 et 7 millièmes, celles de la glycérine entre 25 et 36 millièmes du poids du sucre mis en fermentation.

3° L'alcool et l'acide carbonique ne forment pas équation avec un poids déterminé de sucre ; c'est-à-dire que l'alcool et l'acide carbonique ne sont pas dans les rapports indiqués par l'équation théorique : il se dégage plus d'acide carbonique que n'en exige le poids d'alcool produit.

4° Plus de 1 pour 100 du poids du sucre (1,2 à 1,5) se fixe sur la levure à l'état de matières diverses parmi lesquelles j'ai reconnu la cellulose et les substances grasses.

En résumé, sur 100 grammes de sucre qui fermentent, 5 à 6 grammes ne suivent pas l'équation de Lavoisier et de Gay-Lussac, et cette portion du sucre se transforme en assimilant de l'eau, de manière à fournir dans les cas les plus ordinaires :

	g g
Acide succinique	0,6 à 0,7
Glycérine	3,2 à 3,6
Acide carbonique	0,6 à 0,7
Cellulose, matières grasses et autres produits encore indéterminés	1,2 à 1,5
Total	5,6 à 6,5

Le reste du sucre paraît former équation avec tout l'alcool et le surplus de l'acide carbonique suivant les rapports de l'égalité de Lavoisier et de Gay-Lussac [45].

Il se présente ici une question pleine d'intérêt. Nous venons de voir que l'acte chimique de la fermentation n'a pas la simplicité qu'on lui avait accordée jusqu'à présent. L'équation possible entre le sucre d'une part, l'alcool et l'acide carbonique de l'autre, avait fait illusion ; mais la complication apportée par les résultats de mon travail n'est-elle pas plus apparente que réelle ? Ne peut-on pas admettre que l'acide succinique, la glycérine et l'acide carbonique qui les accompagne sont les résultats d'une action secondaire, accidentelle ?

L'habitude que nous avons d'envisager le phénomène de la fermentation alcoolique avec une grande simplicité portera beaucoup de personnes à croire que la glycérine et l'acide succinique sont des produits accessoires de la fermentation alcoolique, peut-être corrélatifs d'une autre fermentation parallèle accomplie sous une influence particulière et inconnue ; que le phénomène principal reste le même, et que l'on peut continuer à regarder le sucre comme se dédoublant réellement pour la meilleure part en alcool et en acide carbonique, d'après les rapports simples de l'équation de Lavoisier et de Gay-Lussac.

Sans nul doute je m'arrêterais à cette manière de voir si j'avais pu dans quelques cas particuliers faire fermenter un sucre sans qu'il y eût production d'acide succinique et de glycérine. Mais dans plus de cent analyses de fermentations effectuées dans les conditions les plus différentes, je n'ai jamais obtenu ce résultat ; j'ai vu quelquefois diminuer ou augmenter les proportions de ces deux produits sans que leur rapport change dans la limite d'exactitude de mes procédés analytiques, mais dans aucun cas ils n'ont disparu.

Je suis donc très porté à voir dans l'acte de la fermentation alcoolique un phénomène simple, unique, mais très complexe comme peut l'être un phénomène corrélatif de la vie, donnant lieu à des produits multiples tous nécessaires.

L'Académie apprendra peut-être avec intérêt l'application que j'ai faite des résultats qui précèdent à l'analyse des vins. Comme chacun le sait, le vin est le moût sucré du raisin qui a subi la fermentation alcoolique. L'acide succinique et la glycérine étant des produits constants de cette fermentation, je devais les retrouver dans le vin. Ils y existent, en effet, dans une proportion notable. On sera surpris d'apprendre qu'un litre de vin renferme 6 à 8 grammes de glycérine et 1 gramme à 1 g 5 d'acide succinique.

Le résidu solide de l'évaporation d'un litre de vin étant, d'après les auteurs, de 15 à 25 grammes, on voit que plus du tiers, souvent plus de la moitié des matériaux solides du vin sont restés inconnus jusqu'à ce jour.

Dans la deuxième partie de mon travail, je m'occupe plus spécialement du ferment, de sa nature et des transformations qu'il éprouve. Mais l'espace me manque pour donner un résumé de cette partie de mon Mémoire [46].

LA GÉNÉRATION SPONTANÉE

Avec la génération spontanée, nous abordons l'un des deux grands domaines qui ont véritablement fait la gloire de Pasteur. L'articulation de cette question avec celle des fermentations a déjà été indiquée clairement dans les textes précédents : les fermentations sont dues à des micro-organismes ; ce sont donc des processus propres à la vie ; il faut alors expliquer l'origine de ces micro-organismes. S'ils apparaissaient spontanément, tout le discours de Pasteur sur le lien nécessaire entre fermentation et vie (et par là celui sur le lien entre vie et dissymétrie moléculaire) serait amoindri, puisque la vie (et par là la fermentation et la dissymétrie moléculaire) pourrait naître de la seule matière. Si, au contraire, ils ne peuvent apparaître spontanément, ce discours se trouve renforcé.

Plus concrètement, Pasteur fut amené à s'intéresser à la génération spontanée suite à la publication de l'ouvrage de F.-A. Pouchet, *Hétérogénie ou traité de la génération spontanée* (Éditions Baillière, Paris 1859 [1]). En associant la génération spontanée à la putréfaction, Pouchet revenait indirectement à la théorie de Liebig sur les fermentations. Par ailleurs, il ne cachait pas les implications philosophiques de sa thèse ; ce qui ne pouvait guère plaire à Pasteur. Comme cet aspect philosophique a passablement été brouillé par l'image d'Épinal pastorienne, il convient sans doute d'en dire quelques mots.

Dans le mémoire que nous présentons ci-après, Pasteur fait lui-même l'historique des études sur la génération spon-

1. Le mot « hétérogénie » est synonyme de « génération spontanée ».

tanée (Redi montre que les asticots n'apparaissent pas sur la viande qui est protégée des mouches par une mousseline ; Needham pense avoir montré que les micro-organismes apparaissent par génération spontanée dans les infusions d'herbes préalablement chauffées ; Spallanzani lui répond qu'il n'a pas assez chauffé ses infusions ; Appert met au point une méthode de conservation des aliments par chauffage dans des boîtes hermétiques, mais Gay-Lussac l'interprète faussement par l'absence d'air, etc.). Nous ne reviendrons pas ici sur cet aspect historique, sinon pour en indiquer le soubassement philosophique. En effet, si la question de la génération spontanée fut largement débattue et expérimentée, de la fin du XVIIe siècle jusqu'à Pasteur, c'est parce qu'elle constituait un enjeu philosophique important.

Le problème naquit lorsque Descartes proposa sa théorie de l'animal-machine. La biologie se scinda alors en deux camps ; l'un (que l'on qualifia faussement de mécaniste) était partisan de cet animal-machine, l'autre le récusait au nom d'arguments divers et lui préférait des thèses plus ou moins apparentées au vitalisme, c'est-à-dire supposant l'existence d'une force propre aux êtres vivants. En général, les partisans de l'animal-machine adoptaient comme théorie de la reproduction le préformationnisme et l'emboîtement des germes. Faute de comprendre comment une machine aussi compliquée qu'un animal pouvait se constituer lors de la reproduction, on avait imaginé (et Malebranche, à défaut d'être le principal auteur de cette thèse, en fut l'un des plus célèbres propagateurs dans sa *Recherche de la vérité*) que l'un des gamètes (l'ovule ou le spermatozoïde, selon qu'on était oviste ou animalculiste) contenait un petit animal tout formé qui n'avait qu'à grandir. Ce petit animal possédait des gonades, dans lesquelles il y avait des gamètes, qui contenaient des petits animaux tout formés, qui avaient des gonades, etc. De la sorte, on pouvait remonter jusqu'au début des temps, où Dieu avait créé tous les êtres vivants emboîtés les uns dans les autres comme des poupées russes. Les vitalistes, au contraire, étaient en général partisans d'une embryologie épigénétiste, où l'être vivant se construisait peu à peu, grâce à la force vitale qui jouait comme un organisateur.

Les deux thèses avaient leur équivalent en ce qui concerne la génération spontanée. Les partisans de l'animal-machine et de la préformation expliquaient l'apparition de petits animaux ou végétaux dans la boue ou les matières en putréfaction grâce à une théorie de la dissémination des germes (parfois appelée « panspermie »). Selon cette thèse, l'air était rempli de germes microscopiques qui contenaient des petits êtres préformés, germes qui avaient été créés par Dieu comme les autres êtres vivants. Lorsque ces germes arrivaient dans le terrain propice (eau, boue, matière en putréfaction, etc.), ces petits êtres naissaient et croissaient (insectes, vers, etc. [2]). Par conséquent, il n'y avait pas de génération spontanée de ces êtres, mais préexistence de germes. Les vitalistes, au contraire, soutenaient en général la croyance en la génération spontanée (Pouchet était vitaliste). Ils attribuaient à la matière organique une force particulière qui lui permettait de s'organiser spontanément en êtres vivants. L'exemple-type de cette dualité d'explication est fourni par deux prêtres, tous deux évoqués par Pasteur : Spallanzani partisan de l'ovisme et opposé à la génération spontanée, et Needham partisan de l'épigenèse et de la génération spontanée, invoquant une « force végétative » propre à la matière organique.

Comme, en général, la force vitale était une force naturelle (souvent conçue sur le modèle de la force gravitationnelle newtonienne, force mystérieuse dont on ne connaissait pas la nature mais dont on constatait les effets), les vitalistes se passaient de Dieu pour la création des êtres vivants (que ce soit dans la reproduction ou dans la génération spontanée). Pour eux, ces êtres étaient des créations de la nature, des produits du seul jeu des forces naturelles (fussent-elles vitales) selon des lois non moins naturelles. Ce qui leur valait d'être taxés d'impiété (ce fut le cas pour Needham, bien qu'il fût prêtre). Tandis que les partisans de l'animal-machine, en lesquels on a tendance à voir aujourd'hui les représentants d'une science matérialiste et athée, étaient au contraire dans la nécessité d'un recours à Dieu pour expliquer l'origine des êtres vivants (leur esprit religieux est bien évident dans le cas de Malebranche ou de Leibniz [3]). On voit donc bien ici la divergence entre un Pouchet qui affiche des convictions à la fois vitalistes et matérialistes, et un Pasteur qui se garde bien d'avoir des convictions aussi tranchées, et se défend de mêler la science à la religion ou à la philosophie, en se réfugiant derrière l'expérience.

La question de la génération spontanée est tout à fait révélatrice de la conception que Pasteur se faisait de la

2. Cette thèse fut parfois utilisée non seulement pour expliquer la « génération spontanée », mais aussi la reproduction ; il fallait alors que lesdits germes pénètrent dans la matrice de la femelle adéquate (au lieu de tomber dans la boue, l'eau, etc.).

3. Pour toutes ces questions, voir A. Pichot, *Histoire de la notion de vie*, Gallimard, collection « Tel », Paris 1993.

science. D'une part, la priorité de l'expérience et le refus de la spéculation ; d'autre part, les limites de la science inhérentes à ces choix. La science constate que la génération spontanée est impossible, et que la vie nécessite des germes préexistants ; elle ne dit rien d'autre. Le problème de l'origine de la vie est ainsi évité ; ce qui élude tout questionnement philosophique à ce sujet ; la science ne se prononce pas sur de telles choses. L'étude de la génération spontanée sert à Pasteur à mettre au point des méthodes de conservation des aliments – stérilisation ou pasteurisation du lait, de la bière, du vin, etc. –, elle ne l'entraîne pas dans des considérations sur la nature ou l'origine de la vie [4] ; tout au plus, le conforte-t-elle dans son idée d'une séparation de la vie et de l'inanimé. En cela, Pasteur est représentatif de la bourgeoisie de son temps : entreprenante en matière d'industrie, mais idéologiquement conservatrice. La science est une connaissance certaine, voire une connaissance vraie, mais elle n'est telle que dans certaines limites ; elle fournit des méthodes à l'industrie ; elle n'a pas à intervenir dans la philosophie, la religion, etc. [5].

Terminons cette brève présentation par quelques remarques sur le contenu concret des travaux de Pasteur. Ils sont très célèbres, et très clairement exposés dans le texte suivant ; aussi rappellerons-nous seulement que Pasteur s'attache à montrer que des milieux de cultures divers, préalablement et durablement portés à ébullition, restent purs de tout

4. Pasteur, dès qu'il essaye — rarement — de spéculer de manière un peu générale, devient très maladroit.

5. Pasteur écrit, dans des notes non publiées de son vivant : « Exposer que la vie est dans le germe, qu'elle n'est qu'une transmission depuis l'origine de la création, que le germe a la propriété du devenir. » — « La vie c'est le germe avec son devenir, et le germe c'est la vie. Le germe et son devenir, voilà toute la vie et son mystère. Demander d'où elle vient, c'est demander d'où vient le germe. [...] C'est pourquoi le problème de la génération spontanée est un problème capital et passionnant. C'est le problème même de la vie et de son origine. Provoquer une génération spontanée, ce serait faire un germe. Ce serait faire la vie. [...] Ce serait passer de la matière à la vie par des conditions de milieu et de matière. Dieu comme auteur de la vie devient inutile. La matière le remplace. Dieu ne serait plus invoqué que comme auteur des mouvements des mondes dans l'univers. » — « La vie ne peut se définir. Ce qu'on en peut dire de plus clair, c'est qu'elle est le germe et son devenir. » — « En bonne philosophie, le mot cause doit être réservé à la seule divine impulsion qui a formé l'univers. Nous ne pouvons constater que des corrélations. » (Pasteur, *Œuvres complètes,* tome VII, *passim*).

micro-organisme tant qu'ils sont protégés des germes en suspension dans l'air.

Gay-Lussac pensait que c'était l'absence d'air qui protégeait les conserves d'Appert de l'altération. Pasteur, lui, avait montré que certains micro-organismes peuvent vivre sans air (fermentations anaérobies). C'est pourquoi il centre ses expériences sur le rôle de l'air dans la conservation des substances fermentiscibles. Il montre que l'air ne peut à lui seul ni provoquer la fermentation [6], ni entraîner l'apparition de micro-organismes ; et cela, même s'il n'est pas « altéré » par la chaleur (c'est la fameuse expérience avec les ballons à col de cygne, dont le principe a été suggéré à Pasteur par le chimiste Antoine-Jérôme Balard [1802-1876]). C'est pourquoi Pasteur reprend la vieille théorie de la dissémination des germes : l'air ne joue dans la génération des micro-organismes (et donc dans les fermentations) que dans la mesure où il contient des germes en suspension [7].

Le travail de laboratoire est ensuite complété dans les Alpes, où Pasteur ouvre des ballons contenant un milieu de culture stérile, et montre que ce milieu est contaminé ou non selon l'altitude et les lieux où se font ces ouvertures, c'est-à-dire selon la plus ou moins grande pureté de l'air [8].

Comme dans le cas de la dissymétrie moléculaire et des fermentations, Pasteur a ici recommencé et poursuivi, de manière plus systématique et mieux ordonnée, les principaux travaux antérieurs que l'historique du sujet lui avait fait connaître. Ainsi, il a refait, en les perfectionnant, les expériences de Needham à partir d'infusion d'herbes ou de viande, portées à ébullition puis cultivées en étuve dans des récipients hermétiques. Pour ses cultures en milieu ouvert, où l'air peut entrer, il a repris l'appareil et les expériences de Schwann. Plus que dans ses autres travaux, l'originalité de Pasteur est ici relativement faible : sa force tient

6. Tout au plus entraîne-t-il leur oxydation.

7. Comparer ce rôle des germes dans la génération spontanée à celui des « germes » dans la cristallisation. Pasteur, qui a étudié la cristallographie, sait que, dans les solutions sursaturées, le soluté cristallise sous l'effet de germes, qui sont souvent des petites poussières provenant de l'air. Il s'est même interrogé sur le rôle de ces germes dans la dissymétrie des cristaux. Maintenant, il se préoccupe des germes provenant de l'air pour ce qui concerne l'apparition des micro-organismes (caractérisés par une dissymétrie moléculaire).

8. Pouchet refit ces expériences dans les Pyrénées ; lui obtint des micro-organismes dans tous ses ballons, à quelque altitude qu'il les ouvrît (il n'avait sans doute pas convenablement stérilisé son milieu de culture, une décoction de foin contenant des germes résistant à de très hautes températures).

à l'ordre et au caractère systématique de son expérimentation.

Notons enfin qu'ici encore il s'agit de travaux qui ont des applications très nombreuses, d'ordre industriel (préparation et conservation des aliments) mais aussi médical (hygiène générale, asepsie en chirurgie, apparition des maladies et contagion). Le souci de ces applications est constamment présent à l'esprit de Pasteur, et les travaux sont menés sans qu'elles soient jamais perdues de vue.

Le texte présenté ci-après est : Mémoire sur les corpuscules organisés qui existent dans l'atmosphère. Examen de la doctrine des générations spontanées. *Annales des sciences naturelles (partie zoologique),* 4e sér., XVI, 1861, p. 5-98, et *Annales de chimie et de physique,* 3e sér., LXIV, janvier 1862, p. 5-110 (*Œuvres complètes,* tome II, p. 210-294).

Vu sa longueur, nous avons dû procéder à quelques coupes pour la présente édition ; ces coupes sont signalées par le signe [...]. Les parties supprimées sont soit des descriptions de micro-organismes qui n'ont plus beaucoup d'intérêt aujourd'hui, soit des comptes rendus d'expériences dont l'essentiel a déjà été présenté (par exemple, lorsque Pasteur fait plusieurs fois la même expérience en utilisant différents milieux de culture — eau sucrée, urine, lait, etc. —, nous n'avons conservé son compte rendu que pour un ou deux de ces milieux).

MÉMOIRE SUR LES CORPUSCULES ORGANISÉS QUI EXISTENT DANS L'ATMOSPHÈRE. EXAMEN DE LA DOCTRINE DES GÉNÉRATIONS SPONTANÉES *.

CHAPITRE PREMIER

Historique **.

Dans l'Antiquité et jusqu'à la fin du Moyen Age tout le monde croyait à l'existence des générations spontanées. Aristote dit que tout corps sec qui devient humide et tout corps humide qui se sèche engendrent des animaux [47].

* Les principaux résultats de ce Mémoire ont été présentés à l'Académie des sciences, dans ses séances des 6 février, 7 mai, 3 septembre, 5 novembre 1860. J'ai fait connaître ceux du chapitre II à la Société chimique de Paris le 19 mai 1861.

** Le lecteur pourra remarquer que l'une de mes préoccupations dans ce chapitre historique a été de rendre à chaque expérimentateur la part de progrès qui lui est due. Mais j'ai mis le même soin à ne pas confondre un progrès véritable, soit avec les nombreuses dissertations auxquelles le sujet a donné lieu, soit avec ces expériences d'une exactitude équivoque qui embarrassent au lieu d'aplanir la marche de la science. Dans ces sortes de questions ressassées par tant d'esprits depuis des siècles, toutes les vue *a priori,* tous les arguments que peuvent fournir l'analogie ou les faits indirects, toutes les hypothèses se sont fait jour. Ce qui importe, c'est de prouver rigoureusement, c'est d'instituer des expériences *dégagées de toute confusion née des expériences mêmes.*

Van Helmont décrit le moyen de faire naître des souris [48].

Beaucoup d'auteurs indiquaient encore au XVIIe siècle la manière de faire produire des grenouilles au limon des marais, ou des anguilles à l'eau de nos rivières [49].

De pareilles erreurs ne pouvaient supporter longtemps l'esprit d'examen qui s'empara de l'Europe au XVIe et au XVIIe siècle.

Redi, membre célèbre de l'Académie *del Cimento,* fit voir que les vers de la chair en putréfaction étaient des larves d'œufs de mouches. Ses preuves étaient aussi simples que décisives, car il montra qu'il suffisait d'entourer d'une gaze fine la chair en putréfaction pour empêcher d'une manière absolue la naissance de ces larves [50].

Le premier également, Redi reconnut, dans les animaux qui vivent dans d'autres animaux, des mâles, des femelles, des œufs [51].

On surprit dans leur opération, disait plus tard Réaumur, ces mouches qui déposent leurs œufs dans les fruits, et l'on sut, lorsqu'on voyait un ver dans une pomme, que ce n'était pas la corruption qui l'avait engendré, mais au contraire que le ver est la cause de la corruption du fruit *.

Mais bientôt, dans la seconde partie du XVIIe siècle et la première moitié du XVIIIe, se multiplièrent à l'envi les observations microscopiques. La doctrine des générations spontanées reparut alors. Les uns ne pouvant s'expliquer l'origine de ces êtres si variés que le microscope faisait apercevoir dans les infusions des matières végétales ou animales, et ne voyant chez eux rien qui ressemblât à une génération sexuelle, furent portés à admettre que la matière qui avait eu vie conservait après la mort une vitalité propre, sous l'influence de laquelle ses parties disjointes se réunissaient de nouveau, dans certaines conditions favora-

* Flourens. Buffon. *Histoire de ses travaux et de ses idées.* Paris, 1844, in-8°, p. 78.

bles, avec des variétés de structure et d'organisation que ces conditions mêmes déterminaient.

D'autres, au contraire, ajoutant par l'imagination aux résultats merveilleux que le microscope leur faisait découvrir, croyaient voir des accouplements dans ces infusoires, des mâles, des femelles, des œufs, et se posaient en adversaires déclarés de la génération spontanée.

Il faut le reconnaître, les preuves à l'appui de l'une ou de l'autre de ces opinions ne soutenaient guère l'examen.

La question en était là lorsque parut à Londres, en 1745, un ouvrage de Needham [52], observateur habile et prêtre catholique d'une foi vive, circonstance qui, dans un tel sujet, s'offrait comme un garant de la sincérité de ses convictions.

La doctrine des générations spontanées était appuyée, dans cet ouvrage, sur des faits d'un ordre tout nouveau, je veux parler des expériences sur les vaisseaux hermétiquement clos, préalablement exposés à l'action de la température. C'est Needham, en effet, qui eut le premier l'idée de pareils essais.

Deux années ne s'étaient pas écoulées depuis la publication des recherches de Needham, que la Société Royale de Londres l'admettait au nombre de ses membres. Plus tard, il devint l'un des huit associés de l'Académie des sciences.

Mais ce fut surtout par l'appui qu'il reçut du système de Buffon sur la génération, que l'ouvrage de Needham eut un grand retentissement.

Les trois premiers volumes de Buffon de l'édition in-4° publiée de son vivant parurent en 1749. C'est dans le second volume de cette édition, quatre années après le livre de Needham, que Buffon expose son système des molécules organiques, et qu'il défend l'hypothèse des générations spontanées. Il est présumable que les résultats de Needham eurent une grande influence sur les vues de Buffon, car c'est à l'époque même où l'illustre naturaliste rédigeait les premiers volumes de son ouvrage, que Needham fit un voyage à Paris, durant lequel il fut le commensal de Buffon et pour ainsi dire son collaborateur.

Les idées de Needham et de Buffon eurent leurs partisans et leurs détracteurs. Elles se trouvaient en opposition avec un autre système fameux, celui de Bonnet, sur la préexistence des germes. La lutte était d'autant plus vive qu'elle pouvait paraître plus légitime aux deux partis. Nous savons aujourd'hui que la vérité n'était ni d'un côté ni de l'autre. Et puis, c'était encore le temps où l'on dissertait volontiers à perdre haleine sur des systèmes, sur des vues spéculatives.

Il y avait en quelque sorte deux hommes d'un esprit opposé dans Buffon, l'un qui aujourd'hui avouera sans détours qu'il cherche une hypothèse pour ériger un système, et [l'autre] qui le lendemain écrira la belle préface de sa traduction de la *Statique des végétaux* de Hales [53], où la nécessité de l'expérience est placée à la hauteur qui convient. Ces deux côtés du génie de Buffon se retrouvent à des degrés divers dans tous les savants de son époque.

Mais les conclusions de Needham ne tardèrent pas à être soumises à une vérification expérimentale. Il y avait alors en Italie l'un des plus habiles physiologistes dont la science puisse s'honorer, le plus ingénieux, le plus difficile à satisfaire, l'abbé Spallanzani.

Needham, ainsi que je le rappelais tout à l'heure, avait appuyé la doctrine des générations spontanées sur des expériences directes fort bien imaginées. L'expérience seule pouvait condamner ou absoudre ses opinions. C'est ce que Spallanzani comprit très bien. « Dans plusieurs villes d'Italie, dit-il, on a vu des partis formés contre l'opinion de M. de Needham ; mais je ne crois pas que personne ait jamais songé à l'examiner par la voie de l'expérience. »

Spallanzani publia à Modène, en 1765, une dissertation dans laquelle il réfutait les systèmes de Needham et de Buffon. Cet ouvrage fut traduit en français, probablement à la demande de Needham, car l'édition qui en fut donnée en 1769 est accompagnée de notes rédigées par lui, où il répond à toutes les objections de Spallanzani [54].

Ce dernier, frappé sans doute de la justesse des critiques de Needham, se remit à l'œuvre de nouveau, et fit bientôt paraître ce bel ensemble de travaux dont il nous a transmis les détails dans ses *Opuscules physiques* *.

Il serait sans utilité de présenter un historique complet de la querelle des deux savants naturalistes. Mais il importe de bien préciser la difficulté expérimentale à laquelle ils appliquèrent plus particulièrement leurs efforts, et de rechercher si ce long débat avait éloigné tous les doutes. C'est ce que l'on croit généralement. Spallanzani est volontiers regardé comme l'adversaire victorieux de Needham. Si ce jugement était fondé, n'y aurait-il pas lieu de s'étonner qu'il y eût encore de nos jours de si nombreux partisans de la doctrine des générations spontanées ? Dans les sciences, l'erreur n'est-elle pas plus prompte à s'effacer, même dans des questions de cet ordre, lorsqu'elle a été bien réellement démasquée par l'expérience ? N'est-il pas à craindre, si on la voit renaître de bonne foi, que sa défaite n'ait été qu'apparente ? Un examen impartial des observations contradictoires de Spallanzani et de Needham sur le point le plus délicat du sujet va nous montrer, en effet, contrairement à l'opinion généralement admise, que Needham ne pouvait en toute justice abandonner sa doctrine en présence des travaux de Spallanzani.

J'ai dit que Needham était l'auteur des expériences relatives à ce que l'on observe dans les vases clos, exposés préalablement à l'action du feu [55].

« M. de Needham, dit Spallanzani, nous assure que les expériences ainsi disposées ont toujours réussi fort heureusement entre ses mains, c'est-à-dire que les infusions ont montré des infusoires, et que c'est là ce qui a mis le sceau à son système.

* Spallanzani. Opuscules de physique, animale et végétale, traduits de l'italien par Jean Senebier. *Genève,* 1777, 2 vol., in-12 (fig.).

« Si, après avoir purgé, ajoute Spallanzani, par le moyen du feu, et les substances que l'on met dans les vases et l'air contenu dans ces mêmes vases, on porte encore la précaution jusqu'à leur ôter toute communication avec l'air ambiant, et que, malgré cela, à l'ouverture des fioles, on y trouve encore des animaux vivants, cela deviendra une forte preuve contre le système des ovaires [56] ; *j'ignore même ce que ses partisans pourront y répondre.* »

Je souligne ces derniers mots afin de montrer que Spallanzani plaçait dans le résultat des expériences ainsi conduites le critérium de la vérité ou de l'erreur. Or nous allons voir par la citation suivante, extraite des notes de Needham, que tel était également l'avis de ce dernier. Voici en effet un passage des remarques de Needham sur le chapitre X de la première dissertation de Spallanzani :

« Il ne me reste plus, dit Needham, qu'à parler de la dernière expérience de Spallanzani, qu'il regarde lui-même comme la seule de toute sa dissertation qui paraît avoir quelque force contre mes principes.

« Il a scellé hermétiquement dix-neuf vases remplis de différentes substances végétales, et il les a fait bouillir, ainsi fermés, pendant l'espace d'une heure. Mais de la façon qu'il a traité et mis à la torture ses dix-neuf infusions végétales, il est visible que non seulement il a beaucoup affaibli, ou peut-être totalement anéanti la *force végétative* [57] des substances infusées, mais aussi qu'il a entièrement corrompu, par les exhalaisons et par l'ardeur du feu, la petite portion d'air qui restait dans la partie vide de ses fioles. Il n'est pas étonnant par conséquent que ses infusions ainsi traitées n'aient donné aucun signe de vie. Il en devait être ainsi.

« Voici donc ma dernière proposition et le résultat de tout mon travail en peu de mots : Qu'il se serve, en renouvelant ses expériences, de substances suffisamment cuites pour détruire tous les prétendus germes qu'on croit attachés ou aux substances mêmes ou aux parois intérieures, ou flottant dans l'air du vase ; qu'il scelle ses vases hermétiquement, en y laissant une certaine portion d'air sans le bouleverser ; qu'il les plonge ensuite dans l'eau bouillante pendant quelques minutes, le temps seulement qu'il faut pour durcir un œuf de poule et pour faire périr les germes ; en un mot, qu'il prenne toutes les précautions qu'il voudra, pourvu qu'il ne cherche qu'à détruire les prétendus germes étrangers qui viennent du dehors, et je réponds qu'il trouvera toujours de ces êtres vitaux microscopiques en nombre suffisant pour prouver mes principes. S'il ne trouve à l'ouverture de ses vases, après les avoir laissés reposer le temps nécessaire à la génération de ces corps, rien de vital ni aucun signe de vie, en se conformant à ces conditions, j'abandonne mon système et je renonce à mes idées. C'est, je crois, tout ce qu'un adversaire judicieux peut exiger de moi [58]. »

Voilà certes la discussion bien nettement limitée entre Needham et Spallanzani. C'est dans le chapitre III du tome Ier de ses *Opuscules* que Spallanzani aborde la difficulté décisive. Et quelle est sa conclusion ? Pour supprimer toute production d'infusoires, il est nécessaire de maintenir trois quarts d'heure les infusions à la chaleur de l'eau bouillante *. Or cette durée obligée d'une température de 100° pendant trois quarts d'heure ne justifiait-elle pas les craintes de Needham sur une altération possible de l'air des vases [59] ? Il aurait fallu tout au moins que Spallanzani joignît à ses expériences une analyse de cet air. Mais la

* « Je réussis, dit Spallanzani, à me procurer ensuite des vases qui résistèrent mieux à l'action du feu, et je parvins à leur faire éprouver une ébullition plus longue, en n'y mettant qu'une petite dose des infusions dont j'ai parlé ; sans cette précaution, j'étais encore sûr de voir sauter tous mes vases. Mais, pour ne pas perdre un temps précieux dans de trop petits détails, je rapporterai seulement le résultat de mes observations. L'ébullition d'une demi-heure ne fut pas un obstacle à la naissance des animalcules du dernier ordre qui peuplèrent toujours plus ou moins tous les vases exposés à son action pendant tout ce temps-là ; mais l'ébullition pendant trois quarts d'heure ou même pendant un temps un peu moindre eut la force de priver entièrement d'animalcules les six infusions. » (Spallanzani, *Opuscules de physique, animale et végétale,* t. I, p. 39-40.)

science n'était pas encore assez avancée ; l'eudiométrie n'était pas encore créée. La composition de l'air atmosphérique était à peine connue *.

Les résultats des expériences de Spallanzani sur le point le plus délicat de la question conservaient donc aux objections de Needham toute leur valeur. Bien plus, celles-ci se trouvèrent légitimées, au moins en apparence, par les progrès ultérieurs de la science.

Appert [60] appliqua à l'économie domestique les résultats des expériences de Spallanzani effectuées selon la méthode de Needham. Par exemple, l'une des expériences du savant italien consiste à introduire des petits pois avec de l'eau dans un vase de verre que l'on ferme ensuite hermétiquement, après quoi on le maintient dans l'eau bouillante pendant trois quarts d'heure. C'est bien le procédé d'Appert. Or Gay-Lussac, voulant se rendre compte de ce procédé, le soumit à divers essais dont il consigna les résultats dans l'un de ses Mémoires le plus fréquemment cités [61].

Les extraits suivants du travail de Gay-Lussac ne laissent aucun doute sur l'une des opinions de l'illustre physicien, opinion qui a passé dans la science entière et incontestée.

« On peut se convaincre, dit Gay-Lussac, en analysant l'air des bouteilles dans lesquelles les substances (bœuf, mouton, poisson, champignons, moût de raisin) ont été bien conservées, qu'il ne contient plus d'oxygène, *et que l'absence de ce gaz est par conséquent une condition nécessaire pour la conservation des substances animales et végétales* **. »

Les craintes de Needham sur une altération de l'air des vases dans les expériences de Spallanzani se trou-

* La première dissertation de Spallanzani est de 1763. Ses *Opuscules* parurent pour la première fois en 1776. La découverte de la composition de l'air par Lavoisier est de 1774.

** Gay-Lussac ajoute plus loin : « Lorsqu'on laisse l'urine en contact avec une petite quantité d'air, elle en absorbe l'oxygène assez promptement, et sa décomposition s'arrête ensuite ; mais si on lui en donne une quantité suffisante, il se forme beaucoup de carbonate d'ammoniaque, et il se dépose presque toujours, avec le vaient justifiées par ce fait de l'absence de l'oxygène dans les conserves d'Appert.

Mais une expérience du Dr Schwann vint apporter dans la question un progrès très notable. Dans le mois de février 1837, M. Schwann [62] publia les faits suivants : Une infusion de chair musculaire est mise dans un ballon de verre ; on ferme ensuite le ballon à la lampe, puis on l'expose tout entier à la température de l'eau bouillante, et, après son refroidissement, on l'abandonne à lui-même. Le liquide ne se putréfie pas. Jusque-là rien de bien nouveau. C'est l'une des expériences de Spallanzani, ou mieux une conserve d'Appert. Mais il était désirable, ajoute M. Schwann, de modifier l'essai de telle manière qu'un renouvellement de l'air devînt possible, avec cette condition toutefois que le nouvel air fût préalablement chauffé comme l'est celui du ballon à l'origine. Alors M. Schwann répète l'expérience précédente en adaptant au col du ballon un bouchon percé de deux trous traversés par des tubes de verre coudés et recourbés, de manière que leurs courbures soient plongées dans des bains d'alliage fusible entretenus à une température voisine de celle de l'ébullition du mercure. A l'aide d'un aspi-

---

phosphate de chaux, du phosphate ammoniaco-magnésien. » [p. 253.]

C'est encore dans ce Mémoire de Gay-Lussac que l'on trouve l'expérience suivante, si souvent rappelée.

« J'ai pris du lait de vache et je l'ai exposé tous les jours ensuite à la température de l'ébullition de l'eau saturée de sel. Deux mois après, il était parfaitement conservé. » [p. 252.]

Ce travail de Gay-Lussac a exercé sur les esprits, dans la question qui nous occupe, une influence considérable.

Gay-Lussac trouve que l'air des conserves d'Appert est privé d'oxygène. Cela peut être après une longue durée de conservation des matières, ou lorsque la quantité des substances organiques est très grande par rapport au volume de l'air. Mes propres expériences serviront même à expliquer ce résultat. Mais certainement il n'est pas général, et dans tous les cas l'interprétation que Gay-Lussac donna à ce fait est erronée. *L'absence d'oxygène*, dit-il, *est une condition nécessaire pour la conservation des substances animales et végétales.* Cette opinion, qui eut une influence particulière sur les théories de la fermentation et des générations spontanées, n'était pas une conséquence obligée, comme le pensait Gay-Lussac, de ses observations sur la composition de l'air des conserves d'Appert.

rateur on renouvelle l'air, qui arrive froid dans le ballon, mais après avoir été chauffé en passant dans la portion des tubes entourés d'alliage fusible. On commence l'expérience en faisant bouillir le liquide. Le résultat est le même que dans les expériences de Spallanzani et d'Appert. Il n'y a pas d'altération du liquide organique.

L'air chauffé, puis refroidi, laisse donc intact du jus de viande qui a été porté à l'ébullition. C'était là un grand progrès, parce que cela donnait gain de cause à Spallanzani contre Needham. Cela répondait à toutes les craintes de ce dernier sur l'altération possible de l'air dans les expériences de Spallanzani ; cela détruisait enfin l'assertion de Gay-Lussac sur le rôle de l'oxygène dans les procédés de conserves d'Appert et dans la fermentation alcoolique.

Cependant sur ce dernier point il y avait des doutes à garder ; en effet, dans ce même travail du Dr Schwann, outre l'expérience sur le bouillon de viande laquelle touchait à la cause de la putréfaction, il y en a une autre relative à la fermentation alcoolique, et qu'il faut rappeler. L'auteur remplit quatre flacons d'une solution de sucre de canne mêlée à de la levure de bière ; puis, après les avoir bien bouchés, il les place dans l'eau bouillante, et les renverse ensuite sur la cuve à mercure. Après leur refroidissement, il y fait arriver de l'air, de l'air ordinaire dans deux d'entre eux, de l'air calciné dans les deux autres. Au bout d'un mois, il y eut fermentation dans les flacons qui avaient reçu l'air ordinaire ; elle ne s'était pas encore manifestée dans les deux autres après deux mois d'attente. Mais en répétant ces expériences, je trouvai, dit-il, qu'elles ne réussissent pas toujours aussi bien, et que quelquefois la fermentation ne se déclare dans aucun des flacons, par exemple lorsqu'on les a maintenus trop longtemps dans l'eau bouillante, et quelquefois d'autre part le liquide fermente dans les flacons qui ont reçu de l'air calciné.

En résumé, l'expérience du Dr Schwann relative à la putréfaction du bouillon est très nette. Mais en ce qui concerne la fermentation alcoolique, la seule fermentation qui fût assez bien connue en 1837, à l'époque du travail de M. Schwann, les expériences du savant physiologiste étaient contradictoires, et cependant on venait d'apprendre, par les observations de M. Cagniard de Latour et par celles de M. Schwann lui-même, que la fermentation vineuse était déterminée par un ferment organisé.

Combien plus ces obscurités de la question, en ce qui touche la fermentation alcoolique, ne furent-elles pas accrues, lorsque, postérieurement, les chimistes étudièrent un grand nombre de fermentations où l'on n'avait pu découvrir aucun ferment organisé, et dont la cause était universellement attribuée à des actions de contact, à des phénomènes d'entraînement ou de mouvement communiqué produits par des matières azotées mortes en voie d'altération.

Quoi qu'il en soit, voici quelle fut la conclusion que le Dr Schwann déduisit des expériences que je viens de rapporter : « Pour la fermentation alcoolique, dit-il, comme pour la putréfaction, ce n'est pas l'oxygène, du moins l'oxygène seul de l'air atmosphérique, qui les occasionne, mais un principe renfermé dans l'air ordinaire, et que la chaleur peut détruire. »

La réserve de cette conclusion mérite d'être remarquée. On voit bien, par certains passages de son travail, que le docteur Schwann penchait à croire que, par la chaleur, il détruisait des germes ; mais sa conclusion définitive ne pouvait aller et ne va pas jusque-là. Souvent, en rapportant ses expériences, les adversaires de la doctrine des générations spontanées ont affirmé que l'emploi de la chaleur n'avait d'autre but que de tuer des germes ; mais ce n'était là qu'une hypothèse. Ainsi que le dit très bien le docteur Schwann, ces expériences prouvent seulement que ce n'est pas l'oxygène, ou du moins l'oxygène seul, qui est la cause de la putréfaction et de la fermentation vineuse, mais *quelque chose* d'inconnu que la chaleur détruit. Et encore pour la fermentation vineuse, il était mal établi qu'il fût indispensable de recourir à une autre cause que celle qu'avait indiquée Gay-Lussac, savoir l'oxygène seul de l'air *.

Les expériences du docteur Schwann ont été répétées et modifiées par plusieurs observateurs. MM. Ure et Helmholtz [63] ont confirmé ses résultats par des expériences analogues aux siennes. M. Schulze [64], au lieu de calciner l'air avant de le mettre au contact des conserves d'Appert, le fit passer à travers des réactifs chimiques : potasse et acide sulfurique concentrés. MM. Schrœder et von Dusch imaginèrent de filtrer l'air à travers du coton, au lieu de le modifier par une température élevée à la manière du docteur Schwann, ou par les réactifs chimiques énergiques, selon le procédé de M. Schulze **.

* *Voir* la Note de mon Mémoire sur la fermentation alcoolique, relative aux expériences de Gay-Lussac et de M. Schwann. *Annales de chimie et de physique*, 3e sér., LVIII, 1860, p. 369.

** Voici l'extrait publié, dans les *Annales des sciences naturelles* [2e sér., VIII (partie zoologique), 1837, p. 320] sur les expériences de M. Schulze : « L'auteur remplit à moitié un flacon de cristal avec de l'eau distillée contenant diverses substances animales et végétales, puis boucha le vase à l'aide d'un bouchon traversé par deux tubes coudés, et soumit l'appareil ainsi disposé à la température de l'eau bouillante. Enfin, pendant que la vapeur s'échappait encore à travers les tubes dont nous venons de parler, il adapta à chacun d'eux un de ces petits appareils de Liebig, employés par les chimistes dans les analyses élémentaires des substances organiques, il remplit l'un d'acide sulfurique concentré, l'autre d'une solution concentrée de potasse. La température élevée avait dû nécessairement détruire tout ce qui était vivant, et tous les germes qui pouvaient se trouver dans l'intérieur du vase ou de ses ajustages, et la communication du dehors en dedans était interceptée par l'acide sulfurique d'un côté, la potasse de l'autre ; néanmoins, en aspirant par l'extrémité de l'appareil où se trouvait la solution de potasse, il était facile de renouveler l'air ainsi enfermé, et les nouvelles quantités de ce fluide qui s'introduisaient ne pouvaient porter avec elles aucun germe vivant, car elles étaient forcées de passer dans un bain d'acide sulfurique concentré. M. Schulze plaça l'appareil ainsi disposé sur une fenêtre, bien éclairé, à côté d'un vase ouvert, dans lequel il avait mis en infusion les mêmes substances organiques, puis il eut soin de renouveler l'air de son appareil plusieurs fois par jour pendant plus de deux mois, et d'examiner au microscope ce qui se passait dans l'infusion. Le vase ouvert se trouva bientôt rempli de vibrions et de monades auxquels s'ajoutèrent bientôt des infusoires polygastriques d'un plus grand volume, et même des rotateurs ; mais l'observation la plus attentive ne put faire découvrir la moindre trace d'infusoires, de conserves ou de moisissures dans l'infusion de l'appareil. »

Le premier mémoire de MM. Schrœder et von Dusch a paru en 1854, le second en 1859. Ce sont d'excellents travaux, qui ont, en outre, le mérite historique de montrer l'état de la question qui nous occupe à la date de 1859.

On savait depuis longtemps, et dès les premières discussions sur la génération spontanée, qu'une gaze fine, déjà employée avec tant de succès par Redi dans ses recherches sur l'origine des larves de la viande en putréfaction, suffisait pour empêcher, ou tout au moins pour modifier singulièrement l'altération des infusions. Ce fait même était au nombre de ceux qu'invoquaient alors de préférence les adversaires de la doctrine de la spontéparité [...]

Guidés sans doute par ces faits, et surtout, comme ils le disent expressément, par les expériences ingénieuses de M. Lœwel [65] qui reconnut que l'air ordinaire était impropre à provoquer la cristallisation du sulfate de soude lorsqu'il avait été filtré sur du coton [66], MM. Schrœder et von Dusch [67] ont procédé de la manière suivante :

Un ballon de verre reçoit la matière organique. Le bouchon du ballon est traversé par deux tubes recourbés à angle droit : l'un de ces tubes communique avec un aspirateur à eau, l'autre avec un large tube de 1 pouce de diamètre et de 20 pouces de longueur rempli de coton. Lorsque les communications étaient bien établies, le robinet de l'aspirateur fermé, et la matière organique placée dans le ballon, on chauffait celle-ci jusqu'à cuisson, en maintenant l'ébullition un temps suffisant, pour que tous les tubes de communication fussent échauffés fortement par la vapeur d'eau ; alors on ouvrait le robinet de l'aspirateur que l'on entretenait jour et nuit.

Voici les résultats des premiers essais conduits de cette manière :

MM. Schrœder et von Dusch ont opéré :

1° Sur la viande avec addition d'eau,

2° Sur le moût de bière,

3° Sur le lait,

4° Sur la viande sans addition d'eau.

Dans les deux premiers cas, l'air filtré à travers le coton a laissé les liqueurs intactes, même après plusieurs semaines. Mais le lait s'est caillé et pourri aussi promptement que dans l'air ordinaire, et la viande sans eau est entrée promptement en putréfaction.

« Il semble donc résulter de ces expériences, disent MM. Schrœder et von Dusch, qu'il y a des décompositions spontanées de substances organiques qui n'ont besoin pour commencer que de la présence du gaz oxygène ; par exemple, la putréfaction de la viande sans eau, la putréfaction de la caséine du lait et la transformation du sucre de lait en acide lactique (fermentation lactique). Mais à côté il y aurait d'autres phénomènes de putréfaction et de fermentation placés, à tort, dans la même catégorie que les précédents, tels que la putréfaction du jus de viande et la fermentation alcoolique, qui exigeraient pour commencer, outre l'oxygène, ces choses inconnues mêlées à l'air atmosphérique, qui sont détruites par la chaleur d'après les expériences de Schwann, et d'après les nôtres par la filtration de cet air à travers le coton... Comme il reste ici encore tant de questions à décider par la voie de l'expérience, nous nous abstiendrons de déduire aucune conclusion théorique de nos expériences. »

M. Schrœder revint seul sur ce sujet, en 1859, dans un Mémoire [68] qui traite, en outre, de la cause de la cristallisation. Ce nouveau travail ne conduisit pas davantage son auteur à des conclusions dégagées de toute incertitude ; il y fait connaître de nouveaux liquides organiques qui ne se putréfient pas lorsqu'on les met au contact de l'air filtré, tels que l'urine, la colle d'amidon et les divers matériaux du lait pris isolément ; mais il ajoute le jaune d'œuf à la liste des corps qui, comme le lait et la viande sans eau, se putréfient dans l'air filtré sur le coton.

« Je ne hasarderai pas, dit M. Schrœder, d'essayer l'explication théorique de ces faits. On pourrait admettre que l'air frais renferme une substance active qui provoque les phénomènes de fermentation alcoolique et de putréfaction, substance que la chaleur détruirait, ou que le coton arrêterait. » Puis il ajoute : « Faut-il regarder cette substance active comme formée de germes organisés microscopiques disséminés dans l'air ? Ou bien est-ce une substance chimique encore inconnue ? Je l'ignore. »

Puis il arrive aux phénomènes de cristallisation par l'air libre, par l'air chauffé ou par l'air filtré sur le coton, qui présentent de telles analogies, selon lui, avec les phénomènes de putréfaction, qu'il ne peut s'empêcher de les attribuer à une cause commune jusqu'ici entièrement inconnue.

« En ce qui concerne les cristallisations, dit-il encore, l'action *inductive* de l'air semble n'être pas complètement arrêtée par le coton, mais seulement affaiblie. Elle ne peut alors empêcher la cristallisation que de certaines dissolutions sursaturées ; mais il en est d'autres qui ne peuvent lui résister. » Puis il remarque que les résultats qu'il a obtenus sur la putréfaction et la fermentation sont parallèles à ceux de la cristallisation, puisqu'il y a des corps qui résistent à l'air filtré, tandis que d'autres, tels que le lait, entrent en décomposition. L'air filtré sur le coton ne fait donc que perdre partiellement sa force *inductive* de putréfaction ou de fermentation.

J'ai, à dessein, résumé avec détails ces travaux très judicieux, parce qu'ils donnent l'expression exacte des difficultés qui, à la date de 1859, devaient assiéger tout esprit impartial, libre d'idées préconçues, et désireux de se former une opinion dûment motivée sur cette grave question des générations spontanées. On peut affirmer qu'à cette date tous ceux qui la croyaient résolue en connaissaient mal l'histoire.

Spallanzani n'avait pas triomphé des objections de Needham, et MM. Schwann, Schulze et Schrœder n'avaient fait que démontrer l'existence dans l'air atmosphérique d'un principe inconnu qui était la condition de vie dans les infusions. Ceux qui affirmaient que ce principe n'était autre chose que des germes, n'avaient pas plus de preuves à l'appui de leur opinion.

que ceux qui pensaient que cela pouvait être un gaz, un fluide, des miasmes, etc., et qui, par conséquent, inclinaient à croire aux générations spontanées. Les conclusions de MM. Schwann et Schrœder ne peuvent à cet égard laisser le moindre doute dans l'esprit du lecteur. Les termes mêmes de ces conclusions provoquaient au doute, et servaient la doctrine des générations spontanées. Et puis, les expériences de MM. Schwann, Schulze et Schrœder ne réussissaient que pour certains liquides. Bien plus, elles échouaient presque constamment et pour tous les liquides, comme je le dirai bientôt, lorsqu'on les pratiquait sur la cuve à mercure, sans que personne connût le motif de cet insuccès, ou pût y démêler quelque cause d'erreur [69].

Aussi lorsque, postérieurement aux travaux dont je viens de parler, un habile naturaliste de Rouen, M. Pouchet *, membre correspondant de l'Académie des sciences, vint annoncer à l'Académie des résultats sur lesquels il croyait pouvoir asseoir d'une manière définitive les principes de l'hétérogénie [70], personne ne sut indiquer la véritable cause d'erreur de ses expériences, et bientôt l'Académie, comprenant tout ce qui restait encore à faire, proposa pour sujet de prix la question suivante :

Essayer, par des expériences bien faites, de jeter un jour nouveau sur la question des générations spontanées **.

* Pouchet [Note sur les proto-organismes végétaux et animaux, nés spontanément dans l'air artificiel et dans le gaz oxygène]. *Comptes rendus de l'Académie des sciences,* XLVII, 1858, p. 979-982. — Pouchet et Houzeau [Expériences sur les générations dites spontanées. Deuxième partie : Développement de certains proto-organismes dans de l'air artificiel]. *Ibid.,* p. 982-984.

Milne Edwards [Remarques sur la valeur des faits qui sont considérés par quelques naturalistes comme étant propres à prouver l'existence de la génération spontanée des animaux]. *Ibid.,* XLVIII, 1859, p. 23-29 ; suivies d'observations par M. Payen, p. 30 ; par M. de Quatrefages, p. 30-33 ; par M. Claude Bernard, p. 33-34 ; et par M. Dumas, p. 35-36.

Pouchet. *Ibid.,* XLVIII, 1859, p. 148, 220, 546 ; L, 1860, p. 532, 572, 748, 1121.

** La Commission était composée de MM. Geoffroy-Saint-Hilaire, Brongniart, Milne Edwards, Serres, Flourens rapporteur.

« La Commission demande des expériences précises, rigoureuses, également étudiées dans toutes leurs circonstances, et telles, en un

La question paraissait alors si obscure que M. Biot, dont la bienveillance n'a jamais fait défaut à mes études, me voyait avec peine engagé dans ces recherches, et réclamait, de ma déférence à ses conseils, l'acceptation d'une limite de temps, au-delà de laquelle j'abandonnerais ce sujet, si je n'étais pas maître des difficultés qui m'arrêtaient. M. Dumas, dont la bienveillance a souvent conspiré en ce qui me touche avec celle de M. Biot, me disait à la même époque : « Je ne conseillerais à personne de rester trop longtemps dans ce sujet [71]. »

Quel besoin avais-je de m'y attacher ?

Les chimistes ont découvert depuis vingt ans un ensemble de phénomènes vraiment extraordinaires, désignés sous le nom générique de *fermentations.* Tous exigent le concours de deux matières : l'une dite *fermentescible,* telle que le sucre ; l'autre *azotée,* qui est toujours une substance albuminoïde. Or voici la théorie qui était universellement admise : les matières albuminoïdes éprouvent, lorsqu'elles ont été exposées au contact de l'air, une altération, une oxydation particulière, de nature inconnue, qui leur donne le caractère *ferment,* c'est-à-dire la propriété d'agir ensuite, par leur contact, sur les substances fermentescibles.

Il y avait bien un ferment, le plus ancien, le plus remarquable de tous, que l'on savait être organisé : la levure de bière. Mais, comme dans toutes les fermentations de découverte plus moderne que la connaissance du fait de l'organisation de la levure de bière (1836) on n'avait pu reconnaître l'existence d'êtres organisés, même en les y recherchant avec soin, les physiologistes avaient abandonné peu à peu, plusieurs bien à regret, l'hypothèse de M. Cagniard de Latour d'une relation probable entre l'organisation de ce fer-

---

mot, qu'il puisse en être déduit quelque résultat dégagé de toute confusion née des expériences mêmes. » [*Ibid.*, séance du 30 janvier 1860, L, p. 248].

Tel était le programme de la Commission. On ne pouvait mieux indiquer les difficultés du sujet.

ment et sa propriété d'être ferment, et l'on appliquait à la levure de bière la théorie générale en disant : « Ce n'est pas parce qu'elle est organisée, que la levure de bière est active, c'est parce qu'elle a été au contact de l'air. C'est la portion morte de la levure, celle qui a vécu et qui est en voie d'altération qui agit sur le sucre. »

Mes études me conduisaient à des conclusions entièrement différentes. Je trouvais que toutes les fermentations proprement dites, visqueuse, lactique, butyrique, la fermentation de l'acide tartrique, de l'acide malique, de l'urée..., étaient toujours corrélatives de la présence et de la multiplication d'êtres organisés. Et, loin que l'organisation de la levure de bière fût une chose gênante pour la théorie de la fermentation, c'était par là, au contraire, qu'elle rentrait dans la loi commune, et qu'elle était le type de tous les ferments proprement dits. Selon moi, les matières albuminoïdes n'étaient jamais des ferments, mais l'aliment des ferments. Les vrais ferments étaient des êtres organisés [72].

Cela posé, les ferments prennent naissance, on le savait, par le fait du contact des matières albuminoïdes et du gaz oxygène. Dès lors, de deux choses l'une, me disais-je : les ferments des fermentations proprement dites étant organisés, si l'oxygène seul, en tant qu'oxygène, leur donne naissance, par son contact avec les matières azotées, ces ferments sont des générations spontanées ; si ces ferments ne sont pas des êtres spontanés, ce n'est pas en tant qu'oxygène seul que ce gaz intervient dans leur formation, mais comme excitant d'un germe apporté en même temps que lui, ou existant dans les matières azotées ou fermentescibles. Au point où je me trouvais de mes études sur les fermentations, je devais donc me former une opinion sur la question des générations spontanées. J'y rencontrerais peut-être une arme puissante en faveur de mes idées sur les fermentations proprement dites.

Les recherches dont j'ai maintenant à rendre

compte n'ont été par conséquent qu'une digression obligée de mes études sur les fermentations.

C'est ainsi que je fus conduit à m'occuper d'un sujet qui jusque-là n'avait exercé que la sagacité des naturalistes.

CHAPITRE II

Examen au microscope des particules solides disséminées dans l'air atmosphérique.

Mon premier soin fut de rechercher une méthode qui permît de recueillir en toute saison les particules solides qui flottent dans l'air et de les étudier au microscope. Il fallait s'attacher d'abord à lever, s'il était possible, les objections que les partisans de la génération spontanée opposent à l'ancienne hypothèse de la dissémination aérienne des germes *.

Lorsque les matières organiques des infusions ont été chauffées, elles se peuplent d'infusoires ou de moisissures. Ces productions organisées ne sont en général ni aussi nombreuses, ni aussi variées que si l'on n'avait pas préalablement porté les liqueurs à l'ébullition, mais il s'en forme toujours. Or, leurs germes, dans ces conditions, ne peuvent venir que de l'air, parce que l'ébullition détruit ceux que les vases ou les matières de l'infusion ont apportés dans la liqueur. Les premières questions expérimentales à résoudre sont donc celles-ci : Y a-t-il des germes dans l'air ? Y en a-t-il en assez grand nombre pour expliquer l'apparition des productions organisées des infusions qui ont été chauffées préalablement ? Peut-on se faire une idée approchée du rapport à établir entre un

* Cette hypothèse est en effet très ancienne. Elle forme le sujet ordinaire des discussions relatives à la génération spontanée depuis le XVIIe siècle.

volume déterminé d'air ordinaire et le nombre des germes que ce volume d'air peut renfermer ?

Et d'abord existe-t-il des germes dans l'air ? Personne ne le nie, parce que l'on comprend qu'il ne peut pas en être autrement. L'un des partisans les plus déclarés de la doctrine des générations spontanées, M. Pouchet, s'exprime de la manière suivante * :

« On rencontre parfois dans la poussière quelques œufs de microzoaires, comme on y rencontre une foule de corpuscules légers, mais c'est une véritable exception. »

Plus loin, M. Pouchet s'exprime ainsi :

« Parmi les corpuscules de poussière qui appartiennent au règne végétal, il y a des *spores de cryptogames, mais en fort petit nombre.* Enfin j'ai constamment rencontré une certaine quantité de fécule de blé mêlée à la poussière soit récente, soit ancienne... Il est évident que c'est cette fécule, parfaitement caractérisée physiquement et chimiquement, ou que ce sont des grains de silice que l'on a pris pour des œufs de microzoaires **. »

Il y a donc dans la poussière de l'air des œufs d'infusoires et des spores de moisissures ; les partisans de la doctrine de l'hétérogénie l'affirment ; mais ils ajoutent qu'il n'y en a qu'exceptionnellement, en nombre excessivement restreint, et ceux qui, disent-ils, ont cru en voir davantage se sont trompés. Ils ignoraient un fait récent, à savoir qu'il y a des grains de fécule de diverses tailles dans la poussière ***. Ces observateurs ont pris pour des œufs ou des spores ces grains de fécule, qui souvent leur ressemblent tant.

Telle est l'opinion de M. Pouchet. Je n'ai pas fait assez d'observations sur la poussière ordinaire déposée

* Pouchet, *Hétérogénie, ou Traité de la génération spontanée,* Paris, 1859, in-8°, p. 432 et p. 439.

** Voir de Quatrefages. *Comptes rendus de l'Académie des sciences,* XLVIII, 1859, p. 30-33 et *Dictionnaire de Nysten,* par Littré et Ch. Robin, article Poussière, onzième édition, 1858.

*** Ce fait, reconnu pour la première fois, je pense, par M. Pouchet, est très exact.

à la surface des objets, pour que je puisse infirmer cette manière de voir au sujet de la poussière au repos. Je puis même ajouter qu'à l'époque où je fis mes premières expériences, diverses personnes très autorisées étaient désireuses de constater par elles-mêmes l'exactitude de mes résultats, parce que, me disaient-elles, ayant eu l'occasion assez fréquente d'étudier des poussières, elles n'y avaient pas vu de spores. Mais ici se présente une remarque : la poussière que l'on trouve à la surface de tous les corps est soumise constamment à des courants d'air qui doivent soulever ses particules les plus légères, au nombre desquelles se trouvent, sans doute, de préférence les corpuscules organisés, œufs ou spores, moins lourds généralement que les particules minérales. En outre, en ce qui concerne la poussière ordinaire au repos, il n'est pas possible d'avoir une indication sur le rapport approché qui peut exister entre un volume donné de cette poussière et le volume d'air qui l'a fournie. Ce n'est donc pas la poussière au repos qu'il faut observer, mais bien celle qui est en suspension dans l'air.

Voyons si cela est réalisable, et s'il est vrai que cette poussière flottante ne renferme qu'exceptionnellement des germes d'organismes inférieurs, ainsi que cela arrive, d'après M. Pouchet, pour la poussière au repos.

Le procédé que j'ai suivi pour recueillir la poussière en suspension dans l'air et l'examiner au microscope est d'une grande simplicité ; il consiste à filtrer un volume d'air déterminé sur du coton-poudre, soluble dans un mélange d'alcool et d'éther. Les fibres du coton arrêtent les particules solides. On traite alors le coton par son dissolvant. Après un repos suffisamment prolongé, toutes les particules solides tombent au fond de la liqueur ; on les soumet à quelques lavages, puis on les dépose sur le porte-objet du microscope, où leur étude devient facile.

Je vais entrer dans les détails de l'expérience : FF, fig. 1, est un châssis de fenêtre, dans lequel j'avais pratiqué, à une distance de plusieurs mètres du sol,

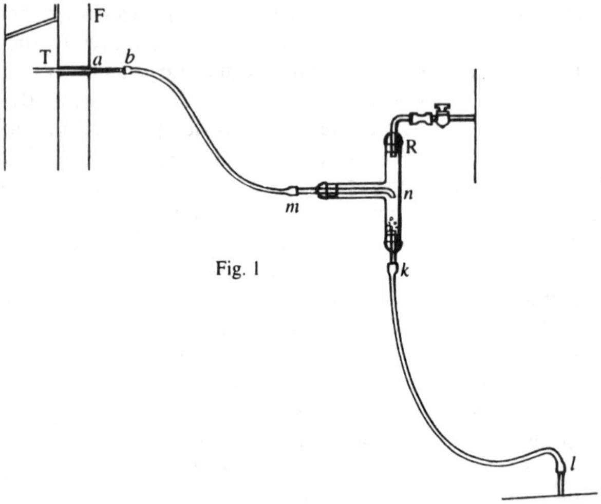

Fig. 1

une ouverture donnant passage au tube de verre T. Ce tube n'avait dans mes expériences qu'un demi-centimètre de diamètre. En *a* se trouve une bourre de coton soluble, sur une longueur d'un centimètre environ, retenue par une petite spirale en fil de platine. L'air, qui était ordinairement aspiré du côté de la rue d'Ulm ou du côté du jardin de l'École normale, se trouvait appelé par l'aspirateur R. C'est un tube de laiton en forme de T, dans lequel s'écoule constamment de l'eau qui, par succion, entraîne l'air du tube *mn,* un peu recourbé à son extrémité *n,* comme l'indique la figure. Le tube *mn* communique d'ailleurs par un tube de caoutchouc au tube T renfermant la bourre de coton soluble. Si l'on veut déterminer le volume d'air entraîné par l'écoulement de l'eau, il suffit d'engager l'extrémité *l* du tube *kl* sous un grand flacon renversé plein d'eau, jaugé à l'avance, et de mesurer le temps que ce flacon, d'un volume de 10 litres par exemple, mettra à se remplir.

Ce mode d'aspiration continue est très commode et m'a rendu beaucoup de services.

Lorsque l'air a passé pendant un temps suffisant, la bourre de coton, plus ou moins salie par les poussières qu'elle a arrêtées, est déposée dans un petit tube avec le mélange alcoolique éthéré qui dissout le coton. On laisse reposer pendant un jour. Toutes les poussières se rassemblent au fond du tube, où il est facile de les laver par décantation, sans aucune perte, si l'on a soin de séparer chaque lavage par un repos de douze à vingt heures. Pour décanter le liquide, il est bon de se servir d'un siphon formé par un tube de très petit diamètre, et pouvant s'amorcer par aspiration.

Lorsque le lavage des poussières est suffisant, on les rassemble dans un verre de montre où le restant du liquide qui les baigne s'évapore promptement * ; alors on les délaye dans un peu d'eau, et on les examine au microscope.

On peut faire agir sur elles, suivant les méthodes ordinaires, différents réactifs : l'eau d'iode, la potasse, l'acide sulfurique, les matières colorantes.

Ces manipulations fort simples permettent de reconnaître qu'il y a constamment dans l'air commun un nombre variable de corpuscules, dont la forme et la structure annoncent qu'ils sont organisés. Leurs dimensions s'élèvent depuis les plus petits diamètres jusqu'à 1 à 1,5 centième et davantage de millimètre. Les uns sont parfaitement sphériques, les autres ovoïdes. Leurs contours sont plus ou moins nettement accusés. Beaucoup sont tout à fait translucides, mais il y en a aussi d'opaques avec granulations à l'intérieur. Ceux qui sont translucides, à contours nets, ressemblent tellement aux

* Le lavage est suffisant après cinq ou six décantations. Il faut se servir de coton-poudre dont la solubilité soit aussi parfaite que possible.

spores des moisissures les plus communes, que le plus habile micrographe ne pourrait y voir de différence. C'est tout ce que l'on peut en dire, comme on peut affirmer seulement que, parmi les autres, il y en a qui ressemblent à des infusoires en boule, enkystés, et généralement aux globules que l'on regarde comme étant les œufs de ces petits êtres. Mais quant à affirmer que ceci est une spore, bien plus, la spore de telle espèce déterminée, et que cela est un œuf et l'œuf de tel microzoaire, je crois que cela n'est pas possible. Je me borne, en ce qui me concerne, à déclarer que ces corpuscules sont évidemment organisés, ressemblant de tout point aux germes des organismes les plus inférieurs, et si divers de volume et de structure qu'ils appartiennent sans conteste à des espèces fort nombreuses.

L'emploi de l'eau d'iode montre de la manière la moins équivoque que, parmi ces corpuscules, il y a toujours des granules d'amidon [73]. Mais il est bien facile d'éliminer tous les globules de cette sorte en délayant la poussière dans l'acide sulfurique ordinaire, qui dissout en quelques instants tout ce qui est amidon. Sans doute, l'acide sulfurique altère et dissout peut-être d'autres globules ; mais il en reste encore un grand nombre, et quelquefois même on en distingue davantage après l'action de l'acide sulfurique, parce que cet acide dissout le carbonate de chaux et délaye les autres particules de poussière, de façon que beaucoup de corpuscules organisés se trouvent dégagés des débris amorphes qui empêchent souvent de les bien voir. Il est bon d'observer aussitôt après que les petites bulles d'acide carbonique se sont dissipées, et avant que les aiguilles de sulfate de chaux se soient déposées *.

En opérant sur la poussière d'une bourre de 1 centimètre de longueur sur 0,5 centimètre de diamètre exposée au courant d'air pendant vingt-quatre heures, avec un écoulement d'un litre par minute, on découvre et on peut dessiner facilement vingt à trente corpuscules

* J'ai reconnu, par des épreuves directes, que l'acide sulfurique concentré ordinaire ne dissolvait pas les spores des moisissures communes, même par un contact prolongé.

organisés en un quart d'heure. Il y en a ordinairement plusieurs dans le champ [74]. Notons que la goutte d'acide mêlée de poussière, que l'on place sur le porte-objet du microscope, ne représente qu'une fraction de celle qui est dans le verre de montre.

D'autre part, il faudrait évidemment plusieurs heures pour rechercher et dessiner au fur et à mesure tous les corpuscules organisés de cette goutte. On voit donc que le nombre des corpuscules organisés que l'on fixe par cette méthode sur les filaments de coton est fort sensible comparativement au volume d'air * ; sans doute, il n'est pas suffisant, pour justifier cette assertion généralement admise, que la plus petite bulle d'air commun est capable de faire naître dans une infusion toutes les espèces d'infusoires et toutes les cryptogames propres à cette infusion. Mais nous verrons dans un chapitre subséquent que cette opinion est fort exagérée, et que l'on peut toujours mettre en contact avec une infusion qui a été portée à l'ébullition un volume d'air ordinaire considérable, sans qu'il s'y développe la moindre production organisée. [...]

On peut avoir une idée bien plus exacte du nombre des corpuscules, que leur forme et leur volume permettent de dire organisés, par la détermination du nombre moyen de ces corpuscules contenus dans le champ du microscope, et par la connaissance du rapport des surfaces de la goutte étalée sous la petite lame de verre qui la recouvre, et du champ du microscope, pour le grossissement que l'on emploie. Le nombre total des corpuscules de la goutte sera égal au rapport dont nous parlons, multiplié par le nombre moyen des

* Je n'ai pas besoin de dire que je me suis assuré que le coton que j'employais ne renfermait pas du tout de corpuscules organisés, et que sa dissolution dans le mélange alcoolique ne laissait d'autre résidu que quelques fibres non dissoutes.

Je dois faire observer en outre que, sous une épaisseur d'un centimètre, une bourre de coton est loin d'arrêter tous les corpuscules de l'air. Si l'on place plusieurs bourres à la suite les unes des autres, la seconde, la troisième... se couvrent de poussière ; seulement, il faut, pour les charger à l'égal de la première, d'autant plus de temps qu'elles en sont plus éloignées.

corpuscules compris dans un champ quelconque. On arrive ainsi à reconnaître qu'une petite bourre de coton exposée pendant vingt-quatre heures au courant d'air de la rue d'Ulm, pris à quelques mètres du sol, pendant l'été, après une succession de beaux jours, rassemble plusieurs milliers de corpuscules organisés pour une aspiration d'un litre d'air environ par minute. Du reste, ce résultat varie infiniment avec l'état de l'atmosphère, si l'on opère avant ou après la pluie, par un temps calme ou agité, de jour ou pendant la nuit, à une petite ou à une grande distance du sol. Enfin que l'on imagine toutes les mille et une causes qui peuvent augmenter ou diminuer le nombre de ces particules solides que tout le monde a aperçues dans un rayon de soleil qui pénètre dans une chambre obscure, et l'on comprendra tout ce qu'il doit y avoir de changements dans les résultats qui précèdent.

La méthode dont je viens de parler pour recueillir les poussières qui sont en suspension dans l'air ordinaire, et les examiner ensuite au microscope, est évidemment susceptible d'être modifiée utilement. [...]

Je crois qu'il y aurait un grand intérêt à multiplier les études sur ce sujet, et à comparer dans un même lieu avec les saisons, dans des lieux différents à une même époque, les corpuscules organisés disséminés dans l'atmosphère. Il semble que les phénomènes de contagion morbide, surtout aux époques où sévissent des maladies épidémiques, gagneraient à des travaux poursuivis dans cette direction [75]. [...]

CHAPITRE III

Des expériences avec l'air calciné.

Nous venons de voir qu'il y a toujours en suspension dans l'air des corpuscules organisés, qui, par leur forme, leur volume et leur structure apparente, ne sauraient être distingués des germes des organismes inférieurs, et le nombre en est grand sans avoir rien d'exagéré. Y a-t-il réellement parmi eux des germes féconds * ? Voilà la question vraiment intéressante ; je crois être arrivé à le démontrer d'une manière certaine. Mais avant d'exposer les expériences qui se rapportent plus particulièrement à cette partie du sujet, il est indispensable de rechercher premièrement si les faits annoncés par le Dr Schwann sur l'inactivité de l'air qui a été rougi sont exacts [76]. MM. Pouchet, Mantegazza, Joly et Musset le contestent. Essayons de voir de quel côté est la vérité ; aussi bien ce sera la base de nos recherches ultérieures.

Dans un ballon de 250 à 300 centimètres cubes, j'introduis 100 à 150 centimètres cubes d'une eau sucrée albumineuse [77], formée dans les proportions suivantes :

Eau	100
Sucre	10
Matières albuminoïdes et minérales provenant de la levure de bière	0,2 à 0,7.

Le col effilé du ballon communique avec un tube de platine chauffé au rouge, comme l'indique la figure 2. On fait bouillir le liquide pendant deux à trois minutes, puis on le laisse refroidir complètement. Il se remplit d'air ordinaire à la pression de l'atmosphère,

* Ce qu'il y aurait de mieux à faire et de plus direct consisterait à suivre au microscope le développement de ces germes. Tel était mon projet ; mais l'appareil que j'avais fait construire pour cet objet ne m'ayant pas été livré en temps opportun, j'ai été éloigné de cette étude par d'autres travaux. Du reste, il ne faut pas se dissimuler la difficulté de cette méthode d'observation. Rien de plus simple que de déposer les spores d'une mucédinée dans un liquide propre à les nourrir, d'en prélever quelques-unes le lendemain ou le surlendemain, et de voir que plusieurs ont germé et ont déjà poussé de longs appendices. Mais autre chose est d'opérer sur une seule spore, qu'il faudra retrouver sous le microscope à une place déterminée, tout en lui fournissant de l'eau pour remplacer celle qui s'évapore sur les bords de la lame de verre, etc. Et puis les très petits infusoires, bactériums et monades, se montrent promptement, prennent l'air, et la spore privée d'un de ses aliments essentiels ne se développe pas. J'espère revenir prochainement sur cette partie de mon travail.

mais dont toutes les parties ont été portées au rouge ; puis on ferme à la lampe le col du ballon, qui a alors la forme indiquée par la figure 3.

Le ballon ainsi préparé est placé dans une étuve à une température constante voisine de 30° ; il peut s'y conserver indéfiniment, sans que le liquide qu'il renferme éprouve la moindre altération. Sa limpidité, son

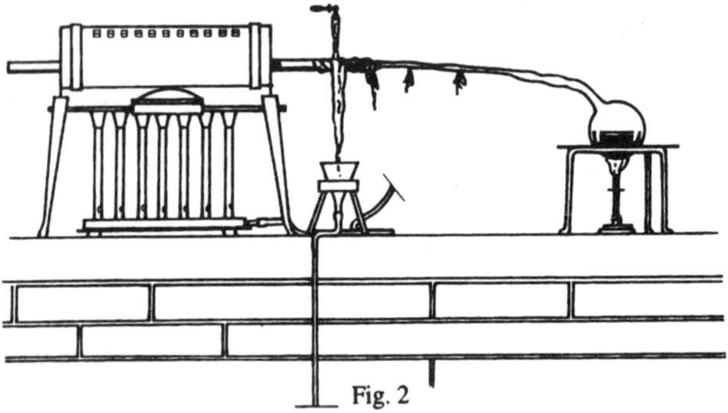

Fig. 2

odeur, son caractère d'acidité très faible, à peine appréciable au papier de tournesol bleu, persistent sans changement appréciable. Sa couleur se fonce légèrement avec le temps, sans doute sous l'influence d'une oxydation directe de la matière albuminoïde ou du sucre *.

* Cette oxydation directe est indiquée par l'analyse suivante, effectuée sur l'air d'un ballon rempli aux 2 cinquièmes d'eau de levure sucrée, et qui était resté à l'étuve du 12 février au 18 avril 1860.

Acide carbonique	0,9
Oxygène	19,5
Azote par différence	79,6
	100,0

Le volume de l'acide carbonique est moindre que le volume d'oxygène qui a disparu. Cela peut tenir aux différences des coefficients de solubilité de ces gaz. Quant à la limpidité du liquide, elle était parfaite.

Toutes les analyses de gaz contenues dans ce Mémoire ont été faites avec l'eudiomètre de M. Regnault.

J'affirme avec la plus parfaite sincérité que jamais il ne m'est arrivé d'avoir une seule expérience, disposée comme je viens de le dire, qui m'ait donné un résultat douteux. L'eau de levure sucrée portée à l'ébullition pendant deux ou trois minutes, puis mise en présence de l'air qui a été rougi, ne s'altère donc pas du tout *, même après dix-huit mois de séjour à une température de 25° à 30°, tandis que si on l'abandonne à l'air ordinaire, après un jour ou deux, elle est en voie d'altération manifeste, et se trouve remplie de bacteriums, de vibrions, ou couverte de mucors [78].

L'expérience du Dr Schwann appliquée à l'eau de levure sucrée est par conséquent d'une exactitude irréprochable.

Comment se fait-il néanmoins que plusieurs observateurs, MM. Pouchet, Mantegazza et Schwann lui-même, soient arrivés à des résultats contradictoires ? J'ajoute que le Dr Schwann lui-même n'a pas toujours réussi dans ses expériences sur l'inactivité de l'air calciné ; en effet, nous avons vu dans la première partie

Fig. 3

du présent Mémoire, où j'ai résumé le travail de ce savant, que ses expériences sur la fermentation alcoolique avaient souvent donné des résultats opposés à ceux qu'il espérait, sans qu'il eût pu d'ailleurs reconnaître les causes d'erreur présumées de ces résultats.

* J'ai certainement eu l'occasion de répéter plus de cinquante fois l'expérience, et, dans aucun cas, cette liqueur, si altérable, n'a donné vestige de productions organisées, en présence de l'air calciné.

Moi-même, dans des expériences inédites, j'étais arrivé à cette conséquence, que les expériences faites avec l'air calciné ne réussissaient qu'exceptionnellement. Je vais en rapporter quelques-unes.

Le 9 août 1857, je prépare comme il suit plusieurs ballons d'un quart de litre de capacité. Dans chacun d'eux, je place 80 centimètres cubes d'eau de levure de bière sucrée très limpide, renfermant par litre 100 grammes de sucre et 3 grammes de matières azotée et minérale empruntées aux principes solubles de la levure. J'étire à la lampe le col des ballons, puis je porte le liquide à l'ébullition, et je ferme ensuite la pointe effilée par un trait de chalumeau pendant l'ébullition, maintenue préalablement de deux à quatre minutes. Je renverse ensuite successivement chaque ballon dans la cuve à mercure, au fond de laquelle je brise leurs pointes ; alors j'introduis dans le premier ballon environ 70 centimètres cubes d'oxygène préparé avec le chlorate de potasse, et conduit dans un tube de porcelaine chauffé au rouge avant d'entrer dans le ballon. Dans le deuxième ballon, je fais arriver 50 centimètres cubes d'oxygène provenant de la décomposition de l'eau par la pile, et de production toute récente. Dans le troisième et le quatrième ballon, je fais passer de 50 à 60 centimètres cubes d'air ordinaire sortant d'un tube de porcelaine chauffé au rouge. Enfin, dans un cinquième ballon, j'introduis 50 centimètres cubes d'air ordinaire non chauffé. Je porte ensuite les cinq ballons dans une étuve à la température constante de 25° à 30°, renversés sur le mercure dans des verres à pied.

Le 13 août, il y a des productions organisées *dans tous les ballons*. Le liquide du premier était tout trouble, laiteux, par la présence d'une torulacée [79] en granulations très ténues réunies en chapelets. Le deuxième ballon est tombé dans la nuit du 15 au 16 août, parce qu'il s'est rempli de gaz par fermentation. Une étude microscopique des portions de liquide restées dans le verre y a fait reconnaître des globules de levure de bière. Les ballons 3, 4 et 5 offraient des touffes de moisissure flottant dans un liquide limpide.

En résumé, j'obtenais des résultats directement contraires à ceux du Dr Schwann. Des mucédinées, des torulacées pouvaient naître en présence de l'air calciné, dans des liquides qui avaient été soumis à l'ébullition.

Je ne publiai pas ces expériences ; les conséquences qu'il fallait en déduire étaient trop graves pour que je n'eusse pas la crainte de quelque cause d'erreur cachée, malgré le soin que j'avais mis à les rendre irréprochables. J'ai réussi, en effet, plus tard à reconnaître cette cause d'erreur.

Quoi qu'il en soit, les choses étaient telles, à cette époque, qu'un observateur, répétant de bonne foi sur la cuve à mercure les expériences de Needham, de Spallanzani et d'Appert, avec la modification indiquée par le Dr Schwann, arrivait à des conséquences tout à fait favorables à la doctrine des générations spontanées, sans qu'il fût possible de signaler la véritable cause d'erreur de ces expériences. On pouvait croire seulement qu'il était très difficile de ne pas laisser s'introduire dans les vases une petite quantité d'air ordinaire. Mais, outre que cette crainte était exagérée, on verra par la suite que ce n'est pas du tout en cela que consistait l'inexactitude de la méthode.

Dans toutes ces expériences, comme dans celles du Dr Schwann qui avaient été contraires au résultat de sa première expérience sur le bouillon de viande, c'est le mercure qui avait introduit les germes dans les liqueurs. J'en donnerai ultérieurement des preuves convaincantes. Mais nous pouvons remarquer dès à présent que le mercure d'une cuve de laboratoire est constamment exposé à recevoir les poussières de l'air, et que ce liquide doit recéler par conséquent une multitude de ces corpuscules organisés, que nous avons appris à étudier dans le chapitre précédent. Leur légèreté spécifique ne serait suffisante pour les amener à la surface que s'ils avaient un volume sensible. D'ailleurs, n'y aurait-il de ces corpuscules qu'à la surface du mercure, il ne serait pas possible de les éviter dans les manipulations. Que l'on dépose, en effet, des poussières sur le mercure et qu'on y enfonce ensuite un tube de verre, une éprouvette, un vase quelconque, on verra les poussières de la surface s'engager peu à peu dans la gaine que le corps solide laisse entre lui et le mercure. Si le corps est enfoncé d'un décimètre ou davantage, les poussières le suivront jusqu'à cette profondeur, et les dernières arrivées seront appelées d'une grande distance du point où le corps aura été plongé.

Nous pouvons résumer comme il suit les expériences de ce chapitre. L'eau de levure sucrée, liqueur excessivement altérable au contact de l'air ordinaire, peut être conservée intacte pendant des années entières lorsqu'elle est exposée à l'action de l'air calciné, après avoir été soumise à l'ébullition pendant deux ou trois minutes. Mais l'expérience a besoin d'être faite convenablement. Effectuée sur la cuve à mercure avec tous les soins imaginables, elle ne réussit qu'exceptionnellement, si tant est qu'elle réussisse quelquefois. La liqueur s'altère presque aussi facilement qu'à l'air ordinaire, parce qu'il est impossible que la manipulation, de quelque manière qu'elle soit dirigée, n'introduise pas des germes provenant de l'intérieur ou de la surface du mercure ou des parois de la cuve.

L'insuccès des expériences avec l'air calciné, toutes les fois qu'on venait à les pratiquer sur la cuve à mercure, n'était pas la seule cause d'incertitude et d'embarras dans cette grave question de la génération des êtres les plus inférieurs.

Remplace-t-on, en effet, dans les essais précédents l'eau de levure sucrée par le lait, ou tel autre liquide que nous apprendrons à connaître, et de quelque manière que l'expérience soit conduite, que l'on opère sur la cuve à mercure, ou que l'on opère avec l'appareil déjà décrit, représenté figure 2 [page 112], et qui donne des résultats si constants pour l'eau de levure sucrée, le lait se putréfie et montre des organismes.

Ces résultats si divers, contradictoires en apparence, trouveront leur explication naturelle dans un des chapitres suivants. Mais jusque-là ils étaient bien faits pour jeter le trouble dans les esprits, ainsi que j'ai déjà essayé de le montrer dans le chapitre historique placé en tête de ce travail.

CHAPITRE IV

Ensemencement des poussières, qui existent en suspension dans l'air, dans des liqueurs propres au développement des organismes inférieurs.

Les résultats des expériences des deux chapitres qui précèdent nous ont appris :

1° Qu'il y a toujours en suspension dans l'air ordinaire des corpuscules organisés tout à fait semblables à des germes d'organismes inférieurs ;

2° Que l'eau de levure de bière sucrée, liqueur éminemment altérable à l'air ordinaire, demeure intacte, limpide, sans donner jamais naissance à des infusoires ou à des moisissures, lorsqu'elle est abandonnée au contact de l'air qui a été préalablement chauffé.

Cela posé, essayons de rechercher ce qui arriverait au contact de ce même air, en ensemençant dans cette eau sucrée albumineuse les poussières que nous avons appris à recueillir au chapitre II, sans introduire autre chose que ces poussières. [fig. 1, page 106]

Quelle que soit la méthode d'expérimentation, il faut qu'elle éloigne complètement la cuve à mercure, parce que tous les résultats en seraient troublés. Je l'ai constaté directement pour ce point de la question par des expériences particulières que je crois sans grande utilité de rapporter ici. J'aurai d'ailleurs l'occasion de revenir encore sur les inconvénients d'utiliser le mercure dans ces sortes d'expériences.

Voici les dispositions que j'ai adoptées pour déposer les poussières de l'air dans les liqueurs putrescibles ou fermentescibles, en présence de l'air chauffé.

Reprenons notre ballon renfermant de l'eau de levure sucrée et de l'air calciné, figure 3 [page 113]. Je supposerai que le ballon soit à l'étuve à 25° ou 30°, depuis un ou deux mois, sans y avoir éprouvé d'altération sensible, preuve manifeste de l'inactivité de l'air chauffé dont il a été rempli sous la pression atmosphérique ordinaire.

La pointe du ballon étant toujours fermée, je l'adapte, au moyen d'un tube de caoutchouc, à un appareil disposé comme il suit, figure 4 : T est un tube de verre fort, de 10 à 12 millimètres de diamètre intérieur, dans lequel j'ai placé un bout de tube de petit diamètre *a*, ouvert à ses extrémités, libre de glisser dans le gros tube et renfermant une portion d'une des petites bourres de coton chargées de poussières ; R est un tube de laiton en forme de T, muni de robinets, l'un de ces robinets communique avec la machine pneumatique, un autre avec un tube de platine chauffé au rouge, le troisième avec le tube T ; *cc* représentent le caoutchouc qui réunit le ballon B au tube T.

Lorsque toutes les parties de l'appareil sont dispo-

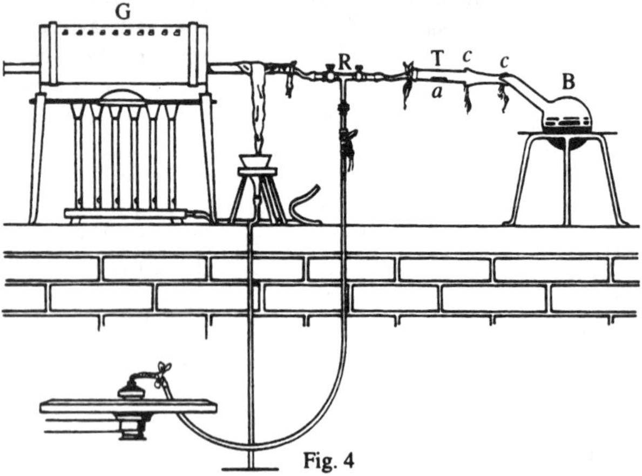

Fig. 4

sées et que le tube de platine est porté au rouge par le calorifère à gaz figuré en G, on fait le vide, après avoir fermé le robinet qui conduit au tube de platine. Ce robinet est ensuite ouvert de façon à laisser rentrer peu à peu dans l'appareil de l'air calciné. Le vide et la rentrée de l'air calciné sont répétés alternativement dix à douze fois. Le petit tube à coton se trouve ainsi rempli d'air brûlé jusque dans les moindres interstices du coton, mais il a gardé ses poussières. Cela fait, je brise la pointe du ballon B, à travers le caoutchouc *cc*, sans dénouer les cordonnets, puis je fais couler le petit tube aux poussières dans le ballon. Enfin, je referme à la lampe le col du ballon qui est de nouveau reporté à l'étuve. Or, il arrive constamment que des productions commencent à apparaître dans le ballon après vingt-quatre, trente-six ou quarante-huit heures au plus.

C'est précisément le temps nécessaire pour que ces mêmes productions apparaissent dans l'eau de levure sucrée lorsqu'elle est exposée au contact de l'air commun.

Voici le détail de quelques expériences :

Dans les premiers jours de novembre 1859, j'ai préparé, suivant la méthode de la figure 2 [page 112], plusieurs ballons de 250 centimètres cubes de capacité, renfermant 100 centimètres cubes d'eau de levure sucrée et 150 centimètres cubes d'air chauffé. Ils sont restés à l'étuve à une température voisine de 30^{0} jusqu'au 8 janvier 1860. Ce jour-là, vers neuf heures du matin, j'ai introduit dans l'un de ces ballons, à l'aide de l'appareil de la figure 4, une portion de bourre de coton chargée de poussières, recueillies comme cela a été expliqué au chapitre II.

Le 9 janvier, à neuf heures du matin, le liquide du ballon n'offre rien de particulier. Le même jour, à six heures du soir, on voit très distinctement de petites touffes de moisissures sortir du tube aux poussières. Limpidité parfaite du liquide.

Le 10 janvier, à cinq heures du soir, outre les touffes soyeuses de moisissures, le liquide ayant toujours conservé une limpidité parfaite, j'aperçois sur les parois du ballon un grand nombre de traînées blanches, irisées de diverses couleurs lorsqu'on place le ballon entre l'œil et la lumière.

Le 11 janvier, le liquide a perdu sa limpidité. Il est tout trouble, à tel point qu'on ne distingue plus les touffes de mycélium.

Alors j'ouvre le ballon par un trait de lime et j'étudie au microscope les diverses productions qui y ont pris naissance.

Le trouble du liquide est dû à une foule de petits bacteriums, de la plus petite dimension, très rapides dans leurs mouvements, pirouettant vivement ou se balançant, etc.

Les touffes soyeuses sont formées par un mycélium en tubes rameux.

Enfin, cette espèce de précipité pulvérulent sous forme de traînées blanches, qui s'est montré le 10 janvier, est constitué par une torulacée très élégante. C'est une torulacée très fréquente dans les liqueurs albumineuses sucrées, qui se développe, par exemple, dans les jus de betteraves rendus un peu acides, dans les urines des diabétiques, et que l'on pourrait confondre avec la levure de bière, à laquelle elle ressemble beaucoup par son mode de développement, si le diamètre de ses globules n'était sensiblement plus petit que celui des cellules de la levure, plus petit d'un tiers ou même de la moitié. Les globules de cette torulacée sont peu granuleux, plus translucides que les globules de la levure de bière. Le noyau, quand il est visible, est unique et très net. Ces globules se multiplient par bourgeonnement et affectent la forme rameuse de la levure de bière en voie de multiplication.

Ainsi, voilà trois productions nées sous l'influence des poussières que l'on a semées, productions de même ordre que celles qu'on voit naître dans ces mêmes liqueurs sucrées albumineuses quand on les abandonne au contact de l'air ordinaire.

Le 17 janvier, j'ai introduit des poussières dans deux autres de ces ballons d'eau de levure sucrée demeurés sans altération depuis le mois de novembre.

Le 19 au matin, un des liquides est tout trouble. Il n'offre d'ailleurs aucune apparence de mycélium. Le liquide de l'autre ballon est encore très limpide. Aucune apparence de production organisée.

Le même jour, à cinq heures du soir, le premier ballon est dans le même état ; le trouble est seulement accru ; quant à l'autre, la limpidité de son liquide est toujours parfaite, mais une touffe de mycélium sort du petit tube aux poussières et en garnit toute une extrémité.

Le 20, l'état du premier ballon n'a pas changé sensiblement. La moisissure du second s'est beaucoup développée, et il s'en est formé une nouvelle dans l'intérieur du liquide. En outre, la limpidité du liquide paraît légèrement altérée.

Le 21, le liquide du second ballon est presque aussi trouble que celui du premier, et les touffes de mycélium n'ont pris aucun accroissement depuis la veille, c'est-à-dire depuis que le trouble s'est manifesté dans toute la masse du liquide.

Le 22 et le 23 janvier, les touffes de mycélium restent toujours stationnaires, et il n'est pas douteux, comme on va le voir, qu'il faille attribuer l'arrêt de leur développement à la présence des infusoires qui troublent le liquide, et qui, en s'emparant de l'oxygène dissous, privent la plante d'un de ses aliments les plus essentiels. Ce résultat est constant, et c'est là ce qui explique pourquoi dans le premier ballon, la production développée en premier lieu ayant été formée par des infusoires, on n'a vu naître aucune autre production organisée.

Voici la confirmation remarquable de cette opinion :

Le 23 janvier, voyant que les touffes du mycélium du deuxième ballon sont stationnaires depuis le 20, je fait tomber le petit tube aux poussières dans le goulot du ballon, comme le représente la figure 5, afin de placer la touffe de moisissures, qui garnit l'une des extrémités de ce petit tube, en contact avec l'atmosphère du ballon, et éloigner ainsi l'influence des infusoires.

Fig. 5

Or, dix-huit heures après, dès le 24 janvier au matin, la moisissure a poussé des filaments dans toutes les directions, qui tapissent le petit tube et le goulot du ballon. Le 25, elle a fructifié. Le 27, elle s'étend en partie à la surface du liquide du ballon. A partir de ce jour elle ne s'est plus agrandie et est restée tout à fait stationnaire, parce que tout l'oxygène de l'air du ballon avait disparu et avait été remplacé par de l'acide carbonique.

Ces faits, que j'ai eu l'occasion de constater bien souvent dans des circonstances analogues, montrent toute l'influence que peuvent avoir les unes sur les autres des productions se développant simultanément, comment elles peuvent se nuire et comment il arrive qu'une liqueur peut offrir des organismes variés, mais bien moins nombreux, dans chaque cas particulier, qu'il n'y a de germes semés, et qu'il ne pourrait s'en développer à la rigueur [80]. Les premiers qui sont en voie de multiplication étouffent les autres *.

* C'est donc à tort, selon moi, que M. Pouchet donne *comme une immense objection* que les poussières qu'il a semées ne lui ont pas fourni plus de mucédinées qu'il n'en apparaît sans semence. Qu'il veuille bien les semer, par exemple, sur une même liqueur, placée dans un vase divisé en compartiments, et il verra que les corpuscules de l'air semés dans ces compartiments lui fourniront des productions très diverses. C'est en définitive ce que je fais quand j'opère sur plusieurs ballons séparément.

Toutes les conditions seront pareilles, mais dans chaque petit compartiment les premières productions qui auront poussé ne nuiront en rien à celles des cases voisines. Seulement la variété des productions ne sera pas indéfinie parce qu'elle est limitée, comme on le sait, par la nature de l'infusion.

Toutes les personnes qui ont étudié les productions organisées des infusions ont pu faire la remarque qu'une infusion est privée plus ou moins complètement d'infusoires, s'il arrive qu'elle se couvre de mucédinées, dans les premiers jours de son exposition à l'air. Et, inversement, lorsqu'elle débute par des infusoires, elle a peine à montrer des moisissures. La cause de ce fait est du même ordre que celle dont je viens de parler. Dans le premier cas, l'oxygène est absorbé par les mucédinées, dans le second par les infusoires. Ce que je dis de l'oxygène peut s'appliquer sans doute aux autres aliments de ces petits êtres. [...]

Je pourrais multiplier beaucoup les exemples de productions nées dans l'eau de levure sucrée par le fait de l'ensemencement des poussières de l'air, au sein d'une atmosphère d'air chauffé préalablement et par elle-même tout à fait inactive. J'ai choisi de préférence pour les décrire les essais qui m'avaient montré des productions organisées très communes, et qui apparaissent fréquemment sur les liquides de la nature de ceux que j'employais. Mais les mucorées, les torulacées, les mucédinées les plus diverses prennent naissance. Quant aux infusoires, ce sont toujours, pour ce genre de liquides, de petits bacteriums, les plus petites monades ou les plus petits des vibrions.

Or toutes ces productions sont précisément de la nature de celles que l'on voit apparaître dans la liqueur dont il s'agit, lorsqu'elle est librement exposée au contact de l'air ordinaire. En ce qui concerne les infusoires, je puis affirmer que jamais dans aucune circonstance je n'ai vu l'eau de levure sucrée donner naissance à des infusoires autres que les bacteriums et les plus petits des vibrions. L'infusoire le plus gros que j'aie rencontré est le *monas lens* de 0,004mm de diamètre, et encore je ne l'ai vu que fort rarement, soit à l'air libre, soit dans les ballons fermés. Quant aux végétaux, ce sont des mucors, des mucédinées ordinaires ou des torulacées *.

On pourrait peut-être se demander si, dans les expériences qui précèdent, le coton, en tant que matière organique, n'a pas eu quelque influence sur les résultats. Il est surtout utile de savoir ce qui arriverait si l'on répétait les manipulations sur des ballons préparés comme on l'a dit, et éloignant les poussières de l'air. En d'autres termes, la manipulation à laquelle il faut recourir pour l'introduction des poussières n'a-t-elle par elle-même aucune influence ? Il est indispensable de s'en assurer.

Afin de répondre à ces questions, j'ai remplacé le coton par de l'amiante. Les bourres d'amiante, après une exposition de quelques heures au courant d'air de l'aspirateur, fig. 1 [page 106], ont été introduites dans les ballons en suivant les indications qui précèdent, et elles ont donné des résultats tout à fait de même ordre que ceux que nous venons de rapporter. Mais avec des bourres d'amiante préalablement calcinées et non chargées de poussière, ou chargées de poussière mais chauffées ultérieurement, il ne s'est produit ni trouble, ni infusoires, ni plantes d'aucune sorte. Les liquides ont conservé une parfaite limpidité. J'ai répété un grand nombre de fois ces expériences comparatives, et j'ai toujours été surpris de leur netteté, de leur constance parfaite. Il semblerait, en effet, que des expériences de cette délicatesse devraient offrir quelquefois des résultats contradictoires amenés par des causes

* Je dois dire ici, une fois pour toutes, que j'appelle *mucors* les productions organisées végétales qui se développent de préférence à la surface des liquides, et qui offrent un aspect plus ou moins gras ou gélatineux, en pellicules minces ou épaisses, humides ou sèches, et quelquefois chagrinées ; *mucédinées,* les moisissures proprement dites dont le mycélium est formé de tubes diversement ramifiés, et qui offrent à la surface du liquide des organes de fructification ordinairement colorés sous la forme de poussières et quelquefois des tubes visibles à l'œil nu, terminés par des sporanges comme dans les moisissures les plus vulgaires ; et enfin *torulacées* les petites plantes cellulaires non tubulées, qui se montrent au fond du liquide où elles se multiplient par bourgeonnement, en affectant la forme de précipités, à la manière de la levure de bière.

d'erreur accidentelles. Or il ne m'est pas arrivé une seule fois de voir réussir les expériences *à blanc,* comme je n'ai jamais vu l'ensemencement des poussières ne pas fournir des productions organisées.

En présence de tels résultats, confirmés et agrandis par ceux des chapitres suivants, je regarde, comme mathématiquement démontré, que toutes les productions organisées, qui se forment à l'air ordinaire dans de l'eau sucrée albumineuse, préalablement portée à l'ébullition, ont pour origine les particules solides qui sont en suspension dans l'air.

Mais, d'autre part, nous avons vu au chapitre II que ces particules solides renferment, au milieu d'une foule de débris amorphes : carbonate de chaux, silice, suie, brins de laine, etc., des corpuscules organisés qui ressemblent, à s'y méprendre, aux petites graines des productions dont nous avons reconnu la formation dans cette liqueur. Ces corpuscules sont donc les germes féconds de ces productions.

Concluons, en outre, que si l'air chauffé mis en présence d'une conserve d'Appert formée par de l'eau sucrée albumineuse, telle que du moût de raisin, ne s'altère pas, ainsi que l'a trouvé le premier le Dr Schwann, c'est que la chaleur a détruit les germes que cet air charriait. C'est ce que prévoyaient tous les adversaires de l'hétérogénie [81]. Je n'ai fait qu'en donner des preuves solides et décisives, et obliger les esprits non prévenus à rejeter bien loin toute idée de l'existence dans l'air d'un principe plus ou moins mystérieux, gaz, fluide, ozone, etc., ayant la propriété de provoquer une organisation quelconque dans les infusions.

Il y aurait ici à traiter une question bien intéressante, sur laquelle je reviendrai dans une publication spéciale, et qui ne manquera pas de surprendre le lecteur. Rien n'est plus propre que la liqueur étudiée dans les pages précédentes à donner naissance à la fermentation alcoolique. L'eau de levure sucrée est constituée à la manière du moût de raisin, du moût de bière, du jus de betterave, etc., liquides qui, exposés au contact de l'air ordinaire, entrent facilement en fermentation. Or, dans un nombre considérable d'expériences disposées comme je l'ai dit précédemment, et où j'ai semé des poussières de l'air dans de l'eau de levure sucrée, il ne m'est jamais arrivé d'obtenir la fermentation du liquide sucré *.

C'est ici le lieu de faire remarquer qu'il n'y a rien de plus contraire à la vérité que cette assertion souvent reproduite par les partisans de la doctrine des générations spontanées, « que l'apparition des premiers organismes est toujours précédée par des phénomènes de fermentation ou de putréfaction,... et que la formation des animalcules dans les macérations vient à la suite d'un dégagement de gaz divers dus à la décomposition des substances que l'on a employées, et que c'est après la manifestation de ces phénomènes qu'il se forme à la surface des liquides une pellicule particulière ** ». Aussi, lorsque l'on me parle de mouvement fermentescible, que je détermine dans mes liqueurs en y semant les poussières, *mouvement fermentescible nécessaire pour l'évolution des forces génésiques,* je ne vois là que des mots vagues, auxquels l'expérience m'apprend à ne prêter aucun sens raisonnable.

CHAPITRE V

Extension des résultats qui précèdent à de nouveaux liquides très altérables. — Urine. — Lait. — Eau sucrée albumineuse mêlée de carbonate de chaux.

§ I. — *Urine.*

[...]

* Je montrerai ultérieurement que cette particularité tient au rapport qui existait dans mes expériences entre les volumes de l'air et du liquide.

** Pouchet, *Hétérogénie ou Traité de la génération spontanée,* Paris, 1859, p. 352 et 353.

§ II. — *Lait. — Eau sucrée albumineuse avec carbonate de chaux.*

L'étude du lait et de quelques autres liquides va nous offrir des résultats qui paraîtront au premier abord singulièrement embarrassants. Lorsqu'il s'est agi dans les chapitres précédents de l'eau de levure sucrée et de l'urine, nous avons reconnu que ces liquides, portés à la température de l'ébullition à 100° pendant deux ou trois minutes, puis exposés au contact de l'air qui a subi la température rouge, n'éprouvent aucune altération. L'expérience, conduite comme je l'ai décrite en se servant de l'appareil figure 2 [page 112], n'est jamais en défaut.

Cela posé, si l'on répète cette même expérience sur le lait ordinaire, on peut être assuré que le lait se caillera et se putréfiera constamment.

Le 10 avril 1860, je prépare un ballon de lait avec l'appareil de la figure 2. L'ébullition a duré deux minutes, depuis le moment où la vapeur d'eau avait déjà assez échauffé la partie effilée du col pour que l'on ne puisse y tenir la main. Après le refroidissement du liquide, on ferme à la lampe le col du ballon comme à l'ordinaire, et on le porte dans une étuve à la température de 25° à 30°.

Le 17 avril, le lait de ce ballon est caillé. Aucune apparence de dégagement de gaz. Je détache le col par un trait de lime. Faible odeur de lait caillé. Le petit-lait est alcalin autant que le lait frais. Examiné au microscope, je le trouve rempli de vibrions d'une même espèce, mais de longueurs très variables. Ils ont un mouvement lent, flexueux ; il n'y a pas du tout de *bacterium termo,* ni aucune autre production animale ou végétale. Il n'est donc pas douteux que le lait s'est caillé sous l'influence de la vie de ces vibrions, peut-être par le fait de la production d'un liquide analogue à la présure. Une foule de ces vibrions avaient jusqu'à 0,05mm ; les plus petits avaient 0,004mm de longueur. Beaucoup étaient sans mouvements.

L'analyse de l'air du ballon a donné :

Oxygène	0,8
Acide carbonique	17,2
Hydrogène	0,2
Azote par différence	81,8
	100,0

Il résulte de cette analyse que l'oxygène avait en grande partie disparu, et avait été remplacé par de l'acide carbonique, sans nul doute sous l'influence de la respiration des vibrions. Le fait de l'existence des vibrions encore vivants à l'ouverture du ballon, bien qu'il n'y eût pas 1% d'oxygène, montre que la vie de ces petits êtres se poursuit tant qu'il y a de l'oxygène, et lors même que la proportion d'acide carbonique est considérable. Nous avons déjà constaté un fait de même ordre pour les mucédinées.

Bien que le lait de ce ballon ait mis sept jours à se cailler, du 10 au 17 avril, il ne faut pas en conclure que le phénomène ne s'est manifesté qu'après sept jours. Si l'on avait ouvert le ballon le 12, le 13 avril on aurait reconnu déjà la présence des infusoires et un commencement très faible de coagulation.

La coagulation se manifeste en général [au bout] de trois à dix jours ; mais je l'ai vue dans un cas ne se déclarer qu'après un mois de séjour à l'étuve, du 11 mars au 16 avril. Cela indique seulement que les infusoires se sont multipliés péniblement et lentement.

Les expériences dont nous venons de parler m'ont toujours offert des résultats analogues. Le lait soumis à l'ébullition à 100°, et abandonné au contact de l'air chauffé, se remplit après quelques jours de petits infusoires, le plus souvent d'une variété de *vibrio lineola* et de bacteriums, et, tout en conservant son alcalinité, il se caille.

Je n'ai jamais vu se former dans le lait ainsi traité autre chose que des vibrions et des bacteriums, aucune mucédinée, aucune torulacée, aucun ferment végétal. Il n'y a pas de doute que cela tient à ce que les germes de ces dernières productions ne peuvent résister à 100° au sein de l'eau, ce que j'ai d'ailleurs constaté par des expériences directes. Et, de même, nous allons reconnaître que, si le lait se putréfie dans les circonstances précédentes, c'est que les germes des infusoires dont nous venons de parler peuvent résister à la température humide de 100°, lorsque le liquide où on les chauffe jouit de certaines propriétés.

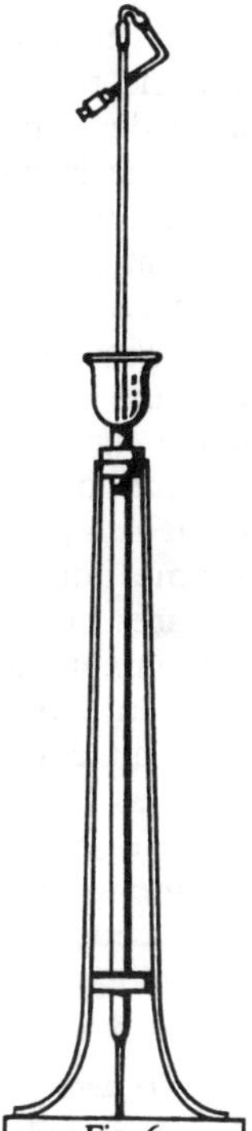
Fig. 6

Pour ce qui est de la coagulation du lait, nous voyons par ces expériences que le lait abandonné au contact de l'air se caille sous deux influences très différentes. Il peut se cailler par le fait du développement d'infusoires, phénomène qui rentre probablement dans les cas de coagulation du lait par la présure [82]. Il y a lieu de rechercher si, par suite de la vie des infusoires, il prend naissance un liquide analogue à celui des présures naturelles ou artificielles, qui peuvent, elles aussi, produire la coagulation sans acidité. Il y a, d'autre part, la coagulation du lait sous l'influence de l'acide lactique. Lorsque le lait frais, non bouilli, est abandonné au contact de l'air, la coagulation est due le plus souvent à cette seconde cause. Quant à l'acidité elle-même, elle est occasionnée par le développement de ferments végétaux, particulièrement le ferment lactique, qui transforment le sucre de lait en acide lactique ou en d'autres acides [83], ferments qui ne peuvent prendre naissance lorsque le lait a été bouilli et qu'il est exposé à l'air chauffé, parce que les germes de ces ferments ne résistent pas à 100°.

J'ai dit que la putréfaction du lait qui a été chauffé à 100°, et qui se trouve exposé à l'air *calciné,* était due à ce que, dans certains cas, les germes des vibrions résistaient à la température de 100°. Il est facile de s'en convaincre. Reprenons, en effet, l'appareil de la figure 2 [page 112], et faisons bouillir le lait à une température un peu supérieure à 100°, 110° au maximum, en adaptant à l'extrémité gauche du tube de platine le tube de verre de la figure 6, plongeant de 40 à 50 centimètres cubes (*sic*) dans le mercure de la longue cuvette que représente cette même figure [84]. Détachons ce tube de verre lorsque l'ébullition du lait aura duré seulement une minute ou deux ; puis fermons à la lampe le col du ballon comme nous l'avons toujours fait. Ces ballons ainsi préparés pourront alors rester indéfiniment à l'étuve, sans jamais donner lieu à la moindre production, moisissure ou infusoire quelconques [85].

Le lait conserve sa saveur, son odeur et toutes ses qualités. Il est surprenant que sa matière grasse ne s'oxyde pas plus rapidement en présence d'un volume d'air aussi considérable. Cette oxydation existe cependant, mais elle est très faible. Voici l'analyse de l'air d'un ballon qui était resté quarante jours à l'étuve :

Oxygène	18,37
Acide carbonique	0,16
Azote par différence	81,47
	100,00.

Sous l'influence de cette oxydation directe, la crème se grumelle un peu et communique au lait une légère saveur de suif.

Ainsi donc, la putréfaction du lait, bouilli à 100° et exposé à l'air chauffé, n'était qu'un accident provoqué par ce fait, que la température de l'ébullition n'avait pas été assez élevée. Il suffit de la pratiquer à 100 et quelques degrés, et même de la prolonger à 100°, pour que les résultats aient toute la netteté et toute la précision de ceux que nous avons déjà obtenus en opérant sur l'eau de levure sucrée et sur l'urine.

Mais, dira-t-on, comment se fait-il que l'eau de levure sucrée et l'urine n'aient besoin de subir qu'une ébullition à 100°, pour que jamais on n'y voie apparaître des vibrions au contact de l'air chauffé ? Nous allons reconnaître que cela est dû vraisemblablement à ce que ces liquides sont très faiblement acides, tandis que le lait est alcalin. En effet, j'ai reconnu que l'on peut faire produire des vibrions, à l'aide de l'eau de levure sucrée, au contact de l'air calciné. Il suffit de faire bouillir la liqueur à 100° en présence d'un peu de carbonate de chaux, qui rend la liqueur neutre ou légèrement alcaline.

Le 21 mars 1860, je prépare six ballons à l'aide de l'appareil fig. 2 [page 112]. Chacun d'eux renferme :

10 grammes de sucre.
100 centimètres cubes d'eau de levure de bière (0,5 de matière solide).
1 gramme de carbonate de chaux.

Après les avoir remplis d'air calciné, je les ferme à la lampe d'émailleur, et je les dépose à l'étuve.

Le 25 mars, le liquide de ces ballons est trouble, et tout annonce qu'ils renferment des infusoires. Le trouble a commencé pour trois d'entre eux dès le 23 mars.

J'ouvre un de ces ballons le 25 mars, et je trouve, en effet, le liquide rempli de très petits vibrions dont plusieurs se meuvent visiblement, quoique avec beaucoup de lenteur ; ils sont comme malades. Le 5 avril, les quatre ballons qui n'ont pas été ouverts montrent à leur surface un mucor gélatineux, épais, chagriné et de couleur rougeâtre. Au microscope, ce mucor est constitué par un amas de granulations d'une extrême ténuité. Au fond du liquide se trouve un dépôt de cadavres de petits vibrions. Je pense que ce mucor est une espèce cryptogamique végétale indépendante de la production des vibrions, et que, conséquemment, le germe de ce mucor particulier, aussi bien que le germe des vibrions, a résisté, dans ces conditions particulières, à la température de 100^0 pendant deux à trois minutes.

Si maintenant nous répétons ces mêmes essais en faisant bouillir le liquide à 105^0 seulement, comme nous l'avons fait tout à l'heure pour le lait, dans aucun cas on ne verra se former le moindre trouble, ni mucorée quelconque. Dès lors, il n'est pas douteux que, si le lait s'altère en présence de l'air calciné, lorsqu'il n'a subi qu'une ébullition à 100^0, c'est qu'il est légèrement alcalin, puisqu'il suffit d'ajouter un peu de craie à l'eau de levure sucrée pour lui communiquer les mêmes propriétés, propriétés qu'elle n'a jamais si elle est mise à bouillir sans addition de craie.

Mais poursuivons ces études, et voyons ce qui arrive en présence de l'air calciné, lorsque l'on sème les poussières de l'air dans du lait conservé intact par une ébullition à 100 et quelques degrés.

Le 7 avril 1860, je fais passer dans un ballon, dont le lait, bouilli à 108^0, est resté sans altération depuis deux mois, une portion d'une petite bourre d'amiante chargée des poussières en suspension dans l'air.

Le 9 et le 10 avril, le lait paraît intact. Mais déjà le 10 avril au soir, la couche crémeuse de la surface emprisonne des bulles de gaz. J'agite pour les faire disparaître ; deux heures après, de nouvelles bulles sont déjà reformées. Le 11, la fermentation continue à se manifester par des bulles de gaz ; mais le lait n'est pas caillé. Le 12, même état que la veille.

Le 15 avril, le lait, sans être caillé, paraît éclairci. J'ouvre le ballon sur la cuve à mercure, afin d'en étudier le contenu. Une quantité notable de gaz sort avec force du ballon ; il est donc certain qu'il y a eu fermentation. Cependant le liquide n'est pas acide ; il a même encore au papier de tournesol rouge un soupçon d'alcalinité. Son odeur est faible, quoique sensible et toute particulière ; c'est l'odeur du lait aigre, ou plus exactement l'odeur des petits enfants à la mamelle lorsqu'ils sont mal soignés. La saveur du lait est douce en premier lieu, puis elle fait bientôt place à une autre saveur très désagréable qui a quelque chose d'amer et de poivré. Exposé pendant quelques instants au bain-marie, le lait se caille aussitôt en donnant un petit-lait tout opaque. Au microscope, on voit mêlés aux globules de beurre une foule de petits articles souvent étranglés au milieu : c'est la variété allongée du *bacterium termo,* qui était mêlée, en outre, au *vibrio lineola* de petite dimension. Tous sont sans mouvement. On voit, d'autre part, une foule d'articles d'un diamètre presque double, caractérisés par une espèce de tête sphérique à une extrémité. Leur nombre est au moins égal à celui des bacteriums et des vibrions. Comme eux, ils sont sans mouvements apparents.

Voici l'analyse du gaz :

Oxygène	2,3
Acide carbonique	28,6
Hydrogène	11,0
Azote par différence	58,1
	100,0.

J'ai répété cette expérience à diverses reprises sur le lait ou sur l'eau de levure sucrée mêlée de carbonate de chaux ; elle a toujours donné des résultats analogues, c'est-à-dire qu'il ne m'est jamais arrivé de semer les poussières de l'air, dans des liqueurs conservées intactes par le moyen que j'ai indiqué, sans voir apparaître au bout de très peu de jours, soit des mucors ou mucédinées diverses, soit des infusoires. Il résulte de là que si le lait bouilli à 100 et quelques degrés ne s'altère ni ne se caille au contact de l'air chauffé, ce n'est pas qu'il en ait perdu la propriété, puisqu'il suffit d'y déposer des poussières recueillies dans l'air ordinaire pour le voir donner lieu à des productions organisées de même ordre que celles que le lait frais montre, au bout de quelques jours, quand on l'expose à l'air ordinaire. Conséquemment, s'il se putréfie et présente des infusoires au contact de l'air chauffé, lorsqu'il n'a été bouilli qu'à 100°, c'est évidemment que les germes de ces infusoires résistent à la température de 100° pendant quelques minutes. L'expérience suivante achèvera d'en donner une preuve directe.

Un ballon de lait est conservé intact depuis deux mois en présence de l'air calciné. J'y dépose des poussières de l'air en suivant la méthode indiquée fig. 4 [page 118], et décrite au chapitre IV. Je referme immédiatement le ballon à la lampe, et je le porte tout entier dans une marmite pleine d'eau en ébullition vive. Je l'y ai laissé cinq minutes, et je l'ai retiré alors pour le porter à l'étuve : c'était le 24 juillet 1860. Le 30 juillet, il commence visiblement à se cailler ; le 31, il l'est complètement. Je l'ouvre alors pour étudier le liquide au microscope ; j'y découvre une foule de bacteriums et de vibrions très agiles. Au papier de tournesol rouge, le petit-lait a conservé toute son alcalinité première.

J'aurais bien désiré rechercher quelle est la véritable origine des germes des vibrions qui apparaissent dans le lait bouilli à 100°, puis exposé à l'air calciné. Ces germes existent-ils dans le lait naturel ? Cela n'est pas impossible. Cependant je suis plus porté à croire qu'ils appartiennent simplement aux poussières qui tombent dans le lait pendant et après la traite, ou qui se trouvent toujours dans les vases employés pour recueillir le lait [86]. J'ai rencontré des difficultés que je n'ai pas encore levées, pour introduire dans mes ballons, en présence de l'air chauffé, du lait naturel, n'ayant eu aucun contact avec l'air ordinaire. J'ai pu réaliser convenablement l'expérience avec l'urine, et j'ai vu que cette liqueur restait tout à fait sans altération au contact de l'air calciné, bien qu'elle n'eût subi aucune élévation de température. Néanmoins, ce sont des expériences que je me propose de reprendre et de suivre avec des soins particuliers. Tout le monde en comprendra l'importance.

CHAPITRE VI

Autre méthode très simple pour démontrer que toutes les productions organisées des infusions (préalablement chauffées) ont pour origine les corpuscules qui existent en suspension dans l'air atmosphérique.

Je crois avoir établi rigoureusement dans les chapitres précédents que toutes les productions organisées des infusions, préalablement chauffées, n'ont d'autre origine que les particules solides que l'air charrie toujours et qu'il laisse constamment déposer sur tous les objets. S'il pouvait rester encore le moindre doute à cet égard dans l'esprit du lecteur, il serait levé par les expériences dont je vais parler.

Je place dans un ballon de verre une des liqueurs suivantes, toutes fort altérables au contact de l'air ordinaire, eau de levure de bière, eau de levure de bière sucrée, urine, jus de betteraves, eau de poivre ; puis j'étire à la lampe le col du ballon de manière à lui donner diverses courbures, comme l'indiquent les figures 7 [page 136]. Je porte ensuite le liquide à l'ébullition pendant quelques minutes jusqu'à ce que la vapeur d'eau sorte abondamment par l'extrémité du col effilé restée ouverte, sans autre précaution. Je laisse alors refroidir le ballon. Chose singulière, bien faite pour étonner toute personne habituée à la délicatesse des expériences relatives aux générations dites spontanées, le liquide de ce ballon restera indéfiniment sans altération. On peut le manier sans aucune crainte, le transporter d'un lieu à un autre, lui laisser subir toutes les variations de température des saisons, et son liquide n'éprouve pas la plus légère altération et conserve son odeur et sa saveur ; c'est une conserve d'Appert excellente. Il n'y aura d'autre changement dans sa nature que celui que peut apporter, dans certains cas, une oxy-

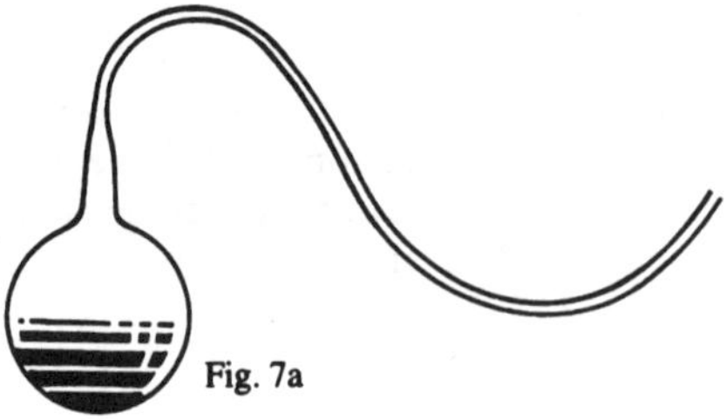

Fig. 7a

Fig. 7b

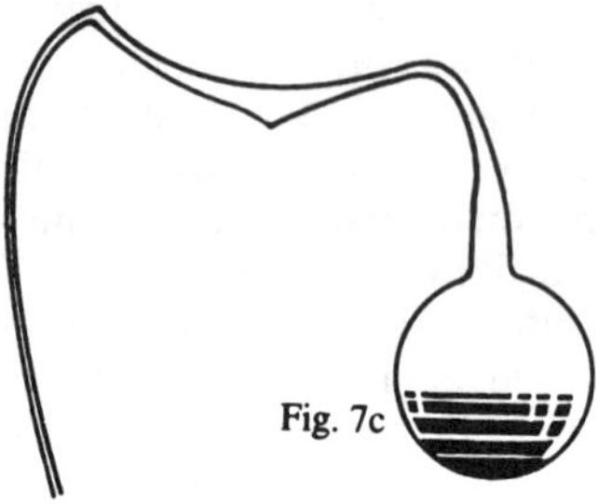

Fig. 7c

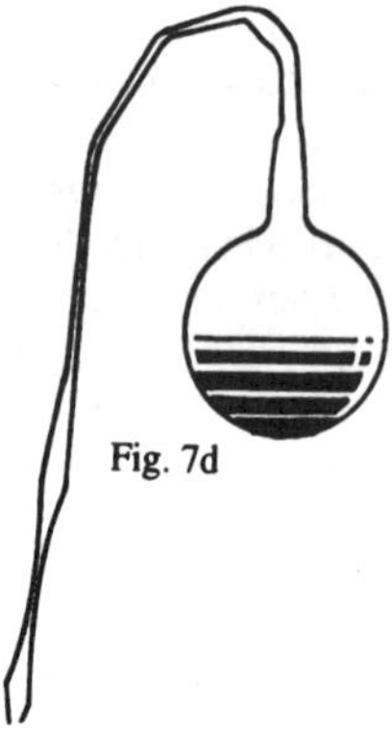

Fig. 7d

dation directe, purement chimique, de la matière. Mais nous avons vu, par les analyses que j'ai fait connaître dans ce Mémoire, combien cette action de l'oxygène était bornée, *toutes les fois qu'il n'y avait pas de productions organisées développées dans les liqueurs* *.

Il semble que l'air ordinaire, rentrant avec force

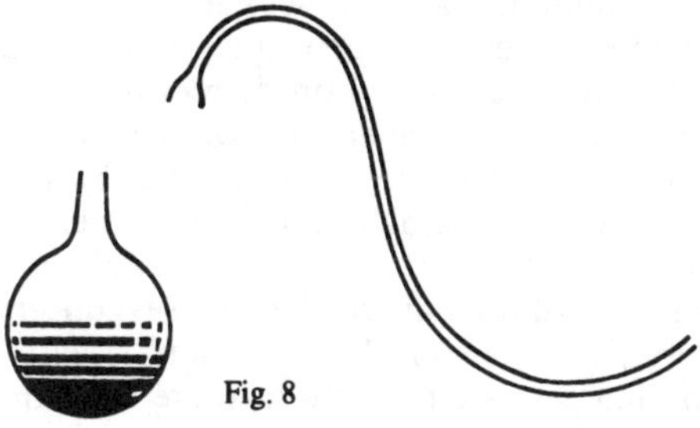

Fig. 8

dans les premiers moments, doit arriver tout brut dans le ballon. Cela est vrai, mais il rencontre un liquide encore voisin de la température de l'ébullition. La rentrée de l'air se fait ensuite avec plus de lenteur, et lorsque le liquide est assez refroidi pour ne plus pouvoir enlever aux germes leur vitalité, la rentrée de l'air est assez ralentie pour qu'il abandonne dans les courbures humides du col toutes les poussières capables d'agir sur les infusions et d'y déterminer des productions organisées. Du moins, je ne vois pas d'autre explication possible à ces curieuses expériences. Que si, après un ou plusieurs mois de séjour à l'étuve, on détache le col du ballon par un trait de lime, sans toucher autrement au ballon (fig. 8), et après vingt-

* Je montrerai, dans des travaux ultérieurs, l'importance de cette dernière remarque. Je ferai voir que beaucoup d'êtres inférieurs ont la propriété de transporter l'oxygène de l'air, en quantité considérable, sur les matières organiques complexes, et que c'est un des moyens dont se sert la nature pour transformer en eau, acide carbonique, oxyde de carbone, azote, acide nitrique, ammoniaque, les éléments des substances organiques, élaborées sous l'influence de la vie.

On peut par exemple, à l'aide des mycodermes, réduire en eau et en acide carbonique des masses énormes d'alcool ou d'acide acétique ; et par le développement, relativement faible, d'une mucédinée quelconque, brûler un poids très élevé de sucre, d'acide tartrique, d'acide citrique, de matière albuminoïde [87].

quatre, trente-six ou quarante-huit heures, les moisissures et les infusoires commenceront à se montrer absolument comme à l'ordinaire, ou comme si l'on avait semé dans le ballon les poussières de l'air, suivant la méthode de la figure 4 [page 118].

Les mêmes expériences peuvent se répéter sur le lait, pourvu qu'on ait la précaution de produire l'ébullition sous pression à la température de 100 et quelques degrés, à l'aide de l'appareil (fig. 2 et fig. 6) [pages 112 et 129], et de laisser le ballon se refroidir pendant qu'il y rentre de l'air calciné. On peut alors abandonner à lui-même le ballon ouvert. Le lait se conserve sans altération. J'ai pu laisser plusieurs mois, à l'étuve de 25 à 30°, du lait préparé de cette manière, sans qu'il s'altère. On constate seulement un léger épaississement de la crème dû à une oxydation chimique directe.

Je ne connais rien de plus probant que ces expériences si faciles à répéter et que l'on peut varier de mille façons.

Je croyais à l'origine qu'il était indispensable, soit de faire rentrer de l'air calciné, une première fois, pendant le refroidissement du liquide du ballon, soit de maintenir le ballon constamment à la même température afin que l'air extérieur ordinaire ne pût en quelque sorte rentrer dans le ballon que par diffusion lente ; mais j'ai reconnu ensuite que toutes ces précautions étaient exagérées. Dans les changements de température, le mouvement de l'air ne se fait sentir que dans le col avec quelque intensité, et c'est là seulement qu'il peut y avoir dépôt des germes que l'air transporte. On n'arrive à provoquer des productions organisées dans le liquide que par une très brusque agitation du liquide. Un autre moyen, qui réussit le plus souvent, pour déterminer l'apparition des productions, consiste à fermer l'extrémité effilée du ballon aussitôt après, ou mieux, pendant l'ébullition. Le vide se fait ensuite par la condensation de la vapeur d'eau. Alors on débouche l'extrémité fermée du col recourbé, l'air extérieur rentre avec force, emportant avec lui toutes ses poussières jusqu'au contact du liquide. Dans ce cas une altération du liquide se manifeste le plus souvent au bout de quelques jours.

Je dois ajouter que j'ai en ce moment dans mon laboratoire plusieurs liqueurs très altérables conservées depuis dix-huit mois dans des vases ouverts à cols recourbés et inclinés, notamment plusieurs de ceux qui ont été déposés sur le bureau de l'Académie des sciences, dans sa séance du 6 février 1860, lorsque j'ai eu l'honneur de lui faire connaître ces nouveaux résultats [88].

Le grand intérêt de cette méthode, c'est qu'elle achève de prouver sans réplique que l'origine de la vie, dans les infusions qui ont été portées à l'ébullition, est uniquement due aux particules solides en suspension dans l'air. Gaz, fluides divers, électricité, magnétisme, ozone, choses connues ou choses occultes, il n'y a absolument rien dans l'air atmosphérique ordinaire qui, en dehors de ses particules solides, soit la condition de la putréfaction ou de la fermentation des liquides que nous avons étudiés.

Le Dr Schwann, et ceux qui ont répété ou modifié ses expériences, ainsi que je l'ai déjà dit, avaient établi que ce n'est pas l'oxygène, ou du moins l'oxygène seul, qui est la condition de la vie dans les infusions, mais quelque chose, un principe inconnu, que la chaleur détruit (Schwann), que le coton détruit (Schrœder et von Dusch), que détruisent les réactifs chimiques énergiques (Schulze). Là s'arrêtait l'expérience. Ces incertitudes et ces hésitations, dont nous trouvons la trace dans le Mémoire de M. Schwann, et surtout dans les travaux de M. Schrœder, autorisaient, soit l'hypothèse des germes disséminés, soit l'hypothèse de l'existence dans l'air d'un principe chimique ou physique, conclusion à laquelle M. Schrœder s'était arrêté.

Dans des recherches de cette nature, où l'esprit est dominé à son insu par le mystère impénétrable de l'origine de la vie à la surface du globe, je ne crois pas qu'il puisse y avoir d'hypothèses, si étranges soient-elles, qui ne trouvent crédit. On ne peut parvenir à les éloigner que par des faits bien étudiés et rigoureusement démontrés. Il faut instituer, comme le dit avec autant de justesse que d'autorité la Commission du prix proposé par l'Académie, « instituer des expériences précises, rigoureuses, également étudiées dans toutes leurs circonstances, et telles en un mot qu'il puisse en être déduit quelque résultat dégagé de toute confusion née des expériences mêmes ».

Je me suis efforcé de donner ce caractère à mes expériences. Si je ne me trompe, celles que j'ai fait connaître dans les chapitres précédents prouvent réellement ce qu'elles ont la prétention de prouver et qui se résume dans cette double proposition :

1°. Il y a constamment dans l'air des corpuscules organisés qu'on ne peut distinguer des véritables germes des organismes des infusions.

2°. Lorsqu'on sème les corpuscules, et les débris amorphes qui leur sont associés, dans des liqueurs qui ont été soumises à l'ébullition et qui resteraient intactes dans l'air préalablement chauffé si l'on n'y pratiquait pas cet ensemencement, on voit apparaître dans ces liqueurs exactement les mêmes êtres qu'elles développent à l'air libre *.

Cela posé, un partisan des générations spontanées veut-il continuer à soutenir ses principes, même en présence de cette double proposition ? Il le peut encore ; mais alors son raisonnement sera forcément celui-ci, et j'en laisse juge le lecteur :

* Le lecteur remarquera le soin que je mets à indiquer toujours qu'il s'agit dans mes expériences d'infusions qui ont été portées à l'ébullition. J'espère pouvoir rechercher bientôt les effets de l'air calciné sur les liquides bruts de l'économie animale, tels que le sang, le lait, l'urine, ou sur les jus bruts des végétaux. On sait que la plupart des substances solubles ou insolubles qu'élaborent les animaux et les végétaux, possèdent certaines propriétés spéciales, qu'elles perdent sous l'influence d'une température plus ou moins élevée. Ces matières, au nombre desquelles se trouvent les produits du genre de la pepsine, de la diastase..., n'interviennent-elles pas dans le développement ou dans les modifications morphologiques des êtres inférieurs ? C'est une question qu'il me paraît utile d'examiner, et que j'aborderai prochainement.

« Il y a dans l'air, dira-t-il, des particules solides, telles que carbonate de chaux, silice, suie, brins de laine, de coton, fécule, ..., et à côté des corpuscules organisés d'une parfaite ressemblance avec les spores des mucédinées ou avec les œufs des infusoires. Eh bien, je préfère placer l'origine des mucédinées et des infusoires dans les premiers corpuscules amorphes plutôt que dans les seconds. »

A mon avis, l'inconséquence d'un pareil raisonnement ressort d'elle-même. Tout le progrès de mes recherches consiste à y avoir acculé les partisans de la doctrine de l'hétérogénie.

CHAPITRE VII

Il n'est pas exact que la plus petite quantité d'air ordinaire suffise pour faire naître dans une infusion les productions organisées propres à cette infusion. — Expériences sur l'air de localités diverses. — Inconvénients de l'emploi de la cuve à mercure dans les expériences relatives aux générations dites spontanées.

J'ai déjà indiqué dans la partie historique de ce Mémoire l'influence qu'avait eue, dans le sujet qui nous occupe, un travail célèbre de Gay-Lussac relatif à l'air des conserves d'Appert, et l'interprétation que l'illustre physicien avait déduite de ses expériences. Voici ses propres expressions :

« On peut se convaincre, en analysant l'air des bouteilles dans lesquelles les substances ont été bien conservées, qu'il ne contient plus d'oxygène, et que l'absence de ce gaz est, par conséquent, une condition nécessaire pour la conservation des substances animales et végétales [89]. »

Que l'air des conserves étudiées par Gay-Lussac fût privé d'oxygène, il n'y a pas à en douter. Personne n'oserait suspecter l'exactitude d'une analyse d'air faite par Gay-Lussac. Cependant il n'est pas douteux aujourd'hui, bien que personne, à ma connaissance, n'ait repris avec suite ces expériences de Gay-Lussac, que les conserves d'Appert peuvent renfermer de l'oxygène, surtout lorsqu'elles sont de nouvelle préparation. Il résulte des analyses d'air que j'ai rapportées [pages 112 et 130], que l'oxygène de l'air rendu inactif par la chaleur, selon la méthode de Schwann, se combine directement avec les matières organiques, et en dégage de l'acide carbonique, mais c'est une action très lente. Néanmoins le fait d'oxydation directe existe, il n'y a pas à le nier. Cette oxydation peut être plus sensible dans les conserves d'Appert au moment où on les prépare, à cause de l'élévation de la température. Dans tous les cas, si la préparation y laisse de l'oxygène, ce gaz disparaîtra peu à peu par l'effet de cette oxydation directe dont je viens de parler. Il y a une circonstance qui doit contribuer beaucoup à rendre très faible ou nulle la quantité d'oxygène restant dans les conserves d'Appert : c'est le rapport des volumes d'air et de matière organique. Elles contiennent toujours peu d'air et beaucoup de matière, circonstance très favorable pour que le phénomène d'oxydation s'achève. Mais, je le répète, rien ne serait plus facile que de préparer des conserves en y laissant de l'oxygène, et il y a lieu de croire que souvent elles en renferment. L'expérience de Schwann ne laisse aucun doute à cet égard.

C'est pourquoi l'interprétation donnée par Gay-Lussac aux résultats de ses analyses, à savoir que *l'absence de l'oxygène est une condition de la conservation,* est tout à fait erronée. Tout le monde n'a pas su faire ce départ entre la vérité des faits observés par Gay-Lussac et l'erreur de son interprétation. Le Dr Schwann doit être regardé à juste titre comme l'auteur de la véritable théorie des procédés d'Appert. Les conserves d'Appert continuent de se conserver en présence de l'air chauffé : voilà sa découverte. Le secret de leur conservation est donc dans la destruction par la chaleur d'un principe que l'air ordinaire renferme, et non dans l'absence de l'oxygène *.

Mais il y a une extension des expériences de Gay-Lussac, à laquelle la découverte de Schwann n'avait porté aucune atteinte, qu'elle aurait servi plutôt à confirmer, extension que les adversaires de la doctrine des générations spontanées n'ont pas contestée, et sur laquelle les partisans de cette doctrine appuient à juste titre une de leurs principales objections. C'est à savoir que la plus petite quantité d'air commun, mise en contact d'une infusion, y détermine en peu de temps la naissance des mucédinées et des infusoires habituellement propres à cette infusion.

Cette manière de voir a toujours eu pour appui, au moins indirect, l'habitude prise et jugée indispensable par les observateurs d'éloigner avec des précautions infinies, dans leurs expériences, l'accès de l'air ordinaire. Nous l'avons vu, tantôt ils recommandent de calciner l'air commun, tantôt ils le soumettent aux agents chimiques énergiques ; souvent ils placent préalablement toutes ses parties au contact de la vapeur d'eau à 100° (expérience de Spallanzani) ; enfin ils opèrent d'autres fois avec de l'air artificiel, et, s'il arrive, dans une de ces conditions diverses, que l'expérience donne lieu à des productions organisées, ils n'hésitent pas à affirmer que l'opérateur n'a pas su

* Bien que le fait de l'absence du gaz oxygène n'ait pas à intervenir dans l'explication du procédé, il ne faudrait pas en conclure que l'on pourrait dans la pratique laisser sans danger beaucoup d'air dans les conserves. Car si la chaleur n'a pas détruit tous les germes d'infusoires et de mucédinées apportés par l'air ou les matières, ces germes encore féconds pourront se développer s'il y a de l'oxygène, tandis que, si ce gaz est absent, ils ne se développeront pas plus que s'ils avaient été réellement privés de vie. Mais je pense que, ce qui est toujours à craindre et surtout dans les cas où il y a peu d'oxygène, ce sont les germes des ferments végétaux ou animaux, ferments qui n'ont pas besoin d'air pour vivre, et dont les germes doivent être nécessairement tués par la chaleur. Je suis persuadé que c'est là le danger que le fabricant doit le plus redouter, et je suis porté à croire, par exemple, que les animalcules infusoires butyriques, que j'ai fait connaître récemment, se développent dans certaines conserves mal préparées.

éviter complètement l'influence cachée d'une petite portion d'air ordinaire, si petite soit-elle.

Dès lors les partisans des générations spontanées s'empressent de faire remarquer avec raison que, si la plus minime portion d'air ordinaire développe des organismes dans une infusion quelconque, il faut de toute nécessité, au cas où ces organismes ne sont pas spontanés, que, dans cette portion si petite d'air commun, il y ait les germes d'une multitude de productions diverses ; et qu'enfin, si les choses sont telles, l'air ordinaire, selon les expressions de M. Pouchet, doit être encombré de matière organique ; elle y formerait un épais brouillard.

Ce raisonnement est assurément fort sensé. Il le serait davantage encore s'il était bien établi que les espèces inférieures, qui se montrent fort distinctes, le sont réellement, et proviennent par conséquent de germes différents. Cela est vraisemblable, mais cela n'est pas prouvé [90].

Il y a donc là une difficulté sérieuse, en apparence très fondée. Mais n'est-elle pas le fruit d'exagérations et de faits plus ou moins erronés ? Est-il vrai, comme on l'admet, qu'il y a continuité de la cause des générations dites spontanées dans l'atmosphère terrestre ? Est-il bien sûr que la plus petite quantité d'air ordinaire suffise à développer dans une infusion quelconque des productions organisées ?

Les expériences suivantes répondent à toutes ces questions.

Dans une série de ballons de 250 centimètres cubes, j'introduis la même liqueur putrescible (eau albumineuse provenant de la levure de bière ; la même, sucrée ; urine, etc.), de manière qu'elle occupe le tiers environ du volume total. J'effile les cols à la lampe, puis je fais bouillir la liqueur, et je ferme l'extrémité effilée pendant l'ébullition. Le vide se trouve fait dans les ballons ; alors je brise leurs pointes dans un lieu déterminé. L'air ordinaire s'y précipite avec violence, entraînant avec lui toutes les poussières qu'il tient en suspension, et tous les principes connus ou inconnus qui lui sont associés. Je referme alors immédiatement les ballons par un trait de flamme, et je les transporte dans une étuve à 25 ou 30°, c'est-à-dire dans les meilleures conditions de température pour le développement des animalcules et des mucors.

Voici les résultats de ces expériences, qui sont en désaccord avec les principes généralement admis et parfaitement conformes, au contraire, avec l'idée d'une dissémination des germes.

Le plus souvent, en très peu de jours, la liqueur s'altère, et l'on voit naître dans les ballons, bien qu'ils soient placés dans des conditions identiques, les êtres les plus variés, beaucoup plus variés même, surtout en ce qui regarde les mucédinées et les torulacées, que si les liqueurs avaient été librement exposées à l'air ordinaire. Mais, d'autre part, il arrive fréquemment, plusieurs fois dans chaque série d'essais, que la liqueur reste absolument intacte, quelle que soit la durée de son exposition à l'étuve, comme si elle avait reçu de l'air calciné.

Ce mode d'expérimentation me paraît aussi simple qu'irréprochable pour démontrer que l'air ambiant n'offre pas, à beaucoup près, avec continuité, la cause des générations dites spontanées, et qu'il est toujours possible de prélever dans un lieu et à un instant donnés un volume considérable d'air ordinaire, n'ayant subi aucune espèce d'altération physique ou chimique, et néanmoins tout à fait impropre à donner naissance à des infusoires ou à des mucédinées dans une liqueur qui s'altère très vite et constamment au libre contact de l'air. Le succès partiel de ces expériences nous dit assez d'ailleurs que, par l'effet des mouvements de l'atmosphère, il passera toujours, à la surface d'une liqueur qui aura été placée bouillante dans un vase découvert, une quantité d'air suffisante pour qu'elle en reçoive des germes propres à s'y développer dans l'espace de deux ou trois jours.

J'ai dit que les productions sont plus variées dans les ballons que si le contact avec l'air était libre. Rien de plus naturel, car, en limitant la prise d'air et en la répétant nombre de fois, on saisit en quelque sorte les germes de l'air avec toute la variété sous laquelle ils s'y trouvent. Les germes, en petit nombre, d'un volume limité d'air, ne sont pas gênés dans leur développement par des germes plus nombreux ou d'une fécondité plus précoce, capables d'envahir le terrain, en ne laissant place que pour eux. C'est ainsi que le *penicillium glaucum,* dont les spores sont vivaces et fort répandues, se montre seul au bout de très peu de jours dans des liqueurs non renfermées, qui offrent au contraire des productions très diverses lorsqu'on les soumet à des quantités d'air limitées.

Enfin il est très intéressant de signaler les différences que l'on observe dans le nombre des résultats négatifs de ces expériences, suivant les conditions atmosphériques. Ici encore nous trouvons une confirmation frappante de l'opinion que je défends.

Rien de plus facile, en effet, que d'élever ou de réduire soit le nombre des ballons qui s'altèrent, soit le nombre des ballons qui restent intacts. C'est ce qui ressortira des détails dans lesquels je vais entrer.

A. — *Expériences préliminaires propres à mettre en évidence le fait de la non-continuité de la cause des générations dites spontanées.*

Le 26 mai 1860, j'ouvre et je referme aussitôt après, sur une terrasse en plein air, à quelques mètres au-dessus du sol, deux ballons renfermant l'un de l'eau de levure, l'autre la même liqueur sucrée au 1/10. C'était quelques instants après une pluie légère et de très courte durée [91].

Le 1er juin, il n'y a aucune apparence de productions organisées.

Le 2, très petite touffe de moisissure dans un des ballons, celui d'eau de levure sucrée.

Le 8, le deuxième ballon offre également une petite touffe de moisissure.

Les deux liquides sont parfaitement limpides, et restent tels pendant l'accroissement des mycéliums *.

Le 28 mai 1860, j'ouvre et je referme quatre ballons sur la même terrasse, après une violente ondée à très grosses gouttes de pluie.

Le 4 juin, aucune apparence de production.

Le 5, petite touffe de moisissure dans l'un des ballons. Liquide très limpide.

Le 6, autre touffe de moisissure dans un deuxième ballon. Liquide très limpide.

Les deux autres ballons sont restés intacts, très limpides. Même état en 1861.

Le 20 juillet 1860, j'ouvre et je referme six ballons renfermant de l'eau de levure, dans une des pièces de mon laboratoire. Aujourd'hui encore (avril 1861), le liquide de quatre de ces ballons est parfaitement limpide, sans la moindre apparence de productions organisées. Les deux autres ont offert promptement des productions, le 22 juillet et le 1er août. Dans l'un, infusoires et torulacées ; dans l'autre, mycélium en boule soyeuse.

Le 30 juin, j'ai ouvert et refermé un grand nombre de ballons contenant de l'eau de levure non sucrée, dans le but d'étudier au microscope les productions qui prendraient naissance, afin d'avoir une idée de la

* Je signalerai ici un fait instructif qui me paraît bien en harmonie avec les résultats généraux de ce travail. En se reportant aux détails des expériences des chapitres IV et suivants, on verra qu'il n'est jamais arrivé qu'en semant des bourres de coton ou d'amiante, chargées des poussières d'un grand volume d'air, dans des infusions diverses, les productions organisées ne s'y soient montrées dès le lendemain ou le surlendemain. Dans les expériences du présent chapitre, au contraire, on reconnaît que la vie met quelquefois un temps considérable à se manifester, huit, douze, quinze jours. Cela se conçoit très bien. Dans le premier cas, il y a tant de germes semés, qu'il en existe toujours dont la fécondité est presque aussi précoce que celle des germes les plus sains de ce genre de productions. Dans le second cas, où l'on sème en définitive les germes d'un volume très limité d'air, il doit arriver souvent que ceux qui pénètrent dans le ballon sont en mauvais état, et d'un développement rendu pénible par toutes les causes d'altération auxquelles ils ont dû être exposés dans l'atmosphère.

variété sous laquelle elles se présentent. *[suit la description de ces micro-organismes]* [...]

Ce sont ces mêmes espèces que la même liqueur fournirait au libre contact de l'air ; mais, pour les retrouver toutes, il faudrait multiplier davantage les essais, parce que des prises d'air limitées ont bien plus de chances, comme je l'ai déjà dit, de saisir les germes de l'air avec toute la variété qui leur est habituelle. [...]

B. — *Expériences sur un air non agité.*

Grâce à l'obligeance de M. Le Verrier, j'ai pu faire quelques expériences sur l'air des caves de l'Observatoire. Dans cette partie des caves, situées dans la zone de température invariable, l'air parfaitement calme doit évidemment laisser tomber ses poussières à la surface du sol, dans l'intervalle des agitations qu'un observateur peut y provoquer par ses mouvements ou par les objets qu'il y transporte. Et en multipliant par conséquent les précautions, lorsque l'on y descend pour y faire des prises d'air, les ballons qui ultérieurement se montreront sans productions organisées devront être considérablement plus nombreux que dans le cas où ils auront été, par exemple, remplis d'air dans la cour de l'établissement. C'est en effet ce qui arrive, et le sens des résultats, par l'accord qu'il présente avec la nature ou la multiplicité plus ou moins grande des précautions dont on s'entoure, afin d'éviter l'introduction accidentelle des poussières étrangères, oblige d'admettre que si les ballons étaient ouverts et fermés dans les caves sans que l'opérateur fût tenu de s'y transporter, l'air de ces caves se montrerait constamment aussi inactif que de l'air porté au rouge. Ce n'est pas cependant qu'il ait par lui-même, et vu les conditions où il est placé, une inactivité propre. Tout au contraire, se trouvant saturé d'humidité et la plupart des organismes inférieurs n'ayant nul besoin de lumière pour vivre, cet air m'a toujours paru plus propre que celui de la surface du sol au développement de ces organismes.

Je ne rapporterai qu'une des séries d'expériences. Le 14 août 1860, j'ai ouvert et refermé dans les caves de l'Observatoire dix ballons contenant de l'eau de levure de bière, et onze autres ballons de la même préparation dans la cour de l'établissement, à 50 centimètres du sol, par un vent léger. Tous ont été rapportés le même jour dans l'étuve de mon laboratoire, dont la température est de 25° à 30°. J'ai conservé jusqu'à ce jour tous ces ballons. Un seul de ceux ouverts dans les caves renferme une production végétale. Les onze ballons ouverts dans la cour ont tous fourni des infusoires ou des végétaux du genre de ceux que j'ai déjà décrits.

C. — *Expériences sur l'air à diverses hauteurs.*

Les expériences relatées dans les paragraphes précédents établissent suffisamment qu'il n'y a pas dans l'atmosphère continuité de la cause des générations dites spontanées, c'est-à-dire qu'il est toujours possible de prélever en un lieu déterminé un volume notable, mais limité, d'air ordinaire, *n'ayant subi aucune espèce de modification physique ou chimique,* et tout à fait impropre néanmoins à provoquer une altération quelconque dans une liqueur éminemment putrescible. De là ce principe que la condition première de l'apparition des êtres vivants dans les infusions ou dans les liquides fermentescibles n'existe pas dans l'air considéré comme fluide, mais qu'elle s'y trouve çà et là, par places, offrant des solutions de continuité nombreuses et variées, comme on doit le prévoir dans l'hypothèse d'une dissémination des germes.

Il m'a paru très intéressant de suivre les idées que suggèrent les résultats qui précèdent, en soumettant l'air pris à des hauteurs diverses au mode d'expérimentation que j'ai fait connaître. J'aurais pu m'élever en aérostat ; mais pour des études d'essai, préliminaires en quelque sorte, j'ai pensé qu'il serait plus commode et peut-être plus utile d'opérer comparativement dans la plaine et sur les montagnes.

J'ai eu l'honneur de déposer sur le bureau de l'Académie, dans sa séance du 5 novembre 1860, soixante-treize ballons, chacun de 1/4 de litre de capacité, préparés comme je l'ai dit au commencement de ce chapitre, c'est-à-dire qu'ils étaient primitivement vides d'air et remplis au tiers d'eau de levure de bière, filtrée à limpidité parfaite [92].

Vingt de ces ballons ont reçu de l'air dans la campagne, assez loin de toute habitation, au pied des hauteurs qui forment le premier plateau du Jura ; vingt autres ont été ouverts sur l'une des montagnes du Jura, à 850 mètres au-dessus du niveau de la mer ; enfin une autre série de vingt de ces mêmes ballons a été transportée au Montanvert, près de la Mer de Glace, à 2 000 mètres d'élévation [93].

Voici les résultats qu'ils ont offerts :

Des vingt ballons ouverts dans la campagne, huit renferment des productions organisées ; des vingt ballons ouverts sur le Jura, cinq seulement en contiennent ; et enfin des vingt ballons remplis au Montanvert, par un vent assez fort, soufflant des gorges les plus profondes du glacier des Bois, un seul est altéré. Il faudrait sans doute multiplier beaucoup ces expériences. Mais telles qu'elles sont, elles tendent à prouver déjà qu'à mesure que l'on s'élève, le nombre des germes en suspension dans l'air diminue notablement. Elles montrent surtout la pureté, au point de vue qui nous occupe, de l'air des hautes cimes couvertes de glace, puisqu'un seul des vases remplis au Montanvert a donné naissance à une mucédinée.

La prise d'air exige quelques précautions que j'avais reconnues indispensables depuis longtemps pour éloigner, autant qu'il est possible, l'intervention des poussières que l'opérateur porte avec lui, et de celles qui sont répandues à la surface des ballons ou des outils dont il faut se servir. Je chauffe d'abord assez fortement le col du ballon et sa pointe effilée dans la flamme d'une lampe à alcool, puis je fais un trait sur le verre à l'aide d'une lame d'acier ; alors, élevant le ballon au-dessus de ma tête, dans une direction opposée au vent, je brise la pointe avec une pince de fer, dont les longues branches viennent de passer dans la flamme, afin de brûler les poussières qui pourraient être à leur surface, et qui ne manqueraient pas d'être chassées en partie dans le ballon par la rentrée brusque de l'air.

J'avais été fort préoccupé, durant mon voyage, de la crainte que l'agitation du liquide dans les vases pendant le transport n'ait quelque influence fâcheuse sur les premiers développements des infusoires ou des mucors. Les résultats suivants éloignent ces scrupules. Ils vont nous permettre, en outre, de reconnaître toute la différence qui existe entre l'air de la plaine ou des hauteurs et celui des lieux habités.

Mes premières expériences sur le glacier des Bois furent interrompues par une circonstance que je n'avais nullement prévue. J'avais emporté, pour refermer la pointe des ballons après la prise de l'air, une lampe éolipyle alimentée par de l'alcool ; or, la blancheur de la glace frappée par le soleil était si grande, qu'il me fut impossible de distinguer le jet de vapeur d'alcool enflammé, et comme ce jet de flamme était d'ailleurs un peu agité par le vent, il ne restait jamais sur le verre brisé assez de temps pour fondre la pointe et refermer hermétiquement le ballon. Tous les moyens que j'aurais pu avoir alors à ma disposition pour rendre la flamme visible, et par suite dirigeable, auraient inévitablement donné lieu à des causes d'erreur, en répandant dans l'air des poussières étrangères.

Je fus donc obligé de rapporter à la petite auberge du Montanvert, non refermés, les ballons que j'avais ouverts sur le glacier, et d'y passer la nuit, afin d'opérer dans de meilleures conditions le lendemain matin avec d'autres ballons. Ce sont les résultats de cette deuxième série d'expériences que j'ai indiqués tout à l'heure.

Quant aux treize ballons ouverts la veille sur le glacier, je ne les refermai que le lendemain matin, après qu'ils eurent été exposés toute la nuit aux poussières de la chambre dans laquelle j'avais couché. Or, de ces treize ballons, il y en a dix qui renferment des infusoires ou des moisissures.

Puisque le nombre des ballons altérés dans ces premiers essais est plus grand que dans ceux qui ont suivi, l'agitation du liquide pendant le voyage n'a pas l'influence que je redoutais sur le développement des germes. En outre, la proportion des ballons qui, dans ces premières expériences, offrent des productions organisées nous donne la preuve indubitable que les lieux habités renferment un nombre relativement considérable de germes féconds, à cause des poussières qui sont à la surface de tous les objets. Dans cette petite auberge du Montanvert, par exemple, il y a certainement des poussières et, par suite, des germes venant de tous les pays du monde, apportés par les effets des voyageurs.

D. — *Expériences sur le mercure.*

[...] [Pasteur montre que le mercure des cuves utilisées en laboratoire contient des germes.]

CHAPITRE VIII

De l'action comparée de la température sur la fécondité des spores des mucédinées et des germes qui existent en suspension dans l'atmosphère.

Les expériences que je vais faire connaître ajoutent aux conclusions définitives de ce Mémoire une confirmation nouvelle.

Ce que l'on sait de la résistance à la mort des anguilles du blé niellé, des rotifères et aussi des graines des plantes supérieures après des dessiccations préalables, nous dit assez que les spores des mucédinées doivent pouvoir conserver leur fécondité à des températures assez élevées lorsqu'elles sont sèches *.

Supposons pour un instant que l'on détermine les limites de température que les spores des mucédinées vulgaires peuvent supporter sans se détruire, et les limites au-delà desquelles toute vitalité cesse dans ces petites graines. Si les corpuscules organisés qui existent constamment en suspension dans l'air et parmi lesquels il en est toujours en grand nombre qui ont une parfaite ressemblance avec des spores de mucédinées, si, dis-je, ces corpuscules sont bien réellement des spores, l'expérience devra nous conduire à ce résultat curieux, que les poussières de l'air semées dans des conserves d'Appert, suivant la méthode représentée fig. 4 [page 118], seront encore fécondes après qu'elles auront subi la plus haute température que peuvent supporter les spores des mucédinées vulgaires, et qu'elles seront sans effet sur ces mêmes conserves, si elles ont été préalablement soumises à la température qui tue ces spores.

Voyons d'abord ce que l'on sait sur ce sujet.

Duhamel rapporte dans un de ses ouvrages qu'il a pu faire germer du froment qui avait supporté une température de 110° centigrades. Cette observation du savant agronome devint l'origine de quelques recherches de Spallanzani sur le degré de chaleur auquel on peut soumettre les graines, sans leur faire perdre la faculté de germer. Parmi les plantes supérieures, cinq espèces de graines furent étudiées par

* M. Payen [*Comptes rendus de l'Académie des sciences,* XLVIII, 1859, p. 30] a reconnu depuis longtemps que les sporules de l'*oïdium aurantiacum* conservent leur faculté de développement après avoir été portées à 120°. Je pense qu'il s'agit d'une épreuve dans l'air ou dans le vide sec. Dans le cas contraire, je serais porté à croire que la température n'a pu être déterminée exactement, et qu'elle est trop élevée.

lui : c'est le pois chiche, la lentille, l'épeautre, la graine de lin et celle du trèfle. Spallanzani s'occupa, en outre, de l'influence de la température sur les spores des mucédinées. Pour ce qui est des graines des plantes supérieures, les résultats de Spallanzani, encore bien que très curieux, n'ont rien qui doive nous surprendre dans l'état présent de nos connaissances. La graine de trèfle, moins impressionnable que toutes les autres, a pu supporter une température voisine de 100° centigrades. Mais pour les graines des moisissures, Spallanzani fut conduit à des conséquences singulières. Il admet, en effet, que non seulement les spores des mucédinées peuvent supporter la température de 100° quand elles sont plongées dans l'eau, mais qu'elles peuvent même résister à la chaleur d'un brasier ardent lorsqu'elles sont sèches. D'ailleurs, dans ce dernier cas, il n'assigne pas la température d'une manière précise *.

On aurait peine à comprendre que ces résultats de Spallanzani sur les graines des mucédinées n'aient pas été soumis à de nouvelles épreuves si les expériences

* Le passage suivant des œuvres de Spallanzani est extrait d'un chapitre [intitulé : Sur l'origine des petites plantes des moisissures], tome II de ses *Opuscules,* dans lequel il a principalement pour but de prouver que Michelli avait eu raison de regarder la poussière qui tombe des moisissures, lorsqu'elles sont mûres, comme étant bien la semence de ces plantes.

« Les petits grains qui sortent des têtes des moisissures mûres, et qui sont les vraies semences de ces végétaux, ont la singularité de résister à un degré de chaleur qu'aucune autre graine ne peut supporter sans perdre la faculté de germer. Après avoir fait bouillir ces petits grains dans l'eau, j'ai versé l'eau qui en avait pris une couleur noire sur les corps capables de moisir, et suivant les résultats habituels de ces sortes d'expériences, la moisissure a poussé plus épaisse que sur ces mêmes corps qui n'en avaient pas été mouillés. J'ai fait la même chose avec des poussières exposées à un feu beaucoup plus fort, tel que celui d'un brasier ardent, et j'ai trouvé que cette chaleur n'ôte pas à ces graines la faculté de se reproduire. » [p. 398-399.]

Plus loin, Spallanzani s'exprime ainsi :

« L'hypothèse qui établit que cette poussière est invisiblement répandue partout, et qu'elle donne naissance à la multitude des moisissures naturelles, est une des hypothèses les plus raisonnables de la physique. » [p. 399.]

n'offraient ici des difficultés particulières, consistant surtout à trouver une méthode d'expérimentation rigoureuse. Rien de plus simple pour les plantes supérieures d'essayer si leurs graines sont encore capables de germer lorsqu'elles ont été chauffées à une température déterminée : il ne pousse du blé que là où l'on en a semé ; mais pour les mucédinées, elles se développent partout où elles rencontrent des conditions favorables. Il est donc indispensable de recourir, en ce qui concerne les mucédinées vulgaires, à une disposition qui permette d'affirmer sûrement que la petite plante a été reproduite par les spores que l'on a semées, et non additionnellement par les spores qui sont en suspension dans l'air, ou déposées à la surface des objets mis en expérience.

Voici la méthode que j'ai suivie et qui me semble irréprochable : Je passe un peu d'amiante dans les petites têtes de la moisissure que je veux étudier ; puis je place cette amiante couverte de spores dans un très petit tube de verre que j'introduis dans un tube en U de plus gros diamètre, où le petit tube peut se mouvoir librement, fig. 9 et 9 *bis* * [page 156]. L'une des extrémités du tube en U se relie par un caoutchouc à un tube de métal à robinets, en forme de T. Un des robinets communique à la machine pneumatique, un autre à un tube de platine chauffé au rouge. L'autre extrémité porte un caoutchouc qui reçoit également le ballon où l'on doit semer les spores, ballon fermé à la lampe, rempli d'air calciné et d'un liquide préalablement porté à l'ébullition, devant servir d'aliment à la jeune

* Lorsque, dans un ballon préparé comme je l'ai dit au chapitre VII, il ne se développe qu'une seule moisissure, ce qui est fréquent, il est évident que les spores en sont parfaitement *pures* [94]. C'est dans les sporanges de pareilles moisissures que je passais le petit pinceau d'amiante, après avoir détaché la partie supérieure du ballon. Il n'y avait chance d'introduire des germes étrangers que pendant le temps très court où je prélevais les spores de la moisissure pour les transporter dans le tube en U. On chauffait d'ailleurs fortement l'amiante avant de la couvrir de spores, et aussi le tube en U. Dès qu'il était refroidi, on y introduisait le petit tube et ses spores.

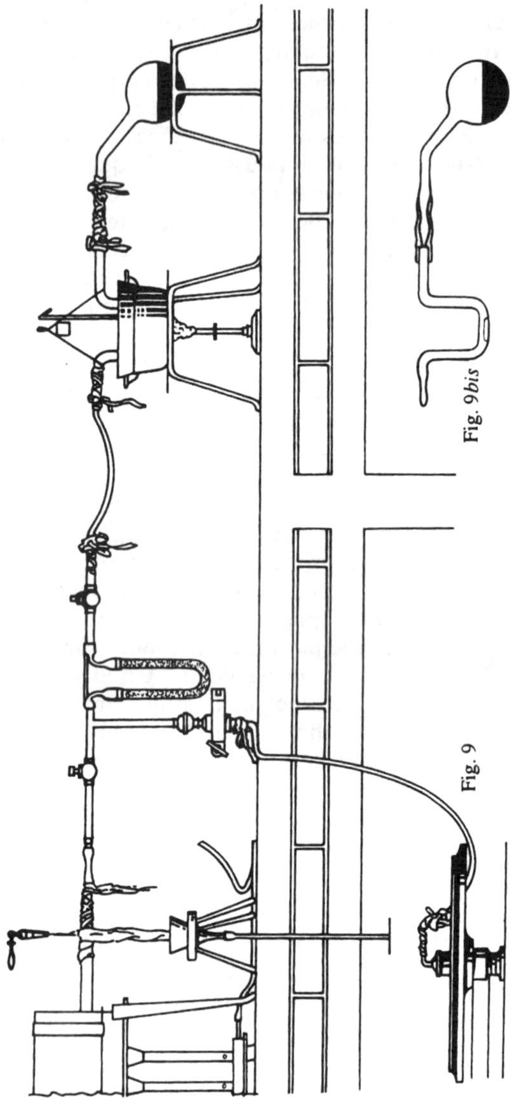

Fig. 9

Fig. 9*bis*

plante. Enfin, le tube en U plonge dans un bain d'huile, d'eau ordinaire ou d'eau saturée de divers sels, selon que l'on veut porter les spores à telle ou telle température [95]. Entre le tube en U et le tube de platine, il y a un tube desséchant à ponce sulfurique. Lorsque tout l'appareil qui précède le tube de platine a été rempli d'air calciné et que les spores ont été maintenues à la température voulue un temps suffisant que l'on peut faire varier, on brise la pointe du ballon par un coup de marteau, sans dénouer les cordonnets du caoutchouc qui réunit le ballon au tube en U ; puis, inclinant convenablement ce dernier tube éloigné de son bain, on fait glisser dans le ballon l'amiante et ses spores. Enfin, on referme le ballon à la lampe par un trait de flamme sur l'un des étranglements ménagés sur son col. On le porte alors à l'étuve à une température de 20° à 30°, qui est très favorable au développement rapide des mucédinées.

L'expérience sur les poussières de l'air se fait de la même manière avec de l'amiante qui a été exposée à un courant d'air ordinaire, suivant les indications de la méthode du chapitre II.

Je vais entrer maintenant dans le détail des résultats de quelques expériences particulières.

Le 1er juin 1860, je fais passer dans un ballon renfermant, depuis le 19 mars, de l'eau de levure et de l'air calciné, sans avoir éprouvé la moindre altération, une portion de bourre de coton chargée des poussières de l'air ordinaire après qu'elle eut été maintenue une heure à 100° (bain d'eau bouillante).

Dans la nuit du 4 au 5 juin, une espèce de dépôt pulvérulent commence à se montrer sur les parois du ballon, et envahit rapidement les jours suivants la surface du liquide. C'est une mucorée incolore, en pellicule un peu chagrinée, en petits amas confusément circulaires comme s'ils étaient soulevés par des bulles de gaz, ce qui n'est qu'une illusion. Dès le 9 ou le 10 juin, tout développement cesse et la pellicule tombe en lambeaux au fond du vase. A la fin de juin, j'ai ouvert le ballon, pour étudier cette mucorée au microscope. Elle est formée de granulations comme le sont en général toutes les mucorées, mais ici les granulations sont relativement volumineuses. Leur diamètre est de 0,002mm. Ces granulations étaient isolées ou en paquets, brillantes à leur centre, à contours nettement limités [...], associées à quelques vibrions très ténus, à peine visibles, et qui n'avaient plus de mouvements lorsque le ballon a été ouvert. Ils étaient en fort petit nombre.

Cette expérience montre que les germes desséchés de ces deux productions résistent à la température de 100° pendant une heure.

Le 2 juin 1860, je fais passer dans du lait conservé depuis le 10 avril, en présence de l'air calciné, sans altération aucune, une petite bourre d'amiante chargée des poussières de l'air après l'avoir exposée un quart d'heure à 100° (bain d'eau bouillante).

Le 4 juin, le lait n'est pas caillé, mais on voit à sa surface une couche de sérum presque translucide, qui indique une altération.

Le 5 et le 6 juin, il est visible que le lait s'altère. Il y a au fond du ballon un dépôt jaunâtre, caséeux ; aucune apparence de dégagement de gaz. Je n'avais pas encore rencontré des caractères d'altération du lait de l'ordre de ceux-ci exactement.

Le 7 juin, j'ouvre le ballon et j'étudie le liquide au microscope. Il se trouve rempli d'une multitude d'infusoires de deux natures bien distinctes. Les uns sont des vibrions filiformes très agiles, qui courent rapidement en faisant trembler vivement la seconde moitié de leur corps. Ils ont de 0,006mm à 0,009mm de longueur et 0,0007mm de largeur. Les autres sont courts, beaucoup plus larges, un peu étranglés, souvent réunis par chaînes de deux et trois articles. La longueur des articles est de 0,003mm à 0,004mm et le diamètre de 0,002mm à 0,003mm. [...]

Il ne s'est pas dégagé de gaz lorsque j'ai ouvert le ballon sur la cuve à mercure.

Le 6 juillet, je fais passer dans un ballon d'eau de levure sucrée, mêlée de craie, conservée sans altération depuis le 11 avril en présence de l'air calciné, une bourre d'amiante avec poussières, chauffée pendant une demi-heure à 100° (bain d'eau bouillante).

Le 8 juillet, trouble sensible, avec pellicule mince sur toutes les parois. Le 10 juillet, trouble laiteux, avec lambeaux chiffonnés dans la masse du liquide et au fond. Apparence de dégagement de gaz.

Le 10 juillet, j'ouvre ce ballon, sortie brusque et violente de gaz. Il est évident qu'il y a eu fermentation. Au microscope, il y a deux espèces de vibrions, différant surtout par le diamètre de leurs articles. Les uns ont 0,0006mm à 0,0008mm de diamètre ; les autres ont 0,0015mm à 0,002mm de diamètre et jusqu'à 0,01mm et plus de longueur *.

Le 9 novembre 1860, je fais passer une bourre d'amiante, chargée des poussières de l'air, dans un ballon renfermant de l'eau de levure, et une autre bourre pareille dans un deuxième ballon renfermant de l'urine. Ces ballons étaient conservés depuis le 25 juin. Avant d'introduire les bourres, on les avait maintenues pendant une demi-heure à 121° (bain d'huile).

Le 11 novembre, le ballon d'eau de levure a commencé à montrer une touffe de mycélium en tubes très lâches, qui a poussé avec une rapidité extraordinaire. Il a atteint en quatre jours le niveau du liquide, et a poussé partout de longs tubes cotonneux d'une grande blancheur qui se sont rapidement étendus sur les parois du ballon. [...]

Le ballon d'urine n'a commencé que le 16 novembre à montrer une petite touffe de moisissure en tubes très serrés, sous forme de petite boule soyeuse. Cette mucédinée s'est développée avec une si grande lenteur que le 22 novembre elle n'avait pas encore la grosseur d'un pois.

* Je ne doute pas que la fermentation du liquide de ce ballon n'ait été provoquée par ces derniers infusoires, préservés du contact de l'air par ceux de la première espèce qui n'étaient que des vibrions ordinaires, ayant besoin d'air pour vivre. Voir ma communication du 25 février 1861 à l'Académie des sciences sur la découverte de l'animalcule infusoire qui produit la fermentation butyrique.

Ce même jour, 22 novembre, a apparu un autre mycélium en tubes lâches qui a étouffé le premier en peu de jours.

Pas du tout d'infusoires, ni dans un cas ni dans l'autre.

Le 12 août 1860, même expérience, avec eau de levure et poussières de l'air qui avaient été préalablement chauffées pendant une demi-heure au bain d'huile à 129°. Aujourd'hui (avril 1861), pas encore la moindre apparence de productions organisées.

Passons maintenant en revue quelques expériences sur les spores des mucédinées vulgaires.

Le 21 juillet 1860, je fais passer dans un ballon, renfermant de l'eau de levure et de l'air calciné, sans altération depuis le 26 juin, une petite bourre d'amiante chargée de spores de *penicillium,* préalablement chauffées pendant une demi-heure au bain d'huile de 119° à 121°.

Le 22, le 23, le 24 juillet, aucune apparence de développement. Le 25 juillet, une multitude de très petites touffes de mycélium couvrent les parois du ballon. Mais, chose assez singulière, il n'y a que les spores du fond qui se soient développées. Celles qui, au moment de l'introduction de la bourre d'amiante, étaient venues à la surface former des amas, des espèces de taches, n'ont pas germé du tout ; elles n'ont pas poussé de tubes germinatifs.

Le 26 juillet, développement sensible, bien qu'un peu faible et comme pénible, des touffes du fond. Les spores de la surface du liquide n'ont pas encore germé.

Le 28 juillet, plusieurs îlots sont développés à la surface, mais ils proviennent de touffes du fond et non des spores de la surface. Ces îlots commencent à fructifier et à verdir à leur centre. On voit toujours çà et là, à la surface, des taches de spores qui n'ont pas germé.

Le 3 août, toute la surface est couverte par un beau *penicillium* vert-bleuâtre, vigoureux. Rien n'indique qu'il soit malade ; cependant il faut remarquer que : 1° les spores, semées le 21 juillet, n'ont commencé à germer que dans la nuit du 24 au 25 juillet, tandis que, si on ne les avait pas chauffées ou même si on les avait chauffées à 100°, elles auraient commencé à montrer des touffes de tubes germinatifs visibles à l'œil nu dès le lendemain ; je l'ai constaté souvent par des épreuves directes ; 2° beaucoup de spores avaient été évidemment privées de vie, et, plus légères, dirait-on, que les autres, elles étaient venues à la surface où elles n'ont pas germé.

Voici une expérience qui prouvera qu'en élevant la température des spores à 108°,4, au lieu de 120°, la germination se montre déjà après quarante-huit heures.

Le 23 juillet, j'ai semé, dans un des ballons d'eau de levure conservé depuis le 26 juin sans altération, une bourre d'amiante chargée de spores de *penicillium*, chauffées préalablement à sec, comme dans toutes ces expériences, pendant une demi-heure à 108°,4 (bain d'eau saturée de sel et bouillante).

L'ensemencement a eu lieu à midi, le 23 juillet.

Dès le 25, à cinq heures du soir, on voyait une infinité de touffes de mycélium au fond du liquide.

Il n'est donc pas douteux que, par l'action d'une température élevée, en dehors de toute humidité, la fécondité des spores du *penicillium glaucum* se conserve jusqu'à 120° et même un peu plus ; et qu'elles reproduisent une plante toute pareille à la plante mère, et dont les spores sont fécondes (je l'ai constaté par des épreuves directes). Mais il n'est pas moins vrai que la vitalité du germe est un peu atteinte, et que les spores en éprouvent un retard sensible dans leur faculté germinative.

Le 12 août 1860, je répète les expériences précédentes sur deux ballons d'eau de levure conservés depuis longtemps, et avec des spores de *penicillium glaucum* et des spores d'*ascophora elegans,* chauffées pendant une demi-heure de 127° à 132° (bain d'huile).

Il n'y a eu aucun développement quelconque des spores ni dans l'un ni dans l'autre ballon.

En résumé, je crois pouvoir conclure de mes expériences que les spores des mucédinées vulgaires, chauffées dans le vide ou dans l'air sec, restent fécondes après avoir été portées à une température de 120°. On trouverait probablement qu'on peut même aller un peu au-delà, peut-être à 125°. Au contraire, il suffit d'une exposition d'assez courte durée à 130° pour enlever leur fécondité aux spores de ces mêmes mucédinées, qui paraissent être les plus vivaces et les moins impressionnables *. D'autre part, nous trouvons que les limites sont les mêmes pour la fécondité des poussières de l'air, c'est-à-dire qu'elles donnent des mucédinées même après avoir été portées à 120°, et qu'elles n'en donnent plus si on leur fait subir la température de 130°.

La correspondance de ces résultats est une preuve nouvelle de l'existence des spores des mucédinées parmi les corpuscules organisés que le microscope permet de reconnaître si facilement dans les poussières qui sont en suspension dans l'air ordinaire.

CHAPITRE IX

Sur le mode de nutrition des ferments proprement dits, des mucédinées et des vibrioniens.

Il est essentiel de remarquer que jusqu'à ce jour toutes les expériences de générations spontanées ont

* Je dois cependant remarquer qu'au nombre des mucédinées qui ont pris naissance dans les expériences, en petit nombre, il est vrai, où j'avais semé les poussières de l'air chauffées à 120°, le *penicillium glaucum* ne s'est pas montré. Ç'a été, entre autres, cette mucédinée d'un développement si rapide dont j'ai parlé, et dont les sporanges formaient des amas cotonneux à longs tubes, d'une grande blancheur, à la surface du liquide. Il eût été intéressant de voir si les spores de cette moisissure ne résistaient pas un peu mieux que le *penicillium* à une température élevée.

Dans le cours de mes expériences, j'ai eu l'occasion de constater des différences considérables dans la rapidité du développement des moisissures. J'ai vu des mycéliums mettre plusieurs mois à atteindre la grosseur d'une noisette. J'en ai vu d'autres remplir le liquide en quelques jours. Il peut y avoir à cela des causes diverses, notamment la nature du liquide. Il se pourrait qu'en la faisant varier, les rôles changeassent. J'ai été frappé bien souvent de la multitude d'études diverses que suggère à l'esprit le mode de vie de ces petits êtres. Celle-ci en est une entre mille autres, autant et plus intéressantes.

porté sur des infusions de matières végétales ou animales, en un mot sur des liquides renfermant des substances qui avaient appartenu antérieurement à l'organisme. Quelles que soient les conditions préalables de température et d'ébullition qu'on leur fasse subir, ces matières ont une constitution et des propriétés acquises sous l'influence de la vie.

Ce fait a servi de thème à toutes les théories sur la génération spontanée. Or, je vais démontrer dans ce chapitre que l'apparition des organismes inférieurs ne présuppose pas nécessairement la présence de matières organiques plastiques, de ces matières albuminoïdes que le chimiste n'a jamais pu produire, et qui dans leur formation exigent le concours des forces vitales [96].

Les nouvelles expériences que je vais faire connaître montreront le peu de fondement de toutes les théories sur la formation spontanée des organismes inférieurs. Passons d'abord en revue ces théories où l'imagination a tant de part, où les vrais principes de la méthode expérimentale en ont si peu.

Needham admettait l'existence dans la matière organique d'une force particulière qu'il appelait *force végétative,* et qui survivait à la mort des végétaux et des animaux. Spécifiquement déterminée dans un individu, elle lui conservait sa forme et ses propriétés pendant sa vie. Mais à sa mort elle devenait libre, et ses manifestations dépendaient des conditions particulières où se trouvaient placées les parties disjointes du corps de l'individu. Et c'est ainsi que cette force, persistant dans la matière organique des infusions, organisait de nouveau cette matière suivant des modes qui ne dépendaient plus que des conditions propres à l'infusion *.

Le système des molécules organiques de Buffon a beaucoup de rapport avec les idées de Needham. Je

* Voir Spallanzani, *Exposition des nouvelles idées de M. de Needham sur le système de la génération.* [*In :* Opuscules de physique, animale et végétale.] Tome I, chap. 1er.

reproduirai textuellement les vues du grand naturaliste sur la génération spontanée *.

« Mes recherches et mes expériences, dit Buffon, sur les molécules organiques démontrent qu'il n'y a point de germes préexistants [97], et en même temps elles prouvent que la génération des animaux et des végétaux n'est pas univoque ; qu'il y a peut-être autant d'êtres, soit vivants soit végétaux, qui se reproduisent par l'assemblage fortuit des molécules organiques, qu'il y a d'animaux ou végétaux qui peuvent se reproduire par une succession constante de générations...

« Les molécules organiques, toujours actives, toujours subsistantes, appartiennent également aux végétaux comme aux animaux ; elles pénètrent la matière brute, la travaillent, la remuent dans toutes ses dimensions, et la font servir de base au tissu de l'organisation, de laquelle ces molécules vivantes sont les seuls principes et les seuls instruments ; elles ne sont soumises qu'à une seule puissance qui, quoique passive, dirige leur mouvement et fixe leur position. Cette puissance est le moule intérieur du corps organisé ; les molécules vivantes que l'animal ou le végétal tire des aliments ou de la sève s'assimilent à toutes les parties du moule intérieur de leur corps, elles le pénètrent dans toutes ses dimensions, elles y portent la végétation et la vie, elles rendent ce moule vivant et croissant dans toutes ses parties ; la forme intérieure du moule détermine seulement leur mouvement et leur position pour la nutrition et le développement dans tous les êtres organisés.

« Et lorsque la mort fait cesser le jeu de l'organisation, c'est-à-dire la puissance de ce moule, la décomposition du corps suit, et les molécules organiques qui toutes survivent, se retrouvant en liberté dans la dissolution et la putréfaction des corps, passent dans d'autres corps aussitôt qu'elles sont pompées par la

* Buffon, *Histoire naturelle de l'homme,* Supplément, tome IV, *Paris,* 1777, in-4°. [Addition à l'article des Variétés dans la génération et aux articles où il est question de la génération spontanée, p. 335, et p. 338-341.]

puissance de quelque autre moule, en sorte qu'elles peuvent passer de l'animal au végétal et du végétal à l'animal, sans altération et avec la propriété permanente et constante de leur porter la nutrition et la vie ; seulement il arrive une infinité de générations spontanées dans cet intermède, où la puissance du moule est sans action, c'est-à-dire dans cet intervalle de temps pendant lequel les molécules organiques se trouvent en liberté dans la matière des corps morts et décomposés, dès qu'elles ne sont point absorbées par le moule intérieur des êtres organisés qui composent les espèces ordinaires de la nature vivante ou végétante ; ces molécules organiques, toujours actives, travaillent à remuer la matière putréfiée, elles s'en approprient quelques particules brutes et forment, par leur réunion, une multitude de petits corps organisés, dont les uns, comme les vers de terre, les champignons, etc., paraissent être des animaux ou des végétaux assez grands, mais dont les autres, en nombre presque infini, ne se voient qu'au microscope. Tous ces corps n'existent que par une génération spontanée, et ils remplissent l'intervalle que la nature a mis entre la simple molécule organique vivante et l'animal ou le végétal ; aussi trouve-t-on tous les degrés, toutes les nuances imaginables dans cette suite, dans cette chaîne d'êtres qui descend de l'animal le mieux organisé à la molécule simplement organique ; prise seule, cette molécule est fort éloignée de la nature de l'animal. Prises plusieurs ensemble, ces molécules vivantes en seraient encore tout aussi loin, si elles ne s'appropriaient pas des particules brutes, et si elles ne les disposaient pas dans une certaine forme, approchant de celle du moule intérieur des animaux ou des végétaux. Et comme cette disposition de forme doit varier à l'infini, tant pour le nombre que par la différente action des molécules vivantes contre la matière brute, il doit en résulter, et il en résulte en effet, des êtres de tous degrés d'animalité. Et cette génération spontanée, à laquelle tous ces êtres doivent également leur existence, s'exerce et se manifeste toutes les fois que les êtres organisés se décomposent ; elle s'exerce constamment et universellement après la mort et quelquefois aussi pendant leur vie, lorsqu'il y a quelques défauts dans l'organisation du corps qui empêchent le moule intérieur d'absorber et d'assimiler toutes les molécules organiques contenues dans les aliments. Ces molécules organiques surabondantes, qui ne peuvent pénétrer le moule intérieur de l'animal pour sa nutrition, cherchent à se réunir avec quelques particules de la matière brute des aliments et forment, comme dans la putréfaction, des corps organisés ; c'est là l'origine des ténias, des ascarides, des douves... »

Un botaniste, M. Turpin [98], a reproduit de nos jours un système qui avait beaucoup d'analogie avec celui des molécules organiques de Buffon.

J'arrive maintenant au système de M. Pouchet *.

« On peut considérer, dit-il, comme une loi fondamentale que des phénomènes de fermentation ou de dédoublement catalytique précèdent ou accompagnent toute génération spontanée...

« Les organismes ne se produisent qu'à même la nature expirante, et au moment où les éléments des êtres sur lesquels ils s'engendrent entrent dans de nouvelles combinaisons chimiques, et éprouvent tous les phénomènes de la fermentation ou de la putréfaction.

« Il résulte de là qu'il ne se manifeste de générations primaires qu'après que les corps dont elles dérivent commencent à subir les premiers phénomènes de décomposition ; comme si, pour s'organiser, les êtres nouveaux attendaient la désagrégation des autres, afin de s'emparer des molécules de la substance expirante, à mesure qu'elles se trouvent mises en liberté. Il est évident que l'organisme ne puise ses éléments matériels qu'à même les cadavres des anciennes générations...

* Pouchet, *Hétérogénie ou Traité de la génération spontanée,* Paris, 1859, in-8°, p. 337 et suivantes.

« Ainsi donc, sous l'empire de la fermentation ou de la putréfaction, les corps organisés se décomposent et dissocient leurs molécules organiques ; puis, après avoir erré en liberté pendant un temps illimité, lorsque les circonstances plastiques viennent à se manifester, ces molécules se groupent de nouveau pour constituer un nouvel être...

« Bientôt après la manifestation des phénomènes de fermentation et de putréfaction, on reconnaît qu'il se forme, à la surface des liquides en expérience, une pellicule d'abord inapparente, et que le microscope découvre à peine ; puis celle-ci s'épaissit successivement, et finit même parfois par devenir assez tenace. Cette pellicule est évidemment composée par des débris d'animalcules, d'abord de l'ordre le plus infime, et ensuite par ceux d'espèces de plus en plus élevées dans la série des microzoaires. C'est cette même pseudo-membrane que j'ai nommée *pellicule proligère*, parce qu'il est évident que c'est elle qui, à l'instar d'un ovaire improvisé, produit les animalcules. On peut y suivre leur développement à l'aide de nos instruments, et reconnaître qu'ils s'engendrent à même les débris organiques dont elle se compose.

« Les protozoaires, qui forment d'abord la pellicule proligère, sont des monades, des bacteriums et des vibrions. Comment ces animalcules sont-ils produits ? Nous ne pouvons le dire, leur extrême petitesse les dérobant à toute espèce d'investigation...

« Lorsque ce sont des végétaux qui apparaissent à la surface des macérations, la pseudo-membrane proligère est alors formée presque uniquement par l'enchevêtrement des mycéliums, des champignons rudimentaires, qu'on observe à sa surface... On pourrait donc ajouter qu'il y a une pellicule proligère cryptogamique. »

Par la réunion des parties des pellicules proligères se forment spontanément les ovules des êtres inférieurs. M. Pouchet décrit toutes les phases du phénomène.

Voilà le système du savant naturaliste de Rouen,

œuvre d'une imagination féconde guidée par des observations erronées *.

En rapportant ici les principes des systèmes sur la génération spontanée qui ont eu le plus de retentissement, mon but principal est de montrer que, dans tous, on fait jouer un rôle essentiel à la matière organique des infusions. Par elle-même, elle jouirait de propriétés spéciales acquises dans l'acte de sa formation antérieure sous l'influence de la vie.

Les matières albuminoïdes conserveraient en quelque sorte un reste de vitalité, qui leur permettrait de s'organiser au contact de l'oxygène, lorsque les conditions de température et d'humidité sont favorables.

Nous allons reconnaître que ces opinions sont tout à fait erronées, et que les matières albuminoïdes ne sont qu'un aliment pour les germes des infusoires et des mucédinées ; qu'elles n'ont pas d'autre rôle dans les infusions, car on peut les remplacer par des matières cristallisables, telles que des sels d'ammoniaque et des phosphates [99].

Ainsi se trouvent privées d'une de leurs bases essentielles toutes les théories relatives à la formation spontanée des êtres les plus inférieurs.

L'expérience m'a montré, en effet, que l'on pouvait remplacer, dans les essais des chapitres IV, V, VI, l'eau de levure de bière sucrée, l'urine, le lait, etc., par une infusion composée de la manière suivante :

Eau pure	100
Sucre candi	10
Tartrate d'ammoniaque	0,2 à 0,5
Cendres fondues de levure de bière	0,1.

Si l'on sème dans cette liqueur, en présence de l'air

* On peut lire dans les *Annales des sciences naturelles,* 3e sér., III (zool.), 1845, p. 182-189, des assertions non moins nettement formulées de M. le docteur Pineau sur la génération spontanée des infusoires, des cryptogames.

Voir aussi un ouvrage intitulé : *Études physiologiques sur les animalcules des infusions végétales, comparés aux organes élémentaires des végétaux, par M. Paul Laurent, ancien élève de l'École polytechnique,* Nancy, 1854-1858, 2 vol. in-4° (46 pl.).

calciné, les poussières qui existent en suspension dans l'air, on y voit naître les bacteriums, les vibrions, les mucédinées, etc. Les matières azotées albumineuses, les matières grasses, les huiles essentielles, les substances colorantes propres à ces organismes, se forment de toutes pièces à l'aide des éléments de l'ammoniaque, des phosphates et du sucre.

Composons la liqueur de la même manière avec addition de craie :

Eau pure	100
Sucre candi	10
Tartrate d'ammoniaque	0,2 à 0,5
Cendres fondues de levure de bière	0,1
Carbonate de chaux pur	3 à 5 g

et les mêmes phénomènes se produiront, mais avec une tendance plus marquée vers les fermentations appelées lactique, visqueuse, butyrique, et tous les ferments végétaux ou animaux propres à ces fermentations prendront naissance simultanément ou successivement [100].

Je publierai prochainement un travail détaillé sur les résultats que j'ai obtenus dans ces études, qui m'ont toujours paru offrir un grand intérêt pour la question des générations dites spontanées.

C'est par elles que j'ai été conduit à entreprendre les expériences suivantes dont le succès a dépassé mon attente.

Dans de l'eau distillée pure je dissous un sel d'ammoniaque cristallisé, du sucre candi et des phosphates provenant de la calcination de la levure de bière ; puis je sème dans le liquide quelques spores de *penicillium* ou d'une mucédinée quelconque [...]. Ces spores germent facilement, et bientôt, en deux ou trois jours seulement, le liquide est rempli de flocons de mycéliums, dont un grand nombre ne tarde pas à s'étaler à la surface de la liqueur où ils fructifient. La végétation n'a rien de languissant. Par la précaution de l'emploi d'un sel acide d'ammoniaque, on empêche le développement des infusoires, qui, par leur présence, arrêteraient bientôt le progrès de la petite plante, en absorbant l'oxygène de l'air, dont la mucédinée ne peut se passer. Tout le carbone de la plante est emprunté au sucre qui disparaît peu à peu complètement, son azote à l'ammoniaque, sa matière minérale aux phosphates. Il y a donc sur ce point de l'assimilation de l'azote et des phosphates une complète analogie entre les ferments, les mucédinées et les plantes d'un organisme compliqué [101]. C'est ce que les faits suivants achèveront de prouver d'une manière définitive.

Si, dans l'expérience que je viens de rapporter, je supprime l'un quelconque des principes en dissolution, la végétation est arrêtée. Par exemple, la matière minérale est celle qui paraîtrait la moins indispensable pour des êtres de cette nature. Or, si la liqueur est privée de phosphates, il n'y a plus de végétation possible, quelle que soit la proportion du sucre et des sels ammoniacaux. C'est à peine si la germination des spores commence par l'influence des phosphates que les spores elles-mêmes, que l'on a semées, introduisent en quantité infiniment petite. Supprime-t-on de même le sel d'ammoniaque, la plante n'éprouve aucun développement. Il n'y a qu'un commencement de germination très chétive par l'effet de la présence de la matière albuminoïde des spores semées, bien qu'il y ait surabondance d'azote libre dans l'air ambiant ou en dissolution dans le liquide. Enfin, il en est encore de même si l'on supprime le sucre, l'aliment carboné, alors même qu'il y aurait dans l'air ou dans le liquide des proportions quelconques d'acide carbonique. Tout annonce en effet que, sous le rapport de l'origine du carbone, les mucédinées diffèrent essentiellement des plantes phanérogames [102]. Elles ne décomposent pas l'acide carbonique ; elles ne dégagent pas d'oxygène. L'absorption de l'oxygène et le dégagement de l'acide carbonique sont au contraire des actes nécessaires et permanents de leur vie.

Ces faits nous donnent des idées précises sur le mode de nutrition des mucédinées, à l'égard duquel la science ne possède pas encore d'observations suivies *.

D'autre part, et c'est là peut-être ce qu'il faut remarquer de préférence, ils nous découvrent une méthode à l'aide de laquelle la physiologie végétale pourra aborder sans peine les questions les plus délicates de la vie de ces petites plantes, de manière à préparer sûrement la voie pour l'étude des mêmes problèmes chez les végétaux supérieurs.

Lors même que l'on craindrait de ne pouvoir appliquer aux grands végétaux les résultats fournis par ces organismes d'apparence si infime, il n'y aurait pas moins un grand intérêt à résoudre les difficultés que soulève l'étude de la vie des plantes, en commençant par celles où la moindre complication d'organisation rend les conclusions plus faciles et plus sûres : la plante est réduite ici en quelque sorte à l'état cellulaire, et les progrès de la science montrent de plus en plus que l'étude des actes accomplis sous l'influence de la vie végétale ou animale, dans leurs manifestations les plus compliquées, se ramène en dernière analyse à la découverte des phénomènes propres à la cellule [103].

* Un excellent observateur, M. Bineau, nous a laissé sur les algues vulgaires, plantes un peu supérieures aux mucédinées, et qui en diffèrent surtout par la présence de la matière verte, les résultats suivants, qui montrent que les algues peuvent décomposer l'ammoniaque. [...] (*Mémoires de l'Académie des sciences, belles-lettres et arts de Lyon,* nouv. sér., III, 1853, p. 369.)

LES MALADIES DU VIN ET DE LA BIÈRE

Nous avons vu (page 48) que les travaux sur les fermentations avaient débuté à la suite de la demande d'un fabricant d'alcool qui avait rencontré quelques difficultés en raison de la contamination de ses cuves par des micro-organismes parasites. Il était donc naturel que ces travaux, complétés par ceux sur la génération spontanée, débouchent sur des applications industrielles, notamment dans tout ce qui touche l'industrie agro-alimentaire des boissons fermentées, la fabrication du vin, de la bière, mais aussi celle du vinaigre.

En ce qui concerne ces applications, Pasteur fut d'abord amené à étudier la fabrication du vinaigre par la fermentation acétique (où le *mycoderma aceti* transforme l'alcool en acide acétique) et les perturbations qu'y créent des micro-organismes étrangers ou les anguillules du vinaigre. Il proposa alors aux industriels orléanais (dont c'était la spécialité) une méthode de fabrication du vinaigre tenant compte des particularités de cette fermentation et du rôle néfaste des parasites.

Du vinaigre au vin, il n'y avait qu'un pas. En 1863, c'est Napoléon III qui demande à Pasteur d'étudier la question des maladies du vin. Le vin avait, tout comme aujourd'hui, une grande importance dans les productions agro-alimentaires françaises, et notamment dans ses exportations. Malheureusement, le vin ne supportait pas toujours les voyages et s'altérait assez facilement. Pasteur s'attaqua au problème, et montra que ces altérations étaient dues à des micro-organismes parasites (par exemple la présence de *mycoderma aceti* dans le vin le transforme en vinaigre ; d'autres micro-organismes produisent d'autres altérations particulières à tel ou tel cru). La solution qu'il proposa était de chauffer le vin (entre 60 et 100°) à l'abri de l'air, c'est-à-dire de le « pasteuriser », afin d'éliminer les micro-organismes parasites. Il mit au point une méthode pratique, et la fit d'ailleurs breveter.

Enfin, dernière application de ce genre, il étudia les maladies de la bière qui, tout comme le vin, présentait le défaut de mal se conserver (et donc de mal voyager). Ces études furent entreprises par Pasteur après la défaite de 1870, avec, si l'on en croit ce que dit son gendre et biographe, l'intention d'affranchir la France de la supériorité allemande en matière de fabrication de bière. Les travaux aboutirent aux mêmes conclusions que dans le cas des maladies du vin, et à la prise de brevets sur de nouveaux procédés de fabrication. Ici encore, le succès fut très grand auprès des industriels, peut-être plus à l'étranger qu'en France. Ainsi la brasserie Carlsberg de Copenhague fut-elle organisée et dotée d'un laboratoire conformément aux vues de Pasteur et suivant ses indications (la brasserie fut d'ailleurs ornée de son buste).

Toutes ces études, menées à plusieurs années de distance, ont une assez grande parenté. Pour les illustrer, nous avons choisi, parce qu'il est le plus bref et le plus clair, un texte exposant le cas des maladies de la bière : le deuxième chapitre de l'ouvrage de Pasteur, *Études sur la bière* (*Œuvres complètes*, tome V, p. 21-31).

RECHERCHE DES CAUSES DES MALADIES DE LA BIÈRE ET DE CELLES DU MOÛT QUI SERT À LA PRODUIRE

Les observations qui précèdent démontrent, je crois, suffisamment que la fabrication de la bière, l'installation des brasseries et plus généralement toutes les pratiques de l'art du brasseur se trouvent sous la dépendance immédiate de ce fait, que la bière et le moût qui sert à la produire sont des liquides essentiellement altérables [104]. Il y aurait donc une importance extrême à bien connaître les causes et la nature des altérations dont il s'agit ; car elles nous conduiraient probablement à envisager d'une manière nouvelle les conditions de cette industrie et peut-être à en modifier utilement les pratiques. Pourtant c'est en vain qu'on cherche les connaissances auxquelles je fais allusion dans les nombreux ouvrages qui ont été composés sur l'art du brasseur. On y trouve, tout au plus, quelques indications vagues sur l'existence des maladies que la bière peut contracter dans le cours de sa fabrication ou ultérieurement, et quelques recettes empiriques pour en dissimuler les mauvais effets.

Je vais essayer d'établir avec rigueur ce que je n'ai fait qu'affirmer gratuitement au paragraphe précédent, savoir que toutes les altérations auxquelles le moût de bière et la bière proprement dite sont sujets ont pour cause exclusive le développement de ferments organisés, dont les germes sont apportés par les poussières que l'air charrie sans cesse ou qui sont répandues à la surface des matériaux et ustensiles divers servant au travail, bacs refroidisseurs, cuves, pelles, tonneaux, vêtements des ouvriers, eaux, levain, malt, etc. [105].

On voit que cette proposition est toute semblable à celle que j'ai soutenue touchant les maladies des vins *.

Par l'expression de *maladies* du moût et de la bière, j'entends ces altérations profondes qui dénaturent ces liquides jusqu'à les rendre très désagréables au goût, surtout quand elles ont quelque durée, et qui font dire, par exemple, de la bière qu'elle est *aigre, sure, tournée, filante, putride,* etc. Il ne serait pas logique d'appeler *maladies* des modifications dans la qualité des bières, comme en peuvent produire des pratiques plus ou moins intelligentes, dépendant de l'inhabileté du brasseur, de la composition du moût, de la nature spécifique du levain ou de la mauvaise qualité des matières premières. Il est bien avéré, par exemple, que la bière dite à *fermentation basse* [106] n'a toute sa finesse de goût, quand on suit les procédés actuellement en usage, que si elle a été faite à des températures inférieures à 10° C. Préparée à 10° ou 12° C, ou plus encore, elle n'a pas la délicatesse que recherchent les consommateurs, et il pourrait se faire néanmoins qu'elle fût aussi saine qu'une bonne bière qui aurait fermenté à 6° ou 8° C. On pourra dire de cette bière qu'elle est inférieure à telle autre bière jugée meilleure ; mais on aurait tort de l'appeler *malade,* puisque je suppose le cas où elle ne le serait pas réellement.

§ I. — *Toute altération maladive dans la qualité de la bière coïncide avec le développement d'organismes microscopiques étrangers à la nature de la levure de bière proprement dite.*

On peut démontrer de plusieurs manières la proposition que j'ai avancée sur les causes des maladies du moût et de la bière. Voici une des plus simples :

Prenez quelques bouteilles d'excellente bière, par

* J'ai publié un premier aperçu de cette proposition en ce qui concerne la bière, dans mes « Études sur le vin », en 1866.

exemple de celle que l'on consomme à Paris sous les dénominations de bières *Tourtel, Grüber, Dreher,* etc., du nom des brasseurs qui les produisent. Placez-les dans un bain-marie et portez la température vers 60° C. Après le refroidissement, déposez les bouteilles à côté de celles qui n'ont pas été chauffées. Dans tous les cas, surtout si vous opérez pendant la saison chaude, vous trouverez, après un intervalle de quelques semaines, un peu plus ou un peu moins suivant la température et la nature des bières, que toutes les bouteilles qui n'auront pas été chauffées seront devenues malades, quelquefois jusqu'à n'être plus buvables. Étudiez alors les dépôts des bouteilles, chauffées et non chauffées, par comparaison. Vous constaterez facilement que la levure alcoolique proprement dite se trouve associée à des organismes étrangers, en général filiformes, très ténus, simples ou articulés, comme le représente la figure 10, dont le dessin a été pris d'après nature sur le dépôt de bouteilles non chauffées, mises en comparaison avec un égal nombre de

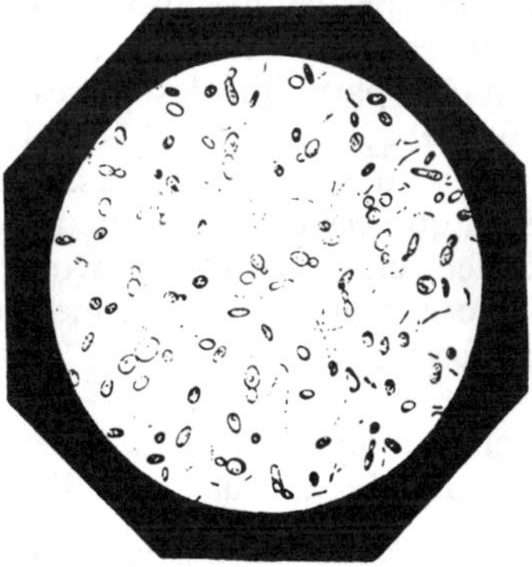

Fig. 10 : Bière tournée - Aspect au microscope de son dépôt.

bouteilles de la même bière chauffées le 8 octobre 1871. L'examen eut lieu le 27 juillet 1872. La bière chauffée à 55° C était très saine, franche de goût et toujours en fermentation. J'ai constaté, en effet, par des expériences précises, que la levure alcoolique chauffée dans le milieu bière supporte la température de 55° C sans perdre sa faculté germinative, qui n'est que rendue plus difficile et plus lente, tandis que les ferments de maladie périssent dans ce même milieu à cette température, comme cela arrive pour le vin [107]. La bière non chauffée était au contraire altérée au point de n'être plus buvable. Son acidité en acides volatils était plus forte que celle de l'autre bière dans le rapport de 5 à 1. La bière chauffée renfermait 0,5 % d'alcool de plus que l'autre [108].

Le dépôt des bouteilles chauffées montrait également les filaments de maladie, mais en quantité si minime qu'il fallait souvent parcourir plusieurs champs du microscope avant d'en rencontrer un seul. Ceux dont on a retrouvé ainsi la présence après le chauffage existaient dans la bière avant cette opération qui les a fait périr, sans modifier toutefois d'une manière sensible leur forme ou leur grandeur. Tués par la chaleur, ils n'ont pu se multiplier ni continuer d'agir sur les principes composants de la bière *.

En modifiant ces expériences, il n'est pas difficile de reconnaître, d'une part, que les bières d'apparence saine au goût ne contiennent de ces ferments filiformes ou autres qu'en nombre à peine appréciable, et, d'autre part, que ces mêmes ferments apparaissent avec les premiers changements défavorables dans la qualité des bières ; enfin leur abondance plus ou moins grande varie généralement avec l'intensité de la maladie.

Dans des cas extrêmement rares, il peut arriver, du moins je l'ai entendu affirmer sans l'avoir constaté

* Comme le dépôt des bouteilles chauffées est très faible, en général, il faut le recueillir avec quelque précaution. Les bouteilles sont relevées. Après quelques jours de repos, on les décante très doucement en les agitant le moins possible et, quand il ne reste plus au fond de la bouteille que 1 ou 2 centimètres cubes de liquide, on secoue fortement de façon à rassembler tout le dépôt du fond et des parois dans ce peu de liquide, et c'est une goutte de celui-ci qu'on étudie au microscope.

moi-même, que la bière se conserve intacte en bouteilles même sans avoir été préalablement chauffée. Cette exception ne peut avoir lieu que pour certaines bières d'une composition particulière, fortement houblonnées, faites dans la saison favorable de novembre ou décembre, avec des matières premières choisies et qui ont fermenté avec des levains accidentellement purs. Dans le dépôt de telles bières, même après un intervalle de plusieurs mois ou de plusieurs années, on ne trouverait que le ferment alcoolique ordinaire, dont l'action lente ne fait qu'augmenter peu à peu la quantité d'alcool de la bière et diminuer la proportion de dextrine. Ces bières vieilliraient comme vieillit le vin, tout en restant saines.

Très fréquemment et à l'insu des brasseurs, tout le travail est compromis par les ferments de maladie. On ne remédie au mal que quand il est assez marqué pour donner lieu à des plaintes de la part des clients. Alors le brasseur a recours à l'obligeance d'un confrère pour changer son levain, usage admis et respecté dans les mœurs de la brasserie, parce que tous les chefs d'usine ont intérêt à le maintenir : le brasseur dont le travail est le plus satisfaisant sait très bien qu'il est peut-être à la veille, lui aussi, de la nécessité de changer de levain.

J'ai eu maintes fois l'occasion de constater que cette nécessité de changer de levain tenait le plus ordinairement à une altération provoquée par la présence des ferments de maladie, dont la multiplication fortuite avait été la conséquence de quelques négligences le plus souvent inconscientes dans les opérations ou l'effet d'influences climatériques. Quand on songe que la levure est un être vivant, et que le milieu qui lui sert d'aliment ou l'eau dans laquelle elle séjourne est extrêmement propre au développement d'un grand nombre d'autres êtres microscopiques, la pureté relative de la levure, bien plus que son altération, a lieu de surprendre.

En ayant recours aux observations microscopiques, on pourrait souvent reconnaître l'existence du mal longtemps avant d'en être averti par un travail défectueux, qui entraîne toujours à de grandes pertes *.

A l'appui de ce qui précède, je citerai les faits suivants :

Au mois de septembre 1871, je fus admis à visiter une grande brasserie de Londres. L'étude des levures au microscope y était complètement inconnue. Je demandai à la faire en présence des directeurs de l'usine. Mon premier examen porta sur la levure du *porter* [109], recueillie dans le canal déversoir des levures des tonneaux où s'achève la fermentation. Dans le dessin ci-joint de cette levure (fig. 11), pris sur place, un des ferments de maladie abonde comme on le voit. Le travail du *porter* dans la brasserie devait donc laisser beaucoup à désirer et depuis longtemps peut-être. On m'avoua en effet que, le jour même, on avait fait chercher un nouveau levain dans une autre brasserie de Londres. Je m'empressai de l'examiner au microscope : il était, sans aucune comparaison, plus pur que le précédent.

Fig. 11

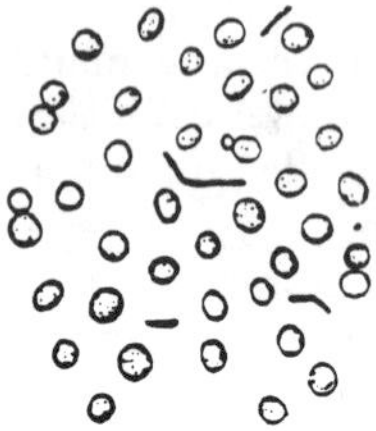

Fig. 12

N'est-il pas certain que, si l'usage du microscope avait été familier aux brasseurs dont je parle, ils auraient pu être avertis du mauvais état de leur fabrication avant le moment où ils le constatèrent, peut-être par des plaintes de leur clientèle ou par telle ou

* Depuis la publication [en 1866] de mes *Études* sur les maladies des vins et sur les dangers que font courir au vin et à la bière les parasites microscopiques qu'on y rencontre, quelques brasseurs éclairés ont déjà tiré grand profit de l'application de ces études.

telle autre circonstance fâcheuse qui les avait obligés de changer de levain ?

Je demandai ensuite à observer les levures des autres bières en fermentation, notamment les levures des bières blanches, telles que l'ale et le pale-ale.

Voici le dessin que j'en fis d'après nature (fig. 12). On y reconnaît encore l'existence des filaments de la bière tournée.

Il était intéressant d'étudier la bière blanche qui avait précédé celle qui était en fabrication et dont je venais d'examiner la levure.

On m'en présenta de deux sortes, toutes deux en tonneaux, l'une déjà collée, l'autre non collée [110]. Cette dernière était sensiblement trouble, et je reconnus, séance tenante, dans l'examen d'une goutte, trois ou quatre filaments par champ du microscope. Celle qui était collée était presque claire, mais sans brillant ; elle contenait environ un filament par champ. J'affirmai alors, en présence du maître-brasseur qu'on avait fait quérir, que ces bières s'altéreraient très facilement, qu'il était indispensable de les livrer promptement à la consommation, qu'enfin elles devaient être déjà défectueuses au goût, ce dont tout le monde convint, quoique après une assez longue hésitation. J'attribuai celle-ci uniquement à la réserve naturelle à tout fabricant, que l'on oblige à déclarer que sa marchandise n'est pas irréprochable.

On fit venir un peu de la colle employée dans la brasserie : elle était remplie des mêmes filaments de maladie.

J'adressai alors à ces messieurs quelques questions au sujet des pertes qui peuvent résulter des altérations de la bière dans le commerce de la brasserie. J'avais entendu dire à plusieurs brasseurs que le prix de vente de la bière n'était si différent de son prix de revient qu'à cause des pertes qu'entraîne toujours l'avarie inévitable de grandes quantités de bière ; plusieurs même l'ont évaluée en ma présence à 20 % en moyenne de la production totale [111].

Les premières réponses des brasseurs anglais dont je

parle furent peu précises ; pourtant, comme ils comprirent sans doute, d'après ce qui venait de se passer, que les confidences faites à un savant n'étaient pas toujours sans utilité pratique pour le fabricant, ils finirent par m'avouer qu'ils avaient en réserve dans leur brasserie une grande quantité de bière qui s'était gâtée en tonneaux quinze jours au plus après sa confection. Le premier pas ayant été fait dans cet aveu, on se montra fort désireux de savoir ce qui avait pu altérer à ce point la bière, car elle était tout à fait imbuvable. Je l'examinai au microscope sans pouvoir y reconnaître tout d'abord les ferments de maladie ; mais prévoyant qu'elle avait dû s'éclaircir par un repos très prolongé, et que ces ferments devenus inertes avaient dû se rassembler au fond des immenses réservoirs qui la contenaient, j'examinai le dépôt amassé au fond de ces réservoirs. Il était uniquement formé de filaments de maladie, sans même offrir le moindre mélange avec des globules de levure alcoolique. La fermentation complémentaire de cette bière avait donc été uniquement une fermentation de maladie.

La ressemblance entre ces filaments et ceux, en bien plus petit nombre, qui accompagnaient les globules de levure alcoolique dans les observations précédentes, l'altération de la bière poussée jusqu'aux dernières limites quand ces filaments étaient très abondants, l'altération, beaucoup moindre, de celle qui n'en présentait que quelques-uns par champ du microscope, donnèrent aux chefs présents de la brasserie une conviction entière au sujet des causes de la mauvaise qualité de leur bière, que je venais de leur enseigner à reconnaître. Aussi, moins de huit jours après, dans une nouvelle visite que je fis à cette même brasserie, j'appris qu'on s'était empressé d'acquérir un microscope et de changer de levain pour toutes les sortes de bières remises en travail depuis ma première visite.

Il y a des époques, au renouvellement du printemps, en été et à l'automne par exemple, où le travail de la brasserie devient très difficile. L'élévation de la température rend la conservation des levains plus délicate. Au commencement de l'automne les matières premières sont de moins bonne qualité ; les avaries qu'elles ont pu subir les ont couvertes de parasites divers. Toutes ces circonstances contribuent au développement facile des ferments de maladie.

§ II. — *L'absence d'altération du moût de bière et de la bière coïncide avec l'absence d'organismes étrangers.*

La méthode que je viens de suivre pour démontrer qu'il existe une corrélation entre les maladies de la bière et certains organismes microscopiques ne peut guère laisser de doute, ce me semble, sur l'exactitude des principes que j'expose.

Toutes les fois que le microscope accuse dans un levain et surtout dans une levure en activité des productions étrangères à la constitution de la levure alcoolique proprement dite, le goût de la bière laisse à désirer, peu ou beaucoup, suivant l'abondance ou la nature de ces petits organismes. En outre, quand une bière achevée, de très bonne qualité, perd avec le temps son goût agréable pour devenir *sure,* on constate facilement que la levure alcoolique du dépôt des bouteilles ou des tonneaux, primitivement pure, au moins en apparence, se trouve associée peu à peu à ces mêmes ferments filiformes ou autres. Voilà ce qu'on peut déduire des faits qui précèdent. Néanmoins quelques esprits prévenus pourraient peut-être admettre que ces ferments étrangers sont la conséquence d'un état maladif, produit par des circonstances inconnues [112].

Quoique cette hypothèse toute gratuite soit difficile à soutenir, je vais essayer de corroborer les observations précédentes par une méthode d'investigation qui paraîtra plus décisive : elle consiste à prouver que la bière n'offre jamais de mauvais goût toutes les fois que le ferment alcoolique proprement dit n'est pas mélangé à des ferments étrangers, qu'il en est de même du moût de la bière et que celui-ci, tout altérable qu'il soit, se conserve intact quand il est placé dans des conditions qui le défendent contre l'envahissement des parasites microscopiques, auxquels il peut si facilement servir de nourriture et de champ de développement.

L'emploi de cette seconde méthode aura en outre l'avantage de prouver avec certitude la proposition que j'ai avancée tout à l'heure, à savoir que les germes de ces organismes proviennent des poussières que l'air commun charrie et dépose sur tous les objets ou qui sont répandues sur les ustensiles, sur les matières premières utilisées dans la brasserie, matières naturellement chargées de germes microscopiques et que des altérations diverses dans les magasins, dans les germoirs, ont pu multiplier à l'infini *.

Prenons (fig. 13) un ballon de verre à long col A, de 250 centimètres cubes à 300 centimètres cubes de capacité ; plaçons-y du moût de bière houblonné ou non houblonné, étirons le col à la lampe de manière à lui donner la forme B, puis portons le liquide à l'ébullition jusqu'à ce que la vapeur sorte en sifflant par l'extrémité recourbée. Laissons refroidir sans autre précaution ou, pour plus de sûreté, introduisons dans cette pointe ouverte un petit faisceau d'asbeste au moment même où la flamme du gaz est retirée de dessous le ballon. Avant de placer l'asbeste, on peut la passer dans la flamme et aussi après qu'elle a été introduite à l'extrémité du tube **. Les premières por-

* Qu'on délaye dans un peu d'eau une poignée d'orge en germination dans un germoir de brasserie et qu'on examine au microscope une goutte du liquide trouble, on sera effrayé de l'abondance extrême des organismes étrangers microscopiques qui pullulent à la surface des grains et sur le sol humide des germoirs. Comme ils absorbent beaucoup d'oxygène, nul doute qu'ils nuisent par leur présence à la germination, outre qu'ils acidifient la masse et l'altèrent.

** Dans ces expériences le petit faisceau de fils d'asbeste n'est placé que par surcroît de précautions. Autrefois, dans mes premières expériences sur la question des générations dites *spontanées*, publiées de 1860 à 1862, je ne m'en servais pas, et je n'y avais pas reconnu d'inconvénients appréciables. Je l'emploie aujourd'hui. Une précaution nouvelle n'est jamais superflue dans des études de tions d'air qui rentrent dans le ballon rencontrent des parois et un liquide très chauds qui détruisent la vitalité des germes des poussières que cet air pourrait apporter. La rentrée de l'air se fait ensuite avec une grande lenteur, assez grande pour que la goutte d'eau que cette rentrée d'air pousse devant elle dans le tube recourbé arrête les poussières. Ultérieurement, ce tube est sec, mais alors la rentrée de l'air est d'une telle lenteur que les poussières tombent sur ses parois intérieures.

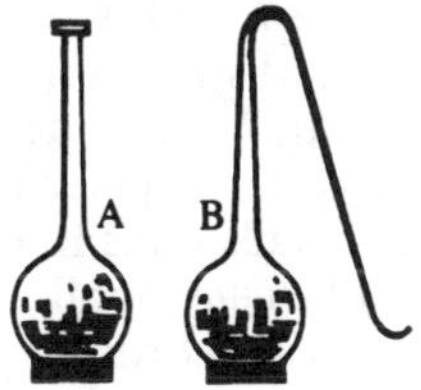

Fig. 13

L'expérience démontre si bien que, dans de tels vases en libre communication avec l'air, les poussières extérieures ne peuvent pénétrer, qu'après dix et douze années (c'est la plus longue durée de ces essais), le liquide, s'il est de sa nature limpide, ne se trouve pas le moins du monde sali, ni à sa surface de niveau, ni dans sa masse, tandis que extérieurement les parois du vase se trouvent couvertes d'une couche épaisse de poussière : c'est la preuve la plus irrécusable de l'impossibilité de pénétration de ces poussières dans l'intérieur de ce vase.

Le moût de bière ainsi préparé reste intact indéfiniment, malgré sa facile et rapide altération, lorsqu'il est exposé à l'air, dans des conditions où il peut recevoir des poussières qui flottent dans cet air. Il en est de même de l'urine, du bouillon de ménage, du moût de raisin, et en général de ceux des liquides putrescibles

cette nature. D'ailleurs la présence de cette asbeste éloigne sûrement l'entrée des insectes. J'ai conservé longtemps un ballon portant un insecte dans sa courbure effilée. Je l'avais tué en le flambant au moment où il cheminait vers le liquide. Tout récemment M. Calmettes, jeune ingénieur de l'École Centrale, occupé à Tantonville, dans la brasserie Tourtel, d'expériences pratiques sur le procédé que je ferai connaître dans l'un des derniers chapitres de cet Ouvrage, m'écrivit que ses ballons venaient d'être envahis tout à coup par une foule de pucerons, pas plus gros que des phylloxéras, et que beaucoup d'entre eux avaient déjà pénétré à l'intérieur des tubes recourbés.

ou fermentescibles qui ont la faculté de détruire la vitalité des germes microscopiques mêlés aux poussières, lorsque la température de ces liquides est portée à 100° C environ.

La disposition du ballon (fig. 13) est suffisante quand il s'agit de la démonstration des faits que je viens de rappeler et qu'on trouvera décrits avec plus de détails dans mon Mémoire des *Annales de chimie et de physique,* publié en 1862, ayant pour titre : *Mémoire sur les corpuscules organisés qui existent dans l'atmosphère. Examen de la doctrine des générations spontanées* [113]. La forme (fig. 14), qui ne diffère de la précédente que par l'existence d'une deuxième tubulure soudée au ballon, offre de grands avantages pour diverses études. Nous l'adopterons de préférence dans la suite de cet ouvrage. Elle permet la culture facile, dans des liquides appropriés, de tel ou tel organisme microscopique déterminé, sans que, si les précautions sont bien prises, on ait à craindre des mélanges fortuits de cet organisme avec d'autres, dont la présence accidentelle ne manquerait pas de jeter le trouble dans les résultats des observations.

Fig. 14

Appliquons cette disposition à la culture de la levure, mais en supposant expressément que cette petite plante est privée de tout mélange avec des spores étrangères, résultat que nous apprendrons à réaliser par diverses méthodes expérimentales dans un chapitre ultérieur.

Dans le ballon (fig. 14) introduisons du moût de bière ; puis, après avoir adapté un tube de caoutchouc à la nouvelle tubulure, faisons bouillir le liquide ; la vapeur, trouvant une issue plus facile par le tube de caoutchouc que par le tube effilé, sortira d'abord par le tube de caoutchouc et détruira ainsi les germes sur les parois de cette tubulure. Fermons le tube de caoutchouc par un bouchon de verre ; aussitôt la vapeur sortira par le tube sinueux. Laissons refroidir. Le ballon est alors disposé pour être ensemencé. Si l'on craignait que quelque spore étrangère de nature inconnue pénétrât pendant le refroidissement ou n'eût pas été tuée par la vapeur d'eau qui est toujours un peu surchauffée, à cause de la résistance qu'elle éprouve dans sa sortie, on n'aurait qu'à disposer les ballons ainsi préparés dans une étuve et les y laisser pendant plusieurs jours ou plusieurs semaines, afin de voir si leurs liquides y éprouvent quelque altération. On n'utiliserait que ceux dont le liquide se serait conservé.

Je préviens le lecteur que cette cause d'erreur ne se produit pas peut-être une fois sur mille, surtout si l'on se sert du tampon d'amiante, qui empêche l'introduction des petits insectes attirés par l'odeur des liquides et qui ont l'instinct de pénétrer par l'extrémité du tube et de le parcourir intérieurement. En venant chercher si loin et si péniblement leur nourriture, ils se condamnent à une mort certaine, puisqu'ils se noient forcément, car il leur faudrait une intelligence qui leur fait défaut pour ressortir du ballon ; mais le liquide s'altère infailliblement à cause des poussières qu'ils ont apportées.

Après avoir passé rapidement la flamme d'une lampe à alcool sur le tube de caoutchouc, sur le bouchon de verre, sur le tube recourbé, voire même sur les doigts de l'opérateur, on sort le bouchon de verre, et l'on introduit la levure pure à l'aide d'un tube de verre préalablement chauffé. Cette levure est conservée elle-même dans un vase à l'abri des poussières en suspension dans l'air. Si peu que le tube de verre prenne de globules de levure il en apporte toujours cent et mille fois plus qu'il est nécessaire à l'ensemencement du liquide. Aussitôt le bouchon de verre, de nouveau passé rapidement dans la flamme, est remis en place. Pendant que le tube de verre transporte la levure du vase qui la contient dans le ballon, elle est soumise à une cause d'impureté, puisqu'on ne peut éviter le contact de l'air commun ; si cette cause d'erreur apportait une perturbation fréquente dans les expériences, on pourrait l'éloigner ou la restreindre par quelque disposition nouvelle, mais c'est inutile. Je n'en ai jamais été gêné, parce qu'il n'y a pas, à beaucoup près, continuité dans l'atmosphère de la cause des générations dites *spontanées,* comme on le croyait à tort avant la publication de mon Mémoire de 1862 ci-dessus mentionné.

Voici les résultats des expériences conduites comme je viens de l'indiquer.

La levure semée, en si petite quantité que ce soit, se rajeunit, bourgeonne, se multiplie. Bientôt, c'est-à-dire après vingt-quatre, quarante-huit heures ou davantage, selon la température et surtout la vitalité plus ou moins grande des globules, on voit les parois du ballon se couvrir d'un dépôt blanc de levure et une mousse fine apparaître à la surface du liquide, d'abord par petits îlots formés de groupes de bulles si petites qu'elles seraient imperceptibles si elles n'étaient réunies. Les îlots grandissent, se rejoignent peu à peu et finissent par former une mousse abondante. Au bout de deux ou trois jours la mousse tombe, la fermentation devient plus lente, puis elle cesse complètement : la bière est achevée. Or, cette bière peut se conserver indéfiniment dans le ballon sans jamais s'altérer. Comme l'air extérieur entre et sort librement par les variations de pression et de température, la bière s'évente à la longue, elle vieillit, *se vine,* mais jamais elle ne prend de goût de maladie, c'est-à-dire qu'elle ne devient ni sure, ni aigre, ni amère, ni putride... Elle ne se couvre même pas de *mycoderma vini,* qui est le compagnon obligé de toute bière commerciale qu'on expose à l'air ordinaire.

Après quelques semaines ou quelques mois, un cercle blanc peut se montrer au niveau du liquide sur les parois du verre. C'est une couronne formée d'amas de globules jeunes d'une levure, qui pousse là comme ferait une moisissure, en absorbant l'oxygène de l'air qui rentre dans le ballon. Le gros de la levure, celle de la fermentation, reste au fond du liquide comme un précipité inerte. Cette inertie, toutefois, n'est qu'apparente : il y a un travail intérieur des globules, sans bourgeonnement nouveau, travail par l'effet duquel ils vieillissent de plus en plus et qui peut même les faire périr.

Les choses se passent tout autrement si la semence de levure, au lieu d'être pure, est mêlée à un degré quelconque à des ferments de maladie. Que ceux-ci existent dans le levain, c'est-à-dire dans la semence, même en quantité si minime que le plus habile observateur aurait peine à les découvrir au microscope, ils se multiplieront dans les ballons après que la bière sera achevée, surtout si on la laisse séjourner dans une étuve. C'est même là un excellent contrôle de la pureté originelle d'un ferment employé comme semence.

En résumé, l'absence d'organismes microscopiques étrangers à la levure de bière correspond invariablement à une bière saine et qui reste telle indéfiniment au contact de l'air pur, quelle que soit la température ; d'autre part, à la présence de ces organismes correspond toujours une bière malade, malade de telle ou telle maladie, suivant la spécificité propre de ces organismes. On ne saurait aller plus loin dans les preuves de la corrélation qui existe entre ces derniers et les altérations proprement dites de la bière. Ce n'est pas par des preuves plus décisives qu'on établit la relation de cause à effet dans la succession des phénomènes physiques.

LE CHOLÉRA DES POULES

Des maladies du vin ou de la bière, il fallait passer aux maladies des animaux et des hommes (éventuellement à celles des plantes). Un tel passage n'était pas aussi évident que celui qui allait du rôle des micro-organismes dans les fermentations à leur rôle dans les altérations des boissons fermentées. On savait depuis le XVIIe siècle — plus précisément depuis que Redi avait montré que la gale était due à un acarien microscopique creusant des galeries dans la peau — qu'une maladie pouvait être causée par un micro-organisme [1]. D'autres cas furent découverts, surtout au XIXe siècle, sans qu'on en tire une quelconque théorie générale [2]. A l'époque, la conception dominante de la maladie était celle du trouble physiologique, voire de l'activité cellulaire anormale. La tendance à expliquer les processus vitaux par les processus chimiques, tendance qui s'opposait à l'explication de la fermentation par les micro-organismes, interdisait aussi de faire intervenir ceux-ci dans l'explication des maladies.

Cependant, maladies et fermentations avaient été souvent

1. L'hypothèse du rôle des micro-organismes dans les maladies avait été émise, mais non prouvée, bien avant Redi. Ainsi, Varron (Ier siècle av. J.-C.), pensait que la malaria était due à des petits animaux qui pénétraient dans le corps par les narines. En 1546, Fracastor attribuait la syphilis à un agent vivant contagieux.

2. Vers 1720, Benjamin Marten imagina, sans le prouver, que la tuberculose était due à un animalcule. En 1834, l'observation de Redi fut confirmée par Renucci. En 1833, Paget et Virchow montrèrent que la trichinose est due à un petit ver parasite. En 1839, Schönlein attribua la teigne à un champignon.

rapprochées [3]. L'explication pastorienne des fermentations, en triomphant, était donc susceptible de faire triompher la conception voulant que les maladies soient dues à des microbes [4], et que la contagion soit la transmission de ces microbes d'un malade à une personne saine. L'histoire de cette conception n'a rien de linéaire, mais il est certain que les travaux de Pasteur y occupent la place principale, et que, quelque prédécesseur qu'il ait pu avoir, c'est à lui qu'on doit les fondements de la théorie des maladies infectieuses et du principe des vaccins.

Les premiers travaux de Pasteur dans le domaine médical portèrent sur les maladies du ver à soie. La sériciculture était alors une activité industrielle importante dans le midi de la France, et les élevages de vers à soie étaient périodiquement ravagés par des maladies. En 1865, le ministre de l'Agriculture demanda à Pasteur de s'en occuper, à la suggestion du chimiste Jean-Baptiste Dumas, ami de Pasteur et sénateur du Gard, c'est-à-dire d'une région non seulement de viniculture mais aussi de sériciculture. Ainsi les maladies du vin et les maladies du ver à soie se rejoignaient-elles du fait de cette commune localisation dans un département dont un ami de Pasteur était le représentant au Sénat... Les résultats de ces travaux forment un fort ouvrage, constituant à lui seul le tome IV des *Œuvres complètes.* Il est très difficile d'en extraire des passages significatifs ; aussi avons-nous préféré ne pas le faire figurer dans cette anthologie. Ces travaux, très spécialisés, ne peuvent guère être étendus à d'autres domaines. Leur principe fut de montrer le caractère contagieux des maladies de ces vers, et d'en tirer des prescriptions hygiéniques pour les élevages. Comme il ne pouvait y avoir de thérapeutique à proprement parler (encore moins de « vaccination »), Pasteur compléta ces prescriptions hygiéniques par une méthode de sélection des graines (c'est-à-dire des œufs) éliminant celles qui risquaient d'être contaminées [5].

3. Au XVIIe siècle, chez Van Helmont, la maladie est due à un ferment étranger au corps. A toutes les époques, la fièvre et le dégagement de chaleur dans la fermentation ont été comparés. Des affections comme la gangrène étaient souvent assimilées à des putréfactions, lesquelles étaient apparentées aux fermentations, etc.

4. Le mot « microbe » apparaît au même moment, il est dû à Charles Sédillot qui le proposa en 1878.

5. Avant Pasteur, en 1836, Agostino Bassi avait montré qu'une maladie du ver à soie (le *mal del segno*) était due à un champignon parasite. Partant du principe que les spores, en passant d'un animal

Outre ces travaux sur les vers à soie, l'orientation des recherches de Pasteur vers la médecine passe par les applications de ses thèses sur la fermentation et la génération spontanée à l'antisepsie et l'asepsie en chirurgie. Avant Pasteur, la nécessité de pratiquer les opérations chirurgicales et les accouchements dans de strictes conditions d'hygiène avait été plusieurs fois soulignée, sans qu'il ait jamais été possible d'imposer ces contraintes hygiéniques aux chirurgiens et accoucheurs. L'exemple le plus célèbre est celui d'Ignace-Philippe Semmelweis (1818-1865) qui tenta en vain de convaincre ses collègues de Vienne que les cas de fièvre puerpérale diminuaient considérablement moyennant quelques précautions d'hygiène élémentaire [6]. Les travaux de Pasteur contribuèrent puissamment à revivifier et à renforcer ces idées. Ainsi, le chirurgien anglais Joseph Lister (1827-1912), suite à ces travaux, mit au point un pansement antiseptique destiné à protéger les plaies contre les germes en suspension dans l'air, sans pour autant supprimer toute aération. L'utilisation de ce pansement (constitué de gaze imprégnée d'acide phénique) réduisait considérablement les risques d'infection aussi bien lors des blessures que lors des opérations chirurgicales.

Pasteur lui-même rechercha la présence de micro-organismes dans le pus des plaies, dans celui des furoncles, dans le sang et les sécrétions de femmes mortes de fièvre puerpérale. Ces micro-organismes, qu'il appelle *virus* [7], étaient alors mis en culture et/ou injectés à divers animaux. Ces recherches en médecine humaine n'aboutirent pas à de très grands résultats (si ce n'est la confirmation du caractère infectieux de ces troubles). Les travaux les plus complets dans le domaine des maladies infectieuses ont d'abord été d'ordre vétérinaire. Ce sont ceux, menés parallèlement, sur le choléra des poules et sur le charbon du

---

à l'autre, propageaient l'épidémie, il mit au point des moyens hygiéniques destinés à protéger les élevages.

6. Le cas de Semmelweis a été étudié par Louis-Ferdinand Destouches (c'est-à-dire Céline) dans sa thèse de doctorat en médecine (Céline, *Semmelweis,* Gallimard, Paris 1952).

7. Le mot *virus* n'avait pas alors le sens que nous lui donnons aujourd'hui. Son sens étymologique (latin) est celui de *venin* ou de *poison*. Il désignait l'agent supposé des maladies, sans qu'on en connaisse alors la nature. Sous la plume de Pasteur, il signifie en général « micro-organisme responsable d'une maladie » (quoique Pasteur l'emploie parfois dans son sens étymologique). Ce que nous nommons *virus* est la variété de micro-organismes qu'on appelait aussi autrefois *virus filtrant,* c'est-à-dire « micro-organismes si petits qu'ils traversent tous les filtres ». Virus dont on sait maintenant qu'ils ont une nature particulière (voir la présentation des textes sur la rage).

mouton. Les travaux sur la rage, qui furent appliqués à l'homme, vinrent plus tard (et furent d'abord réalisés sur des animaux).

Pasteur menait souvent plusieurs travaux de front, notamment dans le cas qui nous intéresse ici (choléra des poules, charbon du mouton, furoncles, fièvre puerpérale, etc.). Cependant, comme c'est l'étude du choléra des poules qui fut la première à trouver sa conclusion, c'est par elle que nous commencerons. Elle constitue le modèle sur lequel les autres études (charbon et rage notamment) seront conduites.

Ce modèle comprend les étapes suivantes :

— Caractérisation de la maladie.

— Établissement de son caractère contagieux (contamination d'animaux sains par le sang, les excréments, etc., d'animaux malades).

— Recherche et isolement d'un germe (dans le cas du choléra des poules, le germe avait déjà été plus ou moins mis en évidence par des auteurs antérieurs) ; cette étape, comme la précédente, est souvent compliquée par l'existence de plusieurs germes pathogènes concomitants, notamment celui de la septicémie (c'est-à-dire qu'en injectant une humeur prélevée sur le cadavre d'un animal mort de la maladie étudiée, on injecte souvent non seulement le germe de cette maladie mais aussi des vibrions septiques, qui entraînent une septicémie tuant l'animal plus rapidement que la maladie qu'on voulait inoculer).

— Culture *in vitro* de ce germe, ce qui nécessite la mise au point d'un milieu de culture adapté.

— Inoculation de la maladie à partir de ce germe cultivé artificiellement (les cultures *in vitro* sont en général suffisamment pures pour que, dans ces inoculations, les risques de contamination par le vibrion septique soient assez faibles ; c'est alors bien la maladie que l'on induit, et non une septicémie).

— Vérification du caractère virulent du germe (par exemple, on fait bouillir la culture, ou on la filtre, avant de l'injecter à un animal, pour vérifier si la maladie est bien due au germe vivant plutôt qu'à une substance chimique, un poison, qu'il secréterait).

Selon une légende (peut-être vraie, mais en tout cas difficilement vérifiable), c'est à ce stade de l'étude qu'un « hasard providentiel » amena Pasteur à sa grande découverte, celle qui devait révolutionner toute la médecine. En voulant tester sa virulence, Pasteur injecta à des poules non pas une culture fraîche du germe étudié, mais une vieille culture oubliée pendant les vacances d'été dans un coin de son laboratoire. Or, non seulement ces poules restèrent en bonne santé, mais, si on leur injectait ensuite une culture fraîche, elles résistaient à la maladie.

Aussitôt, ce phénomène est comparé à la vaccination que Jenner avait mise au point en 1796. L'injection de vaccin [8] protégeait les humains contre la variole [9]. La vieille culture du germe du choléra des poules avait, contre cette maladie, un effet protecteur comparable à celui que le vaccin avait contre la variole. La vieille culture en question était donc un « vaccin » (au sens large) contre le choléra des poules.

En laissant volontairement vieillir ses cultures, Pasteur recherche alors la meilleure méthode pour atténuer la virulence du germe pathogène, la méthode qui le rend le plus sûrement inoffensif tout en lui conservant son pouvoir vaccinal. Il s'attache notamment à obtenir un germe dont la virulence est atténuée mais qui reste vivant et qui se multiplie (pour Pasteur, le pouvoir vaccinant nécessite la vie du germe inoculé ; c'est quasiment la vie qui lutte contre la vie). Il faut enfin que ce germe atténué reste stable au cours des générations, qu'il ne reprenne pas sa virulence.

Une telle recherche est purement empirique. Pasteur ne parvient pas à théoriser cette perte de virulence [10] ; aussi, par la suite, devra-t-il mettre au point en tâtonnant une nouvelle méthode pour chaque germe étudié (charbon, rage, etc.). De même, il ne parvient pas à expliquer l'effet vaccinant. Il suppose tout à tour (et, par la suite, ses conclusions varieront selon les maladies) que le germe libère dans son milieu de culture (ou dans l'organisme de l'animal) une

8. Originairement, « vaccin » est le nom de l'humeur purulente produite par les pustules de vaccine, la variole des vaches (qui est sans gravité pour l'homme). C'est cette humeur que Jenner injectait à ses patients pour les immuniser contre la variole. Après Pasteur, ce mot « vaccin » a pris un sens beaucoup plus large, celui de substance immunisant contre telle ou telle maladie (et pas seulement la variole).

9. Avant la *vaccination* de Jenner, la *variolisation* était utilisée à titre préventif. En Chine, on introduisait dans les narines des croûtes séchées de pustules de varioleux ; en Turquie, on procédait par scarifications. La pratique avait été introduite en Occident au XVIIIe siècle, par Lady Montague, femme de l'ambassadeur anglais à Constantinople. Par ailleurs, on savait aussi que diverses maladies ne récidivent pas, car la première infection protège l'individu contre les contaminations ultérieures. L'idée d'utiliser cette propriété comme moyen de prévention avait déjà été proposée (notamment par Home, en 1772, dans le cas de la rougeole).

10. Il l'attribue vaguement à l'air, se souvenant sans doute que l'oxygène a un effet toxique sur certains micro-organismes (voir l'étude des fermentations).

substance qui inhibe sa prolifération, ou, au contraire, que ce germe consomme totalement une substance primitivement contenue dans ce milieu (ou dans l'organisme animal), substance qui lui est nécessaire et lui fait défaut ensuite. Ces quelques essais de théorie sont extrêmement sommaires ; ils reprennent des idées qui avaient déjà été proposées (l'une par Chauveau, l'autre par Auzias-Turenne). Manifestement, Pasteur ne s'y intéresse pas vraiment ; en tout cas il ne cherche pas à les développer. Pour lui, l'important est de mettre au point un « vaccin » efficace ; l'explication de la perte de virulence du germe, et celle de son pouvoir vaccinant passent au second plan. D'une manière générale, ces travaux confirment l'impression qui se dégageait déjà des études antérieures ; pour Pasteur, la science est certes un moyen de connaissance, mais c'est surtout un moyen d'action [11].

Les textes présentés ici sont :

— Sur les maladies virulentes, et en particulier sur la maladie appelée vulgairement choléra des poules, *Comptes rendus de l'Académie des sciences,* séance du 9 février 1880, XC, p. 239-248 (*Œuvres complètes,* tome VI, p. 291-303).

— Sur le choléra des poules ; étude des conditions de la non-récidive de la maladie et de quelques autres de ses caractères, *Comptes rendus de l'Académie des sciences,* séance du 26 avril 1880, XC, p. 952-958, et *ibid.,* séance du 3 mai 1880, XC, p. 1030-1033 (*Œuvres complètes,* tome VI, p. 303-312).

— De l'atténuation du virus du choléra des poules, *Comptes rendus de l'Académie des sciences,* séance du 26 octobre 1880, XCI, p. 673-680 (*Œuvres complètes,* tome VI, p. 323-330).

11. Ces travaux ont eu d'autres applications que les vaccins. Dans ses recherches, Pasteur avait constaté que les lapins sont sensibles au choléra des poules. En 1888, il aida Mme Pommery à débarrasser ses caves à champagne des lapins qui les avaient envahies, en lui procurant le germe du choléra des poules afin de provoquer une épidémie de cette maladie chez ces animaux. Devant le succès de l'opération, il proposa au gouvernement australien, qui refusa, de détruire ainsi les lapins qui ravageaient le pays. Les colons américains avaient déjà compris le principe de cette guerre bactériologique, puisqu'ils propagèrent volontairement la variole chez les Indiens en leur offrant des couvertures contaminées.

SUR LES MALADIES VIRULENTES, ET EN PARTICULIER SUR LA MALADIE APPELÉE VULGAIREMENT CHOLÉRA DES POULES

Les maladies virulentes comptent parmi les plus grands fléaux. Pour s'en convaincre, il suffit de nommer la rougeole, la scarlatine, la variole, la syphilis, la morve, le charbon, la fièvre jaune, le typhus, la peste bovine, etc. Cette liste déjà si chargée est loin d'être complète. Toute la grande pathologie est là.

Aussi longtemps qu'ont régné les idées de Liebig sur la nature des ferments, les virus [114] furent considérées comme des substances livrées à un mouvement intestin, capable de se communiquer aux matériaux de l'organisme et de transformer ces derniers en virus de même nature. Liebig n'ignorait pas que l'apparition des ferments, leur multiplication et leur puissance de décomposition offrent avec les phénomènes de la vie des rapprochements saisissants ; mais ce n'est là, disait-il dans l'Introduction de son *Traité de chimie organique* [115], qu'un mirage trompeur.

Toutes les expériences que j'ai instituées depuis vingt-trois ans ont concouru, soit directement, soit indirectement, à démontrer l'inexactitude des opinions de Liebig [116]. Dès l'origine, c'est-à-dire dès l'année 1857, une méthode en quelque sorte unique m'a servi de guide dans l'étude des organismes microscopiques. Elle consiste essentiellement dans la culture de ces petits êtres à l'état de pureté, dégagés de toutes les matières hétérogènes mortes ou vivantes qui les accompagnent. Par l'emploi de cette méthode, les questions les plus ardues reçoivent parfois des solutions faciles et décisives. Je rappellerai une des premières applications que j'en ai faites (*Comptes rendus de l'Académie des sciences,* 1858). Les ferments, disait Liebig, sont toutes ces matières azotées de l'organisme, fibrine, albumine, caséine..., dans l'état d'altération qu'elles éprouvent par l'effet du contact de l'air. On ne connaissait pas, en effet, de fermentation où de telles matières ne fussent présentes et agissantes. La spontanéité était partout invoquée, dans l'origine et la marche des fermentations, comme dans celles des maladies. Afin de démontrer que l'hypothèse du savant chimiste allemand n'était, à son insu, pour me servir de son expression, qu'un mirage trompeur, je composai des milieux artificiels comprenant seulement de l'eau pure avec les substances minérales nécessaires à la vie, des matières fermentescibles et les germes des ferments de ces diverses matières [117]. Dans ces conditions, les fermentations s'accomplirent avec une régularité et une pureté, si l'on peut dire ainsi, qu'on ne trouvait pas toujours dans les fermentations spontanées de la nature. Toute matière albuminoïde se trouvant écartée, le ferment apparaissait comme un être vivant, qui empruntait à la matière fermentescible tout le carbone de ses générations successives, et au milieu minéral l'azote, le phosphore, le potassium, le magnésium, éléments dont l'assimilation est une des conditions indispensables de la formation de tous les êtres, grands ou petits.

Dès lors, non seulement la théorie de Liebig n'avait plus le moindre fondement, mais les phénomènes de fermentation se présentaient comme de simples phénomènes de nutrition, s'accomplissant dans des conditions exceptionnelles, dont la plus étrange et la plus significative, sans doute, est l'absence possible du contact de l'air [118]. La médecine humaine, comme la médecine vétérinaire, s'emparèrent de la lumière que leur apportaient ces nouveaux résultats. On s'empressa notamment de rechercher si les virus et les contages [119] ne seraient pas des êtres animés. Le docteur Davaine (1863) s'efforça de mettre en évidence les fonctions de la bactéridie du charbon [120], qu'il avait aperçue dès l'année 1850 ; le docteur Chauveau (1868) chercha à établir que la virulence était due aux particules solides antérieurement aperçues dans tous les virus [121] ; le docteur Klebs (1872) attribua à des organismes les virus traumatiques [122] ; le docteur Koch (1876), par la méthode des cultures, obtint les corpuscules germes de la bactéridie [123] semblables de tous points à ceux que j'avais signalés dans les vibrions (*Études sur la maladie des vers à soie,* 1870) ; et l'étiologie de plusieurs maladies fut rapportée à l'existence de ferments microscopiques. Aujourd'hui, les esprits les plus rebelles à la doctrine de la théorie des germes sont ébranlés. Mais quelle obscurité pourtant voile sur plusieurs points la vérité ! Dans la grande majorité des maladies virulentes, le virus n'a pu être isolé, encore moins démontré vivant par la méthode des cultures, et tout se réunit pour faire de ces inconnues de la pathologie des causes morbides mystérieuses. L'histoire des maladies qu'elles provoquent présente également des circonstances extraordinaires, au nombre desquelles il faut mettre en première ligne l'absence de récidive [124]. Quelle étrange circonstance ! C'est à peine si l'imagination trouve à hasarder de ce fait une explication hypothétique ayant une base expérimentale quelconque.

N'est-il pas plus surprenant encore d'observer que la vaccine, maladie virulente elle-même, mais bénigne, préserve et de la vaccine et d'une maladie plus grave, la petite vérole ? Et ces faits sont connus dès la plus haute antiquité ! La variolisation et la vaccination sont des pratiques connues dans l'Inde de temps immémorial, et lorsque Jenner démontra l'efficacité de la vaccine, le peuple des campagnes où il exerçait la médecine savait que la *picote* des vaches, ou cow-pox, préservait de la variole. Le fait de la vaccine est unique, mais le fait de la non-récidive des maladies virulentes paraît général. L'organisme n'éprouve pas deux fois les effets de la rougeole, de la scarlatine, du typhus, de la peste, de la variole, de la syphilis... ; du moins l'immunité persiste pendant un temps plus ou moins long.

Quoique l'humilité la plus grande soit une obligation en face de ces mystères, j'ose penser que l'Académie verra, dans les faits que je vais avoir l'honneur de lui communiquer, des éclaircissements inattendus sur les problèmes que soulève l'étude des maladies virulentes.

Parfois se déclare dans les basses-cours une maladie désastreuse, qu'on désigne vulgairement sous le nom de *choléra des poules.* L'animal en proie à cette affection est sans force, chancelant, les ailes tombantes. Les plumes du corps soulevées lui donnent la forme en boule. Une somnolence invincible l'accable. Si on l'oblige à ouvrir les yeux, il paraît sortir d'un profond sommeil et bientôt les paupières se referment, et le plus souvent la mort arrive sans que l'animal ait changé de place, après une muette agonie. C'est à peine si quelquefois il agite les ailes pendant quelques secondes. Les désordres intérieurs sont considérables. La maladie est produite par un organisme microscopique, lequel, d'après le Dictionnaire de Zundel [125], aurait été soupçonné, en premier lieu, par M. Moritz, vétérinaire de la haute Alsace, puis a été mieux figuré en 1878 par Perroncito [126], vétérinaire de Turin, et enfin retrouvé en 1879 par M. Toussaint, professeur à l'École vétérinaire de Toulouse, qui a démontré par la culture du petit organisme dans l'urine neutralisée que celui-ci était bien l'auteur de la virulence du sang [127].

Dans l'étude des maladies parasitaires microscopiques, la première et la plus utile condition à remplir est de se procurer un liquide où l'organisme infectieux puisse se cultiver facilement et toujours sans mélange possible avec d'autres organismes d'espèces différentes. L'urine neutralisée qui m'avait servi avec tant de succès pour démontrer qu'une culture répétée quelconque de la bactéridie de Davaine était bien le virus charbonneux [128], remplit mal ce double but. Mais un milieu de culture merveilleusement approprié à la vie du microbe du choléra des poules est le bouillon de muscles de poules, neutralisé par la potasse et rendu stérile par une température supérieure à 100° (110 à 115°). La facilité de multiplication de l'organisme microscopique dans ce milieu de culture tient du prodige. En quelques heures, le bouillon le plus limpide commence à se troubler et se trouve rempli d'une multitude infinie de petits articles d'une ténuité extrême, légèrement étranglés à leur milieu et qu'à première vue on prendrait pour des points isolés. Ces articles n'ont pas de mouvement propre. En quelques jours, ces êtres, déjà si petits quand ils sont en voie de multiplication, se changent en une multitude de points si diminués de volume que le liquide de culture, troublé d'abord jusqu'à être presque laiteux, devient à peine louche par la présence de points d'un diamètre non mesurable avec rigueur, tant il est faible. Le microbe dont il s'agit fait certainement partie d'un tout autre groupe que celui des vibrions [129]. J'imagine qu'il viendra se placer un jour auprès des virus, aujourd'hui de nature inconnue, lorsqu'on aura réussi à cultiver ces derniers, comme j'espère qu'on est à la veille de le faire.

La culture de notre microbe présente des particularités fort intéressantes.

Dans mes études antérieures, un des milieux de culture que j'ai utilisé avec le plus de succès est l'eau de levure [130], c'est-à-dire une décoction de levure de bière dans de l'eau, amenée par la filtration à un état de parfaite limpidité, puis rendue stérile par une température supérieure à 100°. Les organismes microscopiques les plus divers s'accommodent de la nourriture que leur offre ce liquide, surtout s'il a été neutralisé. Par exemple, vient-on à y semer la bactéridie charbonneuse, elle y prend en quelques heures un développement surprenant. Chose étrange, ce milieu de culture est tout à fait impropre à la vie du microbe du choléra des poules ; il y périt même promptement en moins de quarante-huit heures. N'est-ce pas l'image de ce qu'on observe quand un organisme microscopique se montre inoffensif pour une espèce animale à laquelle on l'inocule ? Il est inoffensif parce qu'il ne se développe pas dans le corps de l'animal ou que son développement n'atteint pas les organes essentiels à la vie [131].

La stérilité de l'eau de levure, ensemencée par le microbe qui nous occupe, offre un moyen précieux de reconnaître la pureté des cultures de cet organisme dans le bouillon de poules. Une culture pure ensemencée dans l'eau de levure n'y donne aucun développement ; l'eau de levure reste limpide. Elle se trouble et se cultive dans le cas contraire par les organismes d'impureté [132].

Je passe à une particularité plus singulière encore de la culture du microbe, auteur du choléra des poules. L'inoculation de cet organisme à des cochons d'Inde est loin d'amener la mort aussi sûrement qu'avec les poules. Chez les cochons d'Inde, d'un certain âge surtout, on n'observe souvent qu'une lésion locale au point d'inoculation, qui se termine par un abcès plus ou moins volumineux. Après s'être ouvert spontanément, l'abcès se referme et guérit, sans que l'animal ait cessé de manger et d'avoir toutes les apparences de la santé. Ces abcès se prolongent quelquefois pendant plusieurs semaines avant d'abcéder, entourés d'une membrane pyogénique et remplis de pus crémeux où le microbe fourmille à côté des globules de pus. C'est la vie du microbe inoculé qui fait l'abcès, lequel devient, pour le petit organisme, comme un vase fermé où il est facile d'aller le puiser, même sans sacrifier l'animal. Il s'y conserve, mêlé au pus, dans un grand état de pureté et sans perdre sa vitalité. La preuve en est que, si on inocule à des poules un peu du contenu de l'abcès, ces poules meurent rapidement, tandis que le cochon d'Inde qui a fourni la virus se guérit sans la moindre souffrance. On assiste donc ici à une évolution localisée d'un organisme microscopique qui provoque la formation de pus et d'un abcès fermé, sans amener de désordres intérieurs, ni la mort de l'animal sur lequel on le rencontre, et toujours prêt néanmoins à porter la mort chez d'autres espèces auxquelles on l'inocule ; toujours prêt même à faire périr l'animal sur lequel il existe à l'état d'abcès, si telles circonstances plus ou moins fortuites venaient à le faire passer dans le sang ou dans les organes splanchniques. Des poules ou des lapins qui vivraient en compagnie de cobayes portant de tels abcès pourraient tout à coup devenir malades et périr sans que la santé des cochons d'Inde parût le moins du monde altérée. Pour cela il suffirait que les abcès des cochons d'Inde venant à s'ouvrir répandissent un peu de leur contenu sur les aliments des poules et des lapins. Un observateur témoin de ces faits, et ignorant la filiation dont je parle, serait dans l'étonnement de voir décimés poules et lapins sans causes apparentes, et croirait à la spontanéité du mal ; car il serait loin de supposer qu'il a pris son origine dans les cochons d'Inde, tous en bonne santé, surtout s'il savait que les cochons d'Inde sont sujets, eux aussi, à la même affection. Combien de mystères dans l'histoire des contagions recevront un jour des solutions plus simples encore que celle dont je viens de parler ! Rejetons les théories que nous pouvons contredire par des faits probants, mais non par le vain prétexte que certaines de leurs applications nous échappent. Les combinaisons de la nature sont à la fois plus simples et plus variées que celles de notre imagination.

On sera mieux convaincu de ce que j'avance, si j'ajoute que quelques gouttes d'une culture de notre microbe, déposées sur du pain ou de la viande qu'on donne à manger à des poules, suffisent pour faire pénétrer le mal par le canal intestinal, où le petit organisme microscopique se cultive en si grande abondance que les excréments des poules ainsi infectées font périr les individus auxquels on les inocule. On se rend compte aisément, d'après ces faits, de la manière dont se propage, dans les basse-cours, la très grave maladie qui nous occupe. Évidemment, les excréments des animaux malades ont la plus grande part à la contagion. Aussi rien ne serait plus facile que d'arrêter celle-ci en isolant, pour quelques jours seulement, les animaux, lavant la basse-cour à très grande eau, surtout à l'eau acidulée avec un peu d'acide sulfurique, qui détruit facilement le microbe et empêche son développement, à l'acidité de moins de 1 gramme par litre, éloignant le fumier, puis réunissant les animaux. Toutes causes de contagion auraient disparu, parce que, pendant l'isolement, les animaux déjà atteints seraient morts, tant la maladie est rapide dans son action.

La culture répétée du microbe infectieux dans du bouillon de poule, en passant toujours d'une culture à la suivante par l'ensemencement d'une quantité pour ainsi dire infiniment petite, par exemple par ce que peut emporter la pointe d'une aiguille simplement plongée dans la culture, n'affaiblit pas la virulence de l'organisme microscopique, non plus, ce qui revient d'ailleurs à la même chose, que la facilité de sa multiplication à l'intérieur du corps des gallinacés. Cette virulence est si grande que, par l'inoculation d'une minime fraction de goutte d'une culture, vingt fois sur vingt la mort arrive en deux ou trois jours, et le plus souvent en moins de vingt-quatre heures.

Ces préliminaires étant connus, j'arrive aux faits les plus saillants de cette Communication.

Par certain changement dans le mode de culture, on peut faire que le microbe infectieux soit diminué dans sa virulence. C'est là le point vif de mon sujet. Je demande néanmoins la liberté à l'Académie de ne pas aller, pour le moment, plus avant dans ma confidence sur les procédés qui permettent de déterminer l'atténuation dont je parle, autant pour conserver quelque temps encore l'indépendance de mes études que pour mieux en assurer la marche [133].

La diminution dans la virulence se traduit dans les cultures par un faible retard dans le développement du microbe ; mais au fond il y a identité de nature entre les deux variétés de virus. Sous le premier de ses états, l'état très infectieux, le microbe inoculé peut tuer vingt fois sur vingt. Sous le second de ses états il provoque vingt fois sur vingt la maladie et non la mort.

Ces faits ont une importance facile à comprendre : ils nous permettent, en effet, de juger, en ce qui concerne la maladie qui nous occupe, le problème de sa récidive ou de sa non-récidive. Prenons quarante poules. Inoculons-en vingt avec le virus très virulent ; les vingt poules mourront. Inoculons les vingt autres avec le virus atténué ; toutes seront malades, mais elles ne mourront pas. Laissons-les se guérir et revenons ensuite pour ces vingt poules à l'inoculation du virus très infectieux. Cette fois il ne tuera pas. La conclusion est évidente : la maladie se préserve elle-même. Elle a le caractère des maladies virulentes, maladies qui ne récidivent pas [134]. Ne nous laissons pas éblouir par la singularité de ces résultats. Tout n'y est pas aussi nouveau qu'on pourrait le croire au premier abord. Ils ont cependant, sur un point capital, une nouveauté bien réelle qu'il s'agit de dégager. Avant Jenner, et lui-même a longtemps pratiqué cette méthode, comme je le rappelais tout à l'heure, on variolisait, c'est-à-dire qu'on inoculait la variole pour préserver de la variole. Aujourd'hui, dans divers pays, on clavelise les moutons pour les préserver de la clavelée ; on inocule la péripneumonie pour préserver de cette très grave affection de l'espèce bovine. Le choléra des poules vient de nous offrir l'exemple d'une immunité du même genre. C'est un fait digne d'intérêt, mais qui n'offre pas une nouveauté de principe. La nouveauté vraiment réelle des observations qui précèdent, nouveauté qui donne beaucoup à réfléchir sur la nature des virus, c'est qu'il s'agit ici d'une maladie dont l'agent virulent est un parasite microscopique, un être vivant, cultivable en dehors de l'économie. Le virus varioleux, le virus vaccin, le virus de la morve, le virus de la syphilis, le virus de la peste, etc., sont inconnus dans leur nature propre. Le virus nouveau est un être animé, et la maladie qu'il provoque offre avec les maladies virulentes proprement dites ce point de contact inconnu jusqu'ici dans les maladies virulentes à parasites microscopiques : le caractère de la non-récidive. Son existence jette, en quelque sorte, un pont entre le terrain propre aux maladies virulentes, à virus vivant, et celui des maladies à virus dont la vie n'a jamais été constatée.

Je ne voudrais pas laisser croire que les faits présentent la netteté et la régularité mathématiques que j'ai invoquées. Ce serait ne pas se rendre compte de tout ce qu'il y a de variabilité dans les constitutions d'animaux pris au hasard dans un groupe d'animaux domestiques et dans les manifestations de la vie en général. Non, le virus très virulent du choléra des poules ne tue pas toujours vingt fois sur vingt ; mais dans les faits qui ont passé sous mes yeux il a tué au minimum dix-huit fois sur vingt dans les cas où il n'a pas tué vingt fois. Non, le virus atténué dans sa virulence ne préserve pas toujours vingt fois sur vingt. Dans les cas de moindre préservation ça a été dix-huit et seize fois sur vingt. Il n'empêche pas davantage d'une manière absolue, et par une seule inoculation, la récidive de la maladie. On arrive plus sûrement à cette non-récidive par deux inoculations que par une seule.

Si nous rapprochons des résultats qui précèdent le grand fait de la vaccine dans ses rapports avec la variole, nous reconnaîtrons que le microbe affaibli qui n'amène pas la mort se comporte comme un vaccin [135] relativement à celui qui tue, puisqu'il provoque, en définitive, une maladie qu'on peut appeler bénigne, du moment qu'elle n'amène pas la mort et qu'elle peut préserver de la maladie sous sa forme mortelle. Que faudrait-il pour que ce microbe de virulence atténuée fût un véritable vaccin, comparable au vaccin du cow-pox ? Il faudrait, si je puis ainsi parler, qu'il fût fixé dans sa variété propre et qu'on ne fût point contraint de recourir toujours à sa préparation d'origine, quand on veut en user. En d'autres termes, on retrouve ici cette crainte qui pour un temps préoccupa Jenner. Lorsqu'il eut démontré que le cow-pox inoculé préservait de la variole, il crut que pour empêcher cette maladie on devait toujours s'adresser au cow-pox de la vache. C'est, à tout prendre, le point où nous en sommes, touchant l'affection du choléra des poules, avec cette différence, néanmoins, différence considérable, que nous savons que notre vaccin, à nous, est un être vivant. Jenner reconnut bientôt qu'il pouvait se passer du cow-pox de la vache et faire passer le vaccin de bras à bras. Nous pouvons faire une tentative analogue, en faisant passer notre microbe, être vivant, de culture en culture. Reprendra-t-il une virulence très active, ou conservera-t-il sa virulence discrète ? Pour étonnantes qu'elles doivent paraître, les choses arrivent conformément à cette seconde supposition : la virulence, du moins dans le petit nombre de cultures successives que j'ai tentées, ne s'est pas exaltée, et, en conséquence, on peut croire que nous avons affaire à un véritable vaccin. Bien plus, un ou deux essais sont favorables à l'idée que le virus atténué se conserve tel en passant dans le corps des cochons d'Inde. En sera-t-il de même à la suite de plusieurs cultures et de plusieurs inoculations ? Des expériences ultérieures pourront seules répondre à ces questions.

Quoi qu'il en soit, nous possédons aujourd'hui une maladie à parasite microscopique qu'on peut faire apparaître dans des conditions telles qu'elle ne récidive pas, malgré son caractère parasitaire. En outre, nous connaissons une variété de son virus qui se comporte vis-à-vis d'elle à la manière du vaccin vis-à-vis de la variole.

Avant d'aller plus loin, que l'Académie me permette d'entrer dans une digression fort digne d'intérêt. Il résulte de ce qui précède qu'on peut facilement se procurer des poules malades de l'affection que l'on désigne sous le nom de choléra des poules, sans que la mort soit une conséquence nécessaire de la maladie. Cela revient à dire qu'on peut assister à la guérison de tel nombre de ces animaux qu'on voudra. Or, je ne crois pas que la clinique chirurgicale ait jamais rencontré des phénomènes plus curieux que ceux qui se manifestent dans ces conditions de retour à la santé à la suite des inoculations faite dans les gros muscles pectoraux. Le microbe se multiplie dans l'épaisseur du muscle comme il le fait dans un milieu de culture. En même temps le muscle se tuméfie, durcit et blanchit à sa surface comme dans son épaisseur. Il devient tout lardacé, rempli de globules de pus, toutefois sans suppuration. Les éléments histologiques se rompent avec une grande facilité, parce que le microbe qui les imprègne, par îlots nombreux, les altère et les désagrège en se nourrissant d'une partie de leur substance. Je donnerai plus tard des figures coloriées représentant ces curieux désordres qu'entraîne la vie du microbe. Dans les cas de guérison, le parasite est arrêté peu à peu dans son développement et disparaît, en même temps que la partie nécrosée du muscle se rassemble, durcit et se loge dans une cavité dont toute la surface ressemble à celle d'une plaie bourgeonnante de très bonne nature. La partie nécrosée finit par constituer un séquestre [136] si bien isolé dans la cavité qui le renferme, qu'on le sent sous le doigt, à travers la peau, dans l'intérieur du muscle, et que, par la moindre incision, on peut le saisir avec une pince et l'extraire. La petite plaie faite à la peau se cicatrise tout de suite, et la cavité où le séquestre était logé se remplit peu à peu des éléments réparés du muscle. Je vais placer sous les yeux de l'Académie quelques-unes de ces démonstrations... Mais j'ai hâte de terminer par une explication qui paraîtra, sans nul doute, très légitime, du fait de la non-récidive de la maladie virulente en question. Considérons une poule très bien vaccinée par une ou plusieurs inoculations antérieures du virus affaibli. Réinoculons cette poule. Que va-t-il se passer ? La lésion locale sera pour ainsi dire insignifiante, relativement à celle que les premières inoculations ont produite. Celles-ci provoquent, la première surtout, une altération si grande du muscle que d'énormes séquestres se sentent sous les doigts. La cause des différences des effets de ces inoculations paraît résider tout entière dans une grande facilité relative du développement du microbe à la suite des premières inoculations, et pour la dernière, au contraire, dans un développement pour ainsi dire nul ou très faible et promptement arrêté. La conséquence de ces faits saute aux yeux, si l'on peut ainsi dire ; le muscle qui a été malade est devenu, après sa guérison et sa réparation, en quelque sorte impuissant à cultiver le microbe, comme si ce dernier, par une culture antérieure, avait supprimé dans le muscle quelque principe que la vie n'y ramène pas et dont l'absence empêche le développement du petit organisme [137]. Dans ma pensée, cette explication, à laquelle les faits les plus palpables nous conduisent en ce moment, deviendra vraisemblablement générale, applicable à toutes les maladies virulentes.

L'explication que je viens de donner de la non-récidive de la maladie du choléra des poules paraîtra d'autant plus plausible que, si après trois ou quatre jours d'ensemencement du microbe dans un milieu de culture, on vient à filtrer à froid ce dernier, à limpidité parfaite, et qu'on le réensemence après plusieurs jours d'épreuves de sa limpidité à une température de 30°, toute culture est devenue impossible. Cependant le poids de microbe formé tout d'abord était impondérable. Chose remarquable, ce liquide filtré devenu stérile est loin de garder cette stérilité vis-à-vis d'autres organismes microscopiques ; par exemple, il cultive la bactéridie charbonneuse, et cela permet de comprendre comment un organisme dans lequel une maladie virulente ne récidive plus est propre néanmoins à contracter une maladie virulente d'une autre nature. Il serait facile de donner le charbon à des poules vaccinées pour le choléra des poules.

Il me semblerait superflu de signaler les principales conséquences des faits que je viens d'avoir l'honneur d'exposer devant l'Académie. Il en est deux cependant qu'il n'est peut-être pas sans utilité de mentionner. C'est, d'une part, l'espoir d'obtenir des cultures artificielles de tous les virus ; de l'autre, une idée de recherche des virus-vaccins des maladies virulentes qui ont désolé à tant de reprises et désolent encore tous les jours l'humanité, et qui sont une des grandes plaies de l'agriculture dans l'élevage des animaux domestiques.

C'est un devoir et un plaisir pour moi d'ajouter en terminant que, dans ces délicates et longues études, j'ai été assisté avec beaucoup de zèle et d'intelligence par MM. Chamberland et Roux.

SUR LE CHOLÉRA DES POULES ; ÉTUDE DES CONDITIONS DE LA NON-RÉCIDIVE DE LA MALADIE ET DE QUELQUES AUTRES DE SES CARACTÈRES

Dans la Communication que j'ai eu l'honneur de faire à l'Académie au mois de février dernier [138], j'ai annoncé, entre autres résultats, que le choléra des poules était produit par un parasite microscopique, qu'il existait un virus atténué de cette maladie, qu'enfin une ou plusieurs inoculations de ce virus atténué peuvent préserver ces animaux des atteintes mortelles d'une inoculation ultérieure *. Par les liaisons frappantes que notre étude offre avec les effets de la vaccine et de la variole humaines, il y a un intérêt majeur à savoir si l'immunité dont il s'agit peut être absolue, non seulement pour les régions du corps qui ont subi l'inoculation préventive, mais quel que soit le point inoculé, quel que soit le mode d'in-

* MM. Moritz et Perroncito, et M. Toussaint [139] lui-même, quoiqu'il ait été plus loin que ses devanciers, avaient laissé indécise la question du parasitisme de cette maladie. Je me suis exprimé différemment dans ma précédente Note ; mais j'ai reconnu depuis que M. Toussaint n'avait pu obtenir des cultures successives dans l'urine neutre, mérite que, du reste, il ne s'attribue pas ; toutefois il a celui de les avoir tentées.

troduction de la maladie, quelle que soit la réceptivité de l'animal *.

Afin d'expliquer plus clairement et plus brièvement les résultats dont j'ai à rendre compte, qu'il me soit permis d'employer le mot *vacciner* [140] pour exprimer le fait de l'inoculation à une poule du virus atténué. Cette convention étant admise, je pourrai dire, sur la foi de nombreuses expériences, que les effets de la vaccination sont variables avec les poules ; que certaines résistent à un virus très virulent à la suite d'une inoculation préventive du virus atténué ; que d'autres exigent deux inoculations préventives et même trois ; que, dans tous les cas, toute inoculation préventive a son action propre, parce qu'elle prévient toujours dans une certaine mesure ; qu'en un mot, on peut vacciner à tous les degrés, et qu'il est toujours possible de vacciner d'une façon complète, c'est-à-dire d'amener la poule à ne plus pouvoir recevoir aucune atteinte du virus le plus virulent.

Je porterai plus sûrement la conviction dans les esprits si j'indique brièvement la marche et les résultats des expériences de démonstration.

Je prends quatre-vingts poules neuves. — J'appelle de ce nom les poules qui n'ont jamais eu la maladie

* Ce que j'ai entendu raconter, ce que j'ai lu de la vaccine humaine et ce que je puis inférer de mes expériences sur le choléra des poules, me portent à croire que la vaccine préserve rarement au *maximum*. Quel est, en effet, le vaccinateur qui oserait sans crainte exposer ses vaccinés à une épidémie meurtrière de variole ? On cite même bon nombre de personnes vaccinées qui ont eu la variole et chez lesquelles la vaccine s'est montrée ensuite efficace, qui ont repris la variole et qui ont eu trois fois cette affection. Je rapporterai ici textuellement une note manuscrite que M. le docteur Brouardel a eu l'obligeance de me remettre tout récemment :

« Mme C. D., vaccinée dans son enfance, vient à trente ans habiter Passy. Elle était grêlée à la suite d'une variole survenue après son mariage, c'est-à-dire vers vingt ou vingt-deux ans.

« Le docteur Ch. Martin la soigna en 1868 d'une nouvelle variole cohérente. Cette dame vint habiter Paris, rue de la Sorbonne, en 1869. Je la vaccinai avec succès en 1870. En 1874, nouvelle variole qui ne suppura pas ; par conséquent *varioloïde*.

« En 1877, cette dame quitta Paris pour Coutances. »

En résumé, deux vaccines et trois varioles, dont deux confluentes !

du *choléra des poules*, ni spontanée, ni communiquée. — A vingt d'entre elles j'inocule le virus très virulent : les vingt périssent. Des soixante qui restent, j'en distrais encore vingt et je les inocule par une seule piqûre, à l'aide du virus le plus atténué que j'aie pu obtenir *. Aucune ne meurt. Sont-elles vaccinées pour le virus très virulent ? Oui, mais seulement un certain nombre d'entre elles. En effet, si sur ces vingt poules je pratique l'inoculation du virus le plus virulent, six ou huit, par exemple, tout en étant malades, ne mourront pas, contrairement à ce qui a eu lieu pour les vingt premières poules neuves, dont vingt sur vingt ont péri [141]. Je distrais de nouveau du lot primitif vingt poules neuves que je vaccine par deux piqûres appliquées successivement après un intervalle de sept à huit jours. Seront-elles vaccinées pour le virus très virulent ? Afin de le savoir, réinoculons-les par ce virus. Cette fois-ci, contrairement aux résultats de la deuxième expérience, ce n'est plus six ou huit qui ne mourront pas, mais douze ou quinze. Enfin, si je distrais encore vingt poules du lot primitif et que je les vaccine successivement par le virus atténué, non pas une fois, mais trois ou quatre, la mortalité par l'inoculation du virus très virulent, la maladie même seront nulles. Dans ce dernier cas, les animaux sont amenés aux conditions de ceux qui ne contractent jamais le choléra des poules.

Quant à la cause de la non-récidive, on ne peut se défendre de l'idée que le microbe, auteur de la maladie, trouve dans le corps de l'animal un milieu de culture, et que, pour satisfaire aux actes de sa propre vie, il altère ou détruit, ce qui revient au même, certaines matières, soit qu'il les élabore à son profit, soit qu'il les brûle par l'oxygène qu'il emprunte au sang.

Lorsque l'immunité complète est atteinte, on peut inoculer le microbe le plus virulent dans des muscles quelconques, sans produire le moindre effet, c'est-

* Car il y a des degrés dans l'atténuation comme il y en a dans la virulence, double circonstance dont j'espère donner ultérieurement la véritable interprétation.

à-dire que toute culture est devenue impossible dans ces muscles. Ils ne contiennent plus d'aliments pour le microbe [142].

On ne peut rendre l'impression que l'on éprouve à la vue de ces phénomènes. Voici vingt poules qui n'ont jamais subi les atteintes de la maladie : je les inocule au muscle pectoral par le virus très virulent, ou plutôt au muscle de la cuisse, afin de suivre plus commodément les effets de la piqûre infectieuse. Le lendemain, toutes les poules sont couchées, très boiteuses, saisies d'un profond sommeil ; le muscle inoculé est énorme, tout lardacé dans son intérieur, rempli à profusion du parasite. Puis d'heure en heure la mort frappe tantôt une des poules, tantôt une autre. En quarante-huit heures les vingt poules ont péri. Voici, d'autre part, vingt poules préalablement vaccinées au *maximum,* inoculées à la même heure que les précédentes, à la même place, par le même virus, employé en même quantité ; le lendemain ou le surlendemain, toutes sont vives, alertes, mangent, gloussent ; les coqs chantent ; c'est le mouvement, c'est la vie dans toute la plénitude de la santé, et les muscles de la cuisse dans la région inoculée ne présentent rien d'anormal ; souvent même on n'aperçoit pas la trace de la piqûre, et cet état de santé est durable.

Mais cette suppression de la possibilité de culture du parasite dans les muscles n'est-elle pas propre seulement à ceux des muscles qui ont reçu les inoculations préventives ? Il importe donc de rechercher ce qui arriverait en faisant pénétrer le virus mortel, soit par le système sanguin, soit par les voies digestives. J'ai pris dix poules vierges de toute inoculation, et dix autres vaccinées au *maximum ;* à toutes, le virus le plus virulent a été injecté dans la jugulaire. Les dix premières poules sont mortes rapidement, plusieurs déjà après vingt-quatre heures. Les dix poules vaccinées ont guéri, au contraire, sans avoir été malades, si ce n'est d'une manière peu accusée, à cause de l'incision à la peau et à la jugulaire. Le sang lui-même était donc *vacciné,* si l'on peut s'exprimer ainsi, c'est-à-dire que les cultures préventives lui avaient enlevé ses matériaux de culture pour le microbe [143].

Et quelles seraient les suites de l'introduction de la maladie par les voies digestives ? Essayons de provoquer une épidémie analogue à celles qui frappent les basses-cours, à l'aide de repas souillés par la présence du parasite. Le 11 mars, je réunis dans le même local douze poules, achetées aux Halles le matin, avec douze autres vaccinées préalablement *au maximum*. Chaque jour je donne à ces vingt-quatre poules un repas de muscles malades d'une poule morte du microbe. Les jours suivants, la maladie et la mortalité s'accusent parmi les douze poules non vaccinées, qu'on distingue au milieu des autres, parce qu'on a eu le soin de passer à travers la crête des *vaccinées* un fil de platine. Le 26 mars, on met fin à l'expérience : sept poules non vaccinées ont succombé, et l'autopsie a montré, à n'en pas douter, que le mal s'est insinué, soit par les premières voies digestives, soit et le plus souvent par les intestins, généralement très enflammés et quelquefois ulcérés sur une grande longueur, d'ordinaire dans la portion qui suit le gésier, rappelant par leurs lésions celles de la fièvre typhoïde *. Les cinq autres poules non vaccinées sont malades, une de la façon la plus grave **. Des douze vaccinées pas une n'est morte, et aujourd'hui toutes vivent encore et sont bien portantes.

Nous pouvons résumer comme il suit les résultats que je viens d'exposer :

C'est la vie d'un parasite à l'intérieur du corps qui détermine la maladie appelée vulgairement *choléra des poules* et qui amène la mort.

* Le sang est rempli du microbe, et les organes internes sont couverts assez fréquemment de pus et de fausses membranes, principalement du côté des anses intestinales, par où le microbe paraît avoir visiblement pénétré.

** Elle est morte le 8 avril ; une autre, le 23 avril ; trois se sont guéries. En tout, neuf mortes sur douze. Les mortes du 8 et du 23 avril avaient le sang contenant le microbe et, dans l'abdomen, des suites de péritonite accusées par des fausses membranes sur les intestins, etc.

Du moment où cette culture n'est plus possible dans la poule, la maladie ne peut apparaître. Les poules sont alors dans l'état constitutionnel des animaux que le *choléra des poules* n'atteint jamais. Ces derniers animaux sont comme *vaccinés* de naissance pour cette maladie, parce que l'évolution fœtale n'a pas introduit dans leurs corps des aliments propres à la vie du microbe, ou que ces matières nutritives ont disparu dans le jeune âge [144].

Certes, on n'a pas lieu de trop s'étonner qu'il y ait des constitutions tantôt aptes, tantôt rebelles aux inoculations, c'est-à-dire aux cultures de certains virus, lorsque, comme je l'ai annoncé dans ma première Note, on voit le bouillon de levure de bière, préparé exactement comme le bouillon de muscles de poules, se montrer absolument impropre à la culture du parasite du *choléra des poules,* tandis qu'il se prête à merveille à la culture d'une multitude d'espèces microscopiques, notamment de la bactéridie charbonneuse.

L'explication à laquelle les faits nous conduisent, tant de la résistance constitutionnelle de certains animaux que de l'immunité que créent chez les poules des inoculations préventives, n'a rien non plus que de naturel, quand on considère que toute culture, en général, modifie le milieu où elle s'effectue : modification du sol, s'il s'agit des plantes ordinaires ; modification des plantes ou des animaux, s'il s'agit de leurs parasites ; modification de nos liquides de culture, s'il s'agit des mucédinées, des vibrioniens ou des ferments. Ces modifications se manifestent et se caractérisent par cette circonstance que des cultures nouvelles des mêmes espèces dans ces milieux deviennent promptement difficiles ou impossibles. Que l'on ensemence du bouillon de poule avec le microbe du *choléra,* et qu'après trois ou quatre jours on filtre le liquide pour éloigner toute trace du microbe ; qu'en dernier lieu on ensemence de nouveau le liquide filtré par ce parasite : celui-ci se montrera tout à fait impuissant à reprendre le plus faible développement.

D'une parfaite limpidité après sa filtration, le liquide garde indéfiniment cette limpidité.

Comment ne pas être porté à croire que, par la culture dans la poule du virus atténué, on place le corps de celle-ci dans l'état de ce liquide filtré qui ne peut plus cultiver le microbe ? La comparaison peut se poursuivre plus loin encore ; car si l'on filtre du bouillon en pleine culture de microbe, non pas le quatrième jour de la culture, mais le second, le liquide filtré sera encore apte à cultiver de nouveau le microbe, quoique avec moins d'énergie qu'au début. On comprend ainsi qu'après une culture du microbe atténué dans le corps de la poule, on puisse ne pas avoir enlevé dans toutes les parties de son corps les aliments du microbe. Ce qui en reste permettra donc une nouvelle culture, mais également dans une mesure plus discrète. C'est l'effet d'une première *vaccine.* Des inoculations subséquentes enlèveront progressivement tous les matériaux de culture du parasite. En conséquence, par l'action du mouvement circulatoire [145], un moment viendra forcément où toute culture nouvelle sur l'animal restera stérile. C'est alors que la maladie ne pourra récidiver et que le sujet sera tout à fait vacciné. On pourrait s'étonner qu'une première culture de virus atténué s'arrête avant que les matières nutritives du microbe soient épuisées. Mais il ne faut pas oublier que le microbe, être aérobie, n'est pas du tout, dans le corps de l'animal, dans les mêmes conditions que dans un milieu artificiel de culture. Ici, pas d'obstacle à sa multiplication ; dans le corps, au contraire, il est sans cesse en lutte avec les cellules des organes, cellules qui, elles aussi, sont des êtres aérobies, toujours prêts à s'emparer de l'oxygène.

Est-ce bien là néanmoins la seule explication possible des phénomènes ? Non, à la rigueur. On peut se rendre compte des faits de non-récidive en admettant que la vie du microbe, au lieu d'enlever ou de détruire certaines matières dans le corps des animaux, en ajoute, au contraire, qui seraient pour ce microbe un obstacle à un développement ultérieur. L'histoire de la vie des êtres inférieurs, de tous les êtres en général, autorise une telle supposition. Les excrétions nées du fonctionnement vital peuvent s'opposer à un fonctionnement vital de même nature. Dans certaines fermentations, on voit des produits antiseptiques prendre naissance pendant et par la fermentation même, et mettre fin à la vie active des ferments et aux fermentations, longtemps avant l'achèvement de celles-ci. Dans les cultures de notre microbe, il pourrait y avoir formation de produits dont la présence expliquerait à la rigueur la non-récidive et la vaccination.

Nos cultures artificielles du parasite vont encore nous permettre de contrôler cette hypothèse. Préparons une culture artificielle du microbe, et, après l'avoir fait évaporer à froid et dans le vide, ramenons-la à son volume primitif au moyen d'un bouillon de culture. Si l'extrait contient un poison pour la vie du microbe, et si telle est la cause de la non-culture possible du liquide filtré, l'ensemencement du nouveau milieu devra être stérile. Or, il n'en est rien. On ne peut donc croire que pendant la vie du parasite apparaissent des substances capables de s'opposer à son développement ultérieur. Cette observation corrobore l'opinion à laquelle nous avons été conduits, tout à l'heure, sur les causes de la non-récidive de certaines maladies virulentes.

Au sujet des propriétés de ces extraits de culture artificielle du microbe du choléra des poules, une question se présente. Nous venons de démontrer que ces extraits ne renferment pas de substances capables d'empêcher la culture du microbe. Mais n'en contiendraient-ils pas qui seraient propres à *vacciner* les poules ? J'ai préparé une culture dont le volume n'était pas moindre que 120 centimètres cubes. Filtrée et évaporée à froid, toujours par des manipulations incapables d'altérer sa pureté, cette culture a laissé un extrait qui a été redissous par 2 centimètres cubes d'eau pure, qu'on a injectés ensuite en totalité sous la peau d'une poule neuve. Quelques jours après, la poule, inoculée par un virus très virulent, a pris le choléra et est morte dans les conditions ordinaires des poules *non vaccinées.*

Ce genre d'expériences conduit à une observation aussi nouvelle que curieuse sous le rapport pathologique.

Lorsqu'on injecte sous la peau d'une poule neuve en très bonne santé l'extrait d'une culture filtrée du microbe, correspondant à un développement très abondant du parasite, la poule, après un désordre nerveux qui se dissipe en un quart d'heure et quelquefois se manifeste simplement par une respiration un peu haletante et un mouvement du bec qui s'ouvre et se referme à courts intervalles ; la poule, dis-je, prend la forme en boule, reste immobile, refuse de manger, et éprouve une tendance au sommeil des plus prononcée, comme dans le cas de maladie par inoculation du microbe. La seule différence consiste en ce que le sommeil est plus léger que dans la maladie réelle : la poule se réveille au moindre bruit. Cette somnolence dure environ quatre heures ; après quoi la poule redevient alerte, porte la tête haute, mange et glousse comme si de rien n'était *.

* Voici la suite des observations dans une des expériences :

Le 4 mars, à dix heures et demie, on inocule sous la peau d'une poule neuve l'extrait d'une culture achevée du microbe du choléra des poules, d'un volume de 120 centimètres cubes. Après quelques instants de respiration haletante, la langue s'agite dans le bec ouvert. Au bout d'un quart d'heure environ se manifeste déjà la tendance au sommeil. Le bec est fermé, la poule calme, immobile, un peu en boule. Elle ferme les yeux, les rouvre au moindre bruit, puis les referme. Quelquefois la tête s'affaisse par le sommeil. Si on la touche à peine, elle se réveille, devient vive, étonnée ; puis bientôt la tendance au sommeil la reprend.

Midi. — Même état ; elle refuse de manger. Elle est très somnolente. La tête tombe pendant que les yeux sont fermés, mais toujours le moindre bruit la réveille. Elle a l'attitude des poules malades : un peu en boule et la queue tombante. Je place à côté d'elle, dans une cage voisine, une poule inoculée la veille, déjà bien malade et qui sera morte le lendemain. On ne saurait dire quelle est la plus malade. Cependant la malade de la maladie réelle a le sommeil un peu plus profond.

Une heure et demie. — Toujours endormie, si peu qu'elle soit laissée tranquille. Tête tombante ; corps en boule, immobile, ne

J'ai reproduit plusieurs fois cette expérience en observant les mêmes faits, et comme, dans chaque épreuve, j'avais eu le soin de vérifier qu'un extrait de bouillon pur qui n'a pas cultivé du microbe ne donne lieu à aucune manifestation analogue, j'ai acquis la conviction que pendant la vie du parasite il se fait un narcotique ou un stupéfiant, et que c'est ce narcotique qui provoque le symptôme morbide si prononcé du sommeil dans le choléra des poules [146].

Par les actes de sa nutrition, le microbe fait la gravité de la maladie et amène la mort. On peut aisément le comprendre. Le microbe, par exemple, est aérobie ; il absorbe pendant sa vie de grandes quantités d'oxygène et il brûle beaucoup des principes de son milieu de culture, ce dont il est facile de s'assurer en comparant les extraits du bouillon de poule avant et après la culture du petit organisme. Tout annonce que cet oxygène nécessaire à sa vie, il le prend aux globules sanguins, à travers les vaisseaux ; et la preuve en est que pendant la vie, et souvent encore lors des approches de la mort, on voit la crête des animaux malades devenir violacée, alors que le microbe n'existe pas encore dans le sang, ou en quantité si faible qu'il échappe à l'observation microscopique. Ce genre d'asphyxie serait un des traits les plus curieux de la maladie qui nous occupe, s'il était prouvé qu'il ne peut être attribué à une circulation rendue difficile par la maladie elle-même.

Quoi qu'il en soit, l'animal meurt par les désordres profonds qu'amène la culture du parasite dans son corps, par la péricardite et autres épanchements séreux, par les altérations dans les organes internes,

---

mangeant pas, mais toujours réveillée par le moindre bruit.

Deux heures. — Même état ; quelquefois elle lève tout à coup la tête, ouvre les yeux comme si elle sortait d'un rêve.

Trois heures. — Elle reprend de la vivacité. Elle commence à manger. Elle a la tête haute, l'aspect des poules les mieux portantes. Plus de somnolence. Elle fait la toilette de ses plumes. Tout est fini.

Rien de particulier dans la soirée et les jours suivants. Santé parfaite. L'effet de l'injection hypodermique a duré environ quatre heures.

par l'asphyxie ; mais l'acte du sommeil correspond à un produit né pendant la vie du microbe, agissant sur les centres nerveux. L'indépendance des deux effets dans les symptômes de la maladie est établie encore par cette circonstance que l'extrait d'une culture filtrée du microbe endort également les poules vaccinées au *maximum*. Cependant je devrai m'efforcer d'isoler le narcotique, rechercher si à certaine dose il ne peut provoquer la mort et voir si, dans ce cas, la mort serait accompagnée des désordres internes de la maladie ordinaire.

Ces faits provoqueront sans nul doute les méditations des pathologistes.

Malgré la longueur, peut-être exagérée déjà, de cette lecture, que l'Académie veuille bien me permettre de lui signaler brièvement quelques autres particularités de la maladie du *choléra des poules*.

Cette maladie, nous le savons, est terrible et rapidement mortelle, surtout par les suites d'une inoculation directe de son microbe. Il est donc assurément fort remarquable qu'elle se présente quelquefois, ainsi que nous allons le constater, à l'état chronique. On voit, en effet, dans certains cas, des poules inoculées qui, après avoir été très malades, ne meurent pas et éprouvent, au contraire, comme une guérison relative. Toutefois elles mangent peu, deviennent souvent anémiques, ce que prouve la décoloration de leur crête, maigrissent de plus en plus et finissent par succomber après des semaines et des mois de langueur. Ce fait n'aurait qu'une importance secondaire, si dans ces singulières circonstances il n'arrivait, le plus souvent, que le microbe se retrouve dans le corps au moment de la mort, preuve manifeste que le parasite était conservé dans l'animal depuis la dernière inoculation, toujours présent, toujours actif, mais dans une mesure très discrète, puisqu'il n'amène la mort que tardivement. Il se trouve logé, sans doute, dans quelque partie *vaccinée*, impropre par cela même à une culture facile [147]. Les poules vaccinées, principalement, offrent ce genre de maladie qui, à vrai dire, n'est pas fréquent. On pourrait croire que dans ces conditions il doit y avoir transformation du virus virulent en virus atténué ; ce serait une erreur. Dans les cas dont je parle la virulence du microbe est tout au contraire exaltée, ce dont on peut s'assurer en le faisant sortir du sang de la poule morte par la voie des cultures, et en l'inoculant ensuite à des poules neuves.

De tels faits aideront à comprendre la possibilité de ces longues incubations de virus, celui de la rage, par exemple, qui, après avoir existé longtemps dans le corps, en quelque sorte à l'état latent, manifestent tout à coup leur présence par la virulence la plus accentuée et la mort [148].

N'éclaireront-ils pas également la pathologie humaine ? Hélas ! combien de fois ne voit-on pas les maladies de l'ordre des maladies virulentes, telles que la rougeole, la scarlatine, la fièvre typhoïde, avoir des suites graves, de très longue durée, souvent inguérissables ! Les circonstances que je viens de mentionner sont de même nature, mais ici nous touchons du doigt leur véritable cause.

Je finis par la constatation d'une autre particularité qui ne mérite pas à un moindre degré les méditations des hommes de l'art.

Dans des poules très bien vaccinées, très bien portantes, il apparaît quelquefois, sur tel ou tel point du corps, un abcès rempli de pus qui n'amène aucun trouble dans la santé de l'animal. Il est remarquable que cet abcès soit encore dû au microbe du choléra, qui s'y conserve comme dans un vase, ne pouvant se propager, sans nul doute parce que la poule est vaccinée. On peut le retirer du pus de l'abcès par la culture ou par l'inoculation à des poules neuves, qu'il tue après s'être abondamment développé dans la région inoculée, à la manière ordinaire. Ces faits rappellent de tout point les abcès des cochons d'Inde dont j'ai parlé dans ma précédente Communication [149], et en donnent une explication rationnelle. Il est très vraisemblable que les muscles des cobayes cultivant le microbe plus lentement, plus difficilement que ceux des poules, le mal se borne à un abcès et la guérison devient possible.

Je craindrais d'abuser des moments de l'Académie si je ne bornais là cet exposé. Le sujet est si vaste et si fécond que je lui demande de vouloir bien me permettre de renvoyer à des lectures prochaines le compte rendu d'autres observations, auxquelles je joindrai celles que je vais de nouveau recueillir. « On ne donnerait jamais rien au public, a dit Lavoisier, si l'on attendait d'avoir atteint le bout de la carrière qui se présente successivement et qui paraît s'étendre à mesure qu'on avance pour la parcourir. » Aussi bien n'est-il pas sans utilité pour moi que les jugements des hommes compétents m'éclairent ou m'obligent à un contrôle qui ne pourra que fortifier et agrandir ces recherches.

DE L'ATTÉNUATION DU VIRUS DU CHOLÉRA DES POULES

Des divers résultats que j'ai eu l'honneur de communiquer à l'Académie sur l'affection vulgairement appelée *choléra des poules*, je prends la liberté de rappeler les suivants :

1° Le choléra des poules est une maladie virulente au premier chef.

2° Le virus est constitué par un parasite microscopique qu'on multiplie aisément par la culture, en dehors du corps des animaux que le mal peut frapper. De là, la possibilité d'obtenir le virus à l'état de pureté parfaite et la démonstration irréfutable qu'il est seul agent de maladie et de mort.

3° Le virus offre des virulences variables. Tantôt la maladie est suivie de la mort ; tantôt, après avoir provoqué des symptômes morbides d'une intensité variable, elle est suivie de guérison.

4° Les différences que l'on constate dans la puissance du virus ne sont pas seulement le résultat d'observations empruntées à des faits naturels : l'expérimentateur peut les provoquer à son gré.

5° Comme cela arrive, en général, pour toutes les maladies virulentes, le choléra des poules ne récidive pas, ou plutôt la récidive se montre à des degrés qui sont en sens inverse de l'intensité plus ou moins grande des premières atteintes de l'affection, et il est toujours possible de pousser la préservation assez loin pour que l'inoculation du virus le plus virulent ne produise plus du tout d'effet.

6° Sans vouloir rien affirmer présentement sur les rapports des virus varioleux et vaccinal humains [150], il est sensible par les faits précédents que, dans le choléra des poules, il existe des états du virus qui, relativement au virus le plus virulent, font l'office du vaccin humain relativement au virus varioleux. Le virus vaccin proprement dit donne une maladie bénigne, la vaccine, qui préserve d'une maladie plus grave, la variole. Pareillement, le virus du choléra des poules présente des états de virulence atténuée qui donnent la maladie et non la mort, et dans de telles conditions que, après guérison, l'animal peut braver l'inoculation d'un virus très virulent. La différence est grande cependant, à certains égards, entre les deux ordres de faits, et il n'est pas inutile de remarquer que, sous le rapport des connaissances et des principes, l'avantage est du côté des études sur le choléra des poules : tandis qu'on discute encore sur les relations de la variole et de la vaccine, nous avons la certitude que le virus atténué du choléra dérive du virus très virulent propre à cette maladie, qu'on passe directement du premier de ces virus au second, en un mot, que leur nature fondamentale est la même [151].

Le moment est venu de m'expliquer sur l'assertion capitale qui fait le fond de la plupart des propositions précédentes, à savoir qu'il existe des états variables de virulence dans le choléra des poules : étrange résultat assurément, quand on songe que le virus de cette affection est un organisme microscopique qu'on peut manier à l'état de pureté parfaite, comme on manie la levure de bière ou le mycoderme du vinaigre. Et pourtant, si l'on considère de sang-froid cette donnée mystérieuse de la virulence variable, on ne tarde pas à reconnaître qu'elle est probablement commune aux diverses espèces de ce groupe des maladies virulentes. Où donc est l'unicité dans l'un ou l'autre des fléaux qui composent ce groupe ? Pour ne citer qu'un exemple, ne voit-on pas des épidémies de variole très graves à côté d'autres presque bénignes, sans que les différences puissent être attribuées à des conditions extérieures, de climat ou de constitution des individus atteints ? Ne voit-on pas également les grandes contagions s'éteindre peu à peu pour reparaître plus tard et s'éteindre de nouveau ?

La notion de l'existence d'intensités variables d'un même virus n'est donc pas faite, à la rigueur, pour surprendre le médecin ou l'homme du monde, quoiqu'il y ait un immense intérêt à ce qu'elle soit scientifiquement établie. Dans le cas particulier qui nous occupe, le mystère apparaît surtout dans cette circonstance que, le virus étant un parasite microscopique, les variations dans sa virulence sont à la merci de l'observateur. C'est ce que je dois établir avec rigueur.

Prenons pour point de départ le virus du choléra dans un état très virulent, le plus virulent possible, si l'on peut ainsi dire. Antérieurement, j'ai fait connaître un curieux moyen de l'obtenir avec cette propriété. Il consiste à aller recueillir le virus dans une poule qui vient de mourir, non de la maladie aiguë, mais de la maladie chronique [152]. J'ai fait observer que le choléra se présente quelquefois sous cette dernière forme. Les cas en sont rares, quoiqu'il ne soit pas très difficile d'en rencontrer des exemples. Dans ces conditions, la poule, après avoir été très malade, maigrit de plus en plus et résiste à la mort pendant des semaines et des mois. Lorsqu'elle périt, ce qui a lieu peu de temps après que le parasite, localisé jusque-là dans certains organes, a passé dans le sang et s'y cultive, on observe que, quelle qu'ait été la virulence originelle du virus au moment de l'inoculation, celui qu'on extrait du sang de l'animal qui a mis un si long temps à mourir est d'une virulence considérable, qui tue ordinairement dix fois sur dix, vingt fois sur vingt.

Cela posé, faisons des cultures successives de ce virus, à l'état de pureté, dans du bouillon de muscles de poule, en prenant chaque fois la semence d'une culture dans la culture précédente, et essayons la virulence de ces cultures diverses. L'observation démontre que cette virulence ne change pas d'une manière sensible. En d'autres termes, si nous convenons que deux virulences sont identiques lorsque, en opérant dans les mêmes conditions sur un même nombre d'animaux de même espèce, la proportion de la mortalité est la même dans le même temps, nous constaterons que pour nos cultures successives la virulence est la même *.

Dans ce que je viens de dire, j'ai passé sous silence la durée de l'intervalle d'une culture à la culture voisine, ou, si l'on veut, la durée de l'intervalle d'un ensemencement à l'ensemencement suivant, et son influence possible sur les virulences successives. Portons notre attention sur ce point, quelque minime que paraisse son importance. Pour un intervalle d'un à

* L'égalité dans la virulence, étant ainsi définie, ne doit pas être considérée comme une donnée absolue, parce qu'elle se trouve fonction du nombre des animaux inoculés. Que la mortalité soit la même dans deux séries de dix animaux, notre convention nous invite à dire que la virulence est la même pour les deux virus inoculés ; une différence aurait pu s'accuser si l'on eût opéré, non sur deux séries de dix animaux, mais sur deux séries de cent. Que deux virus, inoculés chacun séparément à cent poules, fournissent des mortalités de soixante sujets dans un cas et de cent dans l'autre ; l'épreuve, reprise sur dix, et dix poules seulement, pourra conduire, même dans plusieurs expériences successives, à l'égalité des virulences, si l'on s'en tient à notre convention sur la manière d'évaluer cette égalité. Or, nous voyons qu'en réalité elles différeraient dans les rapports de 60 à 100.

Toutefois, il faut adopter une convention, parce que, dans ce genre d'études, on est forcément limité par la convenance de ne pas pousser trop loin le nombre des victimes et de ne pas exagérer outre mesure la dépense toujours très grande de ces expériences.

huit jours, les virulences successives n'ont pas changé. Pour un intervalle de quinze jours, même résultat. Pour un intervalle d'un mois, de six semaines, de deux mois, on n'observe pas d'avantage de changement dans les virulences. Toutefois, à mesure que l'intervalle grandit, on croit saisir parfois, à certains signes de peu de valeur apparente, comme un affaiblissement du virus inoculé. Par exemple, la rapidité de la mort, sinon la proportion dans la mortalité, subit des retards. Dans les diverses séries inoculées, on voit des poules qui languissent, très malades, souvent très boiteuses, parce que le parasite, dans sa propagation à travers les muscles, a atteint ceux de la cuisse ; les péricardites traînent en longueur ; des abcès apparaissent autour des yeux ; enfin le virus a perdu, pour ainsi dire, de son caractère foudroyant. Allons donc encore au-delà des intervalles précités, avant la reprise et le renouvellement des cultures. Portons leurs durées à trois, à quatre, à cinq, à huit mois et plus, avant d'étudier la virulence des développements du nouvel être microscopique. Cette fois, la scène change du tout au tout. Les différences dans les virulences successives, qui jusque-là ne s'accusaient pas ou qui s'accusaient d'une manière douteuse, vont se traduire maintenant par des effets considérables [153].

Avec de tels intervalles dans les ensemencements, il arrive que, à la reprise des cultures, au lieu de virulences identiques, c'est-à-dire de mortalité de dix poules sur dix poules inoculées, on tombe sur des mortalités descendantes de neuf, huit, sept, six, cinq, quatre, trois, deux, une sur dix, et quelquefois même la mortalité est absente, c'est-à-dire que la maladie se manifeste sur tous les sujets inoculés et que tous guérissent. En d'autres termes, dans un simple changement du mode de culture du parasite, dans le seul fait d'éloigner les époques des ensemencements, nous avons une méthode pour obtenir des virulences progressivement décroissantes, et finalement un vrai virus vaccinal, qui ne tue pas, donne la maladie bénigne et préserve de la maladie mortelle.

Il ne faudrait pas croire que pour toutes ces atténuations les choses se passent avec une fixité et une régularité mathématiques. Telle culture qui attend depuis cinq ou six mois son renouvellement peut montrer une virulence toujours considérable, tandis que d'autres de même origine seront déjà très atténuées après trois ou quatre mois d'attente. Nous aurons bientôt l'explication de ces anomalies, qui ne sont qu'apparentes. Souvent même il y a comme un saut brusque d'une virulence encore fort grande à la mort du parasite microscopique et pour un intervalle de peu de durée : en passant d'une culture à la suivante, on est surpris par l'impossibilité de tout développement ; le parasite est mort. La mort du parasite est d'ailleurs une circonstance habituelle et constante toutes les fois qu'avant la reprise des cultures on laisse s'écouler un temps suffisant.

Et maintenant, l'Académie connaît le véritable motif du silence dans lequel je me suis renfermé et pourquoi j'ai réclamé la liberté d'un délai avant de l'informer de ma méthode d'atténuation [154]. Le temps était un élément de ma recherche.

Au cours des phénomènes, que devient donc l'organisme microscopique ? Change-t-il de forme, d'aspect, en changeant de virulence d'une manière aussi profonde ? Je n'oserais pas affirmer qu'il n'existe pas certaines correspondances morphologiques entre le parasite et les virulences diverses qu'il accuse, mais je dois avouer qu'il m'a été jusqu'ici impossible de les saisir et que, si elles se montrent réellement, elles disparaissent, pour l'œil armé du microscope, devant la petitesse si grande du virus. Les cultures sont pareilles pour toutes les virulences. Si l'on croit parfois apercevoir de faibles changements, ils semblent bientôt n'être qu'accidentels, car ils s'effacent ou se produisent en sens inverse dans des cultures nouvelles.

Ce qui est digne de remarque, c'est que, si l'on prend chaque variété de virulence comme point de départ de nouvelles cultures successives faites à intervalles rapprochés, la variété de virulence se conserve avec son intensité propre. S'agit-il, par exemple, d'un virus atténué qui ne tue plus qu'une fois sur dix, il garde cette virulence dans ses cultures, si les intervalles des ensemencements ne sont pas exagérés. Chose également intéressante, quoiqu'elle soit dans le sens général des observations précédentes, un intervalle d'ensemencement qui suffit pour faire périr un virus atténué respecte un virus plus virulent qui peut bien en être atténué de nouveau, mais qui n'en meurt pas nécessairement.

Au point où nous sommes arrivés, une importante question se présente, celle de la cause de la diminution de la virulence.

Les cultures du parasite se font nécessairement au contact de l'air, parce que notre virus est un être aérobie et qu'à l'abri de l'air son développement n'est pas possible. Il est donc naturel de se demander, tout d'abord, si ce ne serait pas dans le contact de l'oxygène de l'air que réside l'influence affaiblissante de la propriété de virulence [155]. Ne se pourrait-il pas que le petit organisme qui constitue le virus, restant abandonné en présence de l'oxygène de l'air pur, dans le milieu de culture où il vient de se multiplier, subisse quelques modifications qui se montreraient permanentes quand on soustrairait l'organisme à l'influence modificatrice ? On peut, il est vrai, se demander en outre si quelque principe de l'air atmosphérique, autre que l'oxygène, principe chimique ou fluide, n'interviendrait pas dans l'accomplissement du phénomène, dont l'incomparable étrangeté autorise toutes les suppositions.

Il est aisé de comprendre que la solution de ce problème, au cas où elle relèverait de notre première hypothèse, celle d'une influence de l'oxygène de l'air, est assez facilement accessible à l'expérience : si l'oxygène de l'air, en effet, est l'agent modificateur de la virulence, nous pourrons vraisemblablement en avoir la preuve par les effets de la suppression de sa présence.

A cette fin, pratiquons nos cultures de la manière

suivante. Une quantité convenable de bouillon de poule étant ensemencée par notre virus très virulent, remplissons-en des tubes de verre aux deux tiers, aux trois quarts, etc., de leur volume ; puis fermons ces tubes à la lampe d'émailleur. A la faveur de la petite quantité d'air restée dans le tube, le développement du virus va commencer, circonstance qui se traduit pour l'œil par un trouble croissant du liquide ; le progrès de la culture fait peu à peu disparaître tout l'oxygène contenu dans le tube. Alors le trouble tombe, le virus se dépose sur les parois et le liquide de culture s'éclaircit. Il faut deux ou trois jours pour que cet effet se produise. Le petit organisme est désormais à l'abri du contact de l'oxygène et il restera dans cet état aussi longtemps que le tube ne sera pas ouvert *. Que va-t-il advenir cette fois de sa virulence ? Pour plus de sûreté dans notre étude, nous aurons préparé un grand nombre de tubes pareils, et simultanément un nombre égal de flacons de la même culture, mais librement exposés au contact de l'air pur. Nous avons dit ce qu'il advient de ces cultures exposées au contact de l'air ; nous savons qu'elles éprouvent une atténuation progressive de leur virulence : nous n'y reviendrons pas. Parlons seulement des cultures en tubes fermés, à l'abri de l'air. Ouvrons-les, l'un après un intervalle

* Avec le temps l'aspect des tubes fermés change beaucoup, en ce sens qu'après leur agitation ils deviennent presque limpides. Les granulations dans lesquelles se résolvent les premiers articles du développement initial prennent une réfringence pareille à celle de l'eau et ne troublent le liquide que d'une manière insensible. Sont-ce de véritables germes qu'on puisse comparer, par exemple, aux corpuscules-germes [156] de la bactéridie charbonneuse ? Je ne le crois pas. Il n'est pas probable que notre parasite donne lieu à de véritables germes. S'il était suivi de germes, on comprendrait difficilement que, soit au contact de l'air, soit en tubes fermés, il perdît à la longue toute vitalité, toute faculté de reproduction. En outre, lorsqu'il y a germes véritables, ceux-ci supportent une température plus élevée que l'organisme en voie de développement, sous sa forme d'articles. Rien de pareil n'a lieu pour le microbe du choléra des poules. Les vieilles cultures conservées au contact de l'air (je n'ai pas éprouvé encore les autres) périssent même à des températures inférieures à celles qui atteignent les cultures récentes. C'est un caractère habituel du groupe des microcoques.

d'un mois, et, après avoir fait une culture par ensemencement d'une portion de son contenu, essayons-en la virulence, l'autre après un intervalle de deux mois, et ainsi de suite pour un troisième, un quatrième, etc., tube, après des intervalles de trois, de quatre, de cinq, de six, de sept, de huit, de neuf, de dix mois. C'est là que je me suis arrêté pour le moment. Il est remarquable, l'expérience le prouve, que les virulences sont toujours semblables à celle du début, à celle du virus qui a servi à préparer les tubes fermés. Quant aux cultures exposées à l'air, on les trouve mortes ou en possession des plus faibles virulences.

La question qui nous occupe est donc résolue : c'est l'oxygène de l'air qui affaiblit et éteint la virulence *.

Vraisemblablement, il y a ici plus qu'un fait isolé : nous devons être en possession d'un principe. On doit espérer qu'une action inhérente à l'oxygène atmosphérique, force naturelle partout présente, se montrera efficace sur les autres virus [157]. C'est, dans tous les cas, une circonstance digne d'intérêt que la grande généralité possible de cette méthode d'atténuation de la virulence, qui emprunte sa vertu à une influence d'ordre cosmique, en quelque sorte **. Ne peut-on

* Puisque, à l'abri de l'air, l'atténuation n'a pas lieu, on conçoit que, si dans une culture au libre contact de l'air (pur) il se fait un dépôt du parasite en quelque épaisseur, les couches profondes soient à l'abri de l'air, tandis que les superficielles se trouvent dans de tout autres conditions. Cette seule circonstance, jointe à l'intensité de la virulence, quelle que soit, pour ainsi dire, la quantité du virus employé, permet de comprendre que l'atténuation d'un virus ne doit pas nécessairement varier proportionnellement au temps d'exposition à l'air.

** J'ai passé sous silence, dans cette Note, une question ardue dont l'étude m'a pris un temps considérable. Je m'étais persuadé (à vrai dire, je ne sais pourquoi) que tous les faits d'atténuation que j'observais s'expliqueraient, d'une manière plus conforme aux lois naturelles, dans l'hypothèse de mélanges en proportions variables et déterminées de deux virus, l'un très virulent, l'autre très atténué, que par l'existence d'un virus à virulence progressivement variable. Après m'être, pour ainsi dire, acharné à la recherche d'une démonstration expérimentale de cette hypothèse de deux seuls virus, j'ai fini par acquérir la conviction que telle n'était pas la vérité.

pas présumer dès aujourd'hui que c'est à cette influence qu'il faut attribuer, dans le présent comme dans le passé, la limitation des grandes épidémies ?

Les faits que je viens d'avoir l'honneur de communiquer à l'Académie suggèrent des inductions nombreuses, prochaines ou éloignées. Sur les unes et les autres, je suis tenu à une grande réserve. Je ne me croirai autorisé à les présenter au public que si je parviens à les faire passer à l'état de vérités démontrées.

LE CHARBON DU MOUTON

Avec le charbon du mouton (aussi appelé « sang de rate »), nous abordons le cas d'une maladie affectant les mammifères. L'enjeu économique est plus important (un mouton vaut bien plus cher qu'une poule) et, surtout, nous nous rapprochons de l'homme. Comme dans le cas du choléra des poules, l'existence d'un germe à l'origine de la maladie avait déjà été à peu près établie par Camille-Joseph Davaine en 1863, puis par Robert Koch qui, en 1876, découvre la sporulation du germe [1]. Une première tentative de « vaccination » avait même été effectuée par Toussaint, en 1880. A cette fin, il avait utilisé du sang de mouton contaminé, sang qu'il avait préalablement chauffé et filtré.

Pasteur procède comme dans le cas du choléra des poules, pour isoler et cultiver ce germe, puis l'inoculer à divers animaux afin de tester sa virulence (ces travaux sont d'ailleurs menés parallèlement à ceux sur le choléra des poules [2]). En même temps, il établit le mode de contagion dans les élevages et montre que les précautions hygiéniques, en cas de charbon, doivent être très strictes (aussi profond qu'on ensevelisse les cadavres des animaux malades, les germes parviennent à remonter en surface et à contaminer l'herbe des pâturages ; notamment grâce aux

1. Robert Koch (1843-1910), qu'on présente souvent comme le grand rival de Pasteur dans le domaine des maladies infectieuses, isolera le bacille de la tuberculose (bacille de Koch) en 1882, et le vibrion du choléra en 1883.

2. C'est lors de ces travaux que Pasteur découvrit le vibrion septique qui, inoculé en même temps que le germe du charbon, provoquait une septicémie chez les animaux d'expérience.

vers de terre qui creusent des galeries sur une assez grande profondeur).

Le principe d'une vaccination, déjà établi pour le choléra des poules, est étendu au charbon du mouton. La principale difficulté que rencontre Pasteur est que, contrairement à celui du choléra des poules, le germe du charbon a la capacité de produire des spores, spores qui sont extrêmement résistantes. Si bien que le simple fait de laisser vieillir les cultures ne suffit pas à affaiblir le microbe et à diminuer sa virulence. Ce vieillissement induit la sporulation, et les spores redonnent des germes virulents lorsqu'on les met dans un bouillon de culture frais ou qu'on les injecte à des animaux. Pour obtenir un vaccin, Pasteur doit donc rechercher, empiriquement, une nouvelle méthode d'atténuation de la virulence du germe. Il part de celle qu'il connaît, et la modifie après avoir constaté que, si la culture est faite à 42 ou 43° C, le germe du charbon ne peut plus sporuler. A cette température, le vieillissement des cultures au contact de l'air diminue la virulence, de manière reproductible et stable. Pas plus que dans le cas précédent, Pasteur ne parvient à véritablement expliquer cette perte de virulence ; et pas plus que dans le cas précédent, il ne parvient à expliquer l'effet vaccinant des germes atténués. Manifestement, il s'intéresse surtout à l'aspect pratique : obtenir un vaccin efficace.

Muni de ce nouveau vaccin, il se prête à une démonstration publique à grande échelle, destinée à convaincre vétérinaires et éleveurs de la validité de sa méthode et de l'intérêt économique de la vaccination des troupeaux : c'est la fameuse expérience de Pouilly-le-Fort. Pasteur établit une convention solennelle avec la Société d'Agriculture de Melun qui lui fournit soixante moutons, quelques vaches et chèvres, qui vont être publiquement vaccinés (ou, au contraire, gardés comme témoins), puis auxquels on va, non moins publiquement, inoculer le charbon. Naturellement, les animaux vaccinés survivront, contrairement à ceux qui ne l'ont pas été. Les vétérinaires et les éleveurs qui ont assisté à l'opération seront convaincus et porteront la bonne nouvelle dans les campagnes françaises, pour la plus grande prospérité de l'élevage ovin, caprin et bovin. Tout comme pour le vin, le vinaigre, la bière, les conserves et les maladies du ver à soie, Pasteur s'implique de manière personnelle et active dans les applications de ses travaux. Non seulement il ne perd jamais de vue l'aspect pratique de ceux-ci, mais il s'entend à montrer leur intérêt économique ; dût-il, comme à Pouilly-le-Fort, organiser ce qui ressemble assez à une attraction de comices agricoles.

Les textes présentés ici sont :

— Étude sur la maladie charbonneuse (avec la collaboration de M. Joubert), *Comptes rendus de l'Académie des sciences,* séance du 30 avril 1877, LXXXIV, p. 900-906 (*Œuvres complètes,* tome VI, p. 164-171).

— De l'atténuation des virus et de leur retour à la virulence (avec la collaboration de MM. Chamberland et Roux), *Comptes rendus de l'Académie des sciences,* séance du 28 février 1881, XCII, p. 429-435 (*Œuvres complètes,* tome VI, p. 332-338).

— De la possibilité de rendre les moutons réfractaires au charbon par la méthode des inoculations préventives (avec la collaboration de MM. Chamberland et Roux), *Comptes rendus de l'Académie des sciences,* séance du 21 mars 1881, XCII, p. 662-665 (*Œuvres complètes,* tome VI, p. 339-343).

— Le vaccin du charbon (avec la collaboration de MM. Chamberland et Roux), *Comptes rendus de l'Académie des sciences,* séance du 21 mars 1881, XCII, p. 666-668 (*Œuvres complètes,* tome VI, p. 343-345).

— Compte rendu sommaire des expériences faites à Pouilly-le-Fort, près Melun, sur la vaccination charbonneuse (avec la collaboration de MM. Chamberland et Roux), *Comptes rendus de l'Académie des sciences,* séance du 13 juin 1881, XCII, p. 1378-1383 (*Œuvres complètes,* tome VI, p. 346-351).

ÉTUDE SUR LA MALADIE CHARBONNEUSE

[Avec la collaboration de M. Joubert.]

Au mois d'août 1850, M. Rayer [158], rendant compte des recherches qu'il avait faites en collaboration de M. Davaine sur la contagion de la maladie appelée *sang de rate,* dit :

« Il y avait en outre dans le sang de petits corps filiformes, ayant environ le double en longueur du globule sanguin. Ces petits corps n'offraient point de mouvement spontané. »

Telle est, quoiqu'on l'ait souvent contesté, la date véritable de la première observation sur les corps bactériformes dans la maladie charbonneuse. J'ai donné aux recherches bibliographiques sur ce point d'histoire de la science une attention minutieuse, parce que M. Davaine, qui a été, par ses travaux sur le charbon et la septicémie, l'un des promoteurs les plus autorisés des questions que soulève aujourd'hui en médecine et en chirurgie le rôle des éléments figurés microscopiques, nous a appris que, s'il était revenu en 1863 [159] sur son observation de 1850, c'était à la suite des réflexions que lui avait suggérées la lecture de ma Communication de 1861 sur la fermentation butyrique. J'annonçais alors à l'Académie que le ferment de cette fermentation, loin d'être une matière albuminoïde en voie de décomposition spontanée, comme on le croyait, était formé par des vibrions qui offrent les plus grandes analogies avec les corps filiformes du sang des animaux charbonneux.

A cette même époque de 1863, une autre circonstance dut aiguillonner la sagacité de M. Davaine, quoiqu'à son insu peut-être. Je venais de démontrer (20 avril 1863) que dans l'état de santé le corps des animaux est fermé à toute introduction de germes extérieurs. J'avais réussi à extraire de l'intérieur du corps, à l'abri des poussières atmosphériques et de leurs germes, du sang et de l'urine, et ces liquides s'étaient conservés sans manifester la moindre putréfaction au contact de l'air pur.

Peu d'années après, je reconnus qu'une des affections les plus graves du ver à soie était la conséquence de la fermentation anormale de la feuille de mûrier dans le canal intestinal, fermentation produite par des organismes divers, et notamment par ces mêmes vibrions, agents actifs de la putréfaction des matières animales. Au sujet de ces vibrions et de leurs germes, je vis alors qu'il existe chez ces petits êtres une sorte de parthénogénèse. Après qu'ils se sont reproduits pendant un certain temps par division spontanée, on voit apparaître çà et là dans leur substance, jusque-là translucide et homogène en apparence, un ou plusieurs corpuscules plus réfringents que le restant du corps. Celui-ci se résorbe peu à peu autour de ces noyaux.

Dès lors, à la place de la multitude de petits bâtonnets simples ou articulés en voie de division spontanée qui composent un champ de vibrions-baguettes, on ne rencontre plus qu'un amas de points brillants, une poussière de petits grains de 1 à 2 millièmes de millimètre de diamètre. J'ai montré que ces corpuscules peuvent subir une dessiccation prolongée sans périr [160] ; et que la poussière infectieuse qui en résulte, répandue artificiellement sur la feuille de mûrier, peut aller faire fermenter celle-ci dans le canal intestinal et provoquer la maladie et la mort de l'insecte. (*Voir* pages 168, 256 et planche page 228 du tome Ier de mes *Études sur la maladie des vers à soie.* Paris, 1870).

Dans un Mémoire remarquable, publié en 1876, le Dr Koch [161] a constaté que les petits corps filiformes découverts par M. Davaine peuvent passer à l'état de corpuscules brillants après s'être reproduits par scission, puis se résorber comme je viens de le dire pour les vibrions, et que ces corpuscules peuvent régénérer dans le sérum et l'humeur de l'œil les petites baguettes pleines, et, de même que dans la maladie dite *flacherie des vers à soie,* on doit penser que ces corpuscules peuvent passer d'une année à l'autre sans périr, prêts à propager le mal. C'est l'opinion du Dr Koch.

Malgré les observations si précises de M. Davaine et du Dr Koch, les esprits sont encore partagés au sujet de la véritable étiologie du charbon. La contradiction sur ce point se rattache à des discussions d'un caractère plus général dont je dois dire quelques mots. L'attention des médecins ayant été appelée à diverses reprises, depuis une vingtaine d'années, sur le rôle des infiniment petits, il est arrivé qu'on a étendu outre mesure et prématurément les conséquences des faits acquis. Or, les exagérations des idées nouvelles amènent infailliblement une réaction qui, elle-même, allant au-delà de la vérité, jette la défaveur sur ce que ces idées nouvelles ont de juste et de fécond. Ceux qui suivent attentivement le mouvement médical actuel touchant ces questions, à l'étranger et en France, doivent reconnaître à divers symptômes, et comme contre-coup des exagérations dont je parle, que plusieurs médecins ou chirurgiens sont portés à douter que certaines maladies puissent être dues à des organismes microscopiques. Tout récemment, un critique judicieux, rendant compte d'une nouvelle édition d'un Traité de microscopie [162], disait :

« ... On a remanié ce qui a trait aux maladies parasitaires et principalement au rôle des infusoires, vibrions et bactéries. Les auteurs estiment que l'on a singulièrement abusé de l'existence et du rôle de ces êtres animés, et que jamais ils ne devront être considérés comme donnant naissance aux maladies infectieuses. C'est tout au plus si leur développement peut imprimer à l'évolution d'une maladie de ce genre un caractère spécial, et si l'on est en droit de les considérer comme les agents de certaines complications de ces maladies. » Le savant critique ajoute : « Ces idées sont conformes à celles que M. Paul Bert a récemment exprimées. »

Les effets parfois surprenants des pansements célèbres du Dr Lister [163] et de M. Alphonse Guérin ne reçoivent pas de ceux qui en sont le plus partisans une explication conforme à celle qu'en donnent les auteurs mêmes de ces pansements. Pour ce qui est du pansement de M. Alphonse Guérin, l'Académie en a eu la preuve dans le Rapport que lui fit, en 1875, notre savant confrère, M. Gosselin [164].

Ces questions se compliquent encore lorsqu'on les envisage à un autre point de vue. La question de la génération spontanée s'est transportée en effet dans le domaine médical, surtout en ce qui concerne les maladies contagieuses. Un membre de l'Académie de médecine écrivait naguère : « La maladie est en nous, de nous, par nous [165]. » Tout serait donc spontané en pathologie. Une autre école proclame, au contraire, que beaucoup de maladies sont toujours et nécessairement transmises. Quel intérêt immense n'y aurait-il pas à sortir de ces incertitudes !

Depuis longtemps je suis tourmenté du désir d'aborder l'examen de quelques-uns des graves problèmes que soulèvent les doutes qui précèdent. Mais, étranger aux connaissances médicales et vétérinaires, j'ai hésité jusqu'à présent, par la crainte de mon insuffisance. Il me fallait, en outre, un collaborateur courageux et dévoué que j'ai trouvé heureusement dans un des anciens élèves de l'École Normale, M. Joubert, professeur très distingué du collège Rollin.

Existe-t-il une maladie ayant les caractères de celle du *sang de rate* ou du *charbon* qui soit causée par le développement dans le sang des animaux des petits corps filiformes ou bactéridies que M. Davaine a découverts le premier en 1850 ? Cette maladie doit-elle être attribuée en tout ou en partie à une substance de la nature des virus [166] ? En un mot, est-il possible d'écarter, touchant la maladie charbonneuse, les doutes et les contradictions dont je parlais tout à l'heure au sujet du rôle des organismes microscopiques ? Tel est l'objet de cette première Communication.

On comprend aisément la difficulté du sujet. Voici une goutte de sang charbonneux : elle contient des globules rouges plus ou moins agglutinés coulant comme une gelée un peu fluide, des globules blancs en nombre plus grand que dans le même sang normal, et des filaments qui nagent dans le sérum limpide.

On introduit la goutte sous la peau d'un cochon d'Inde, d'un lapin, d'un mouton, d'une vache, d'un cheval, et l'animal meurt en vingt-quatre ou quarante-huit heures, dans trois ou quatre jours au plus, et tout son sang offre les caractères physiques et virulents de la première goutte inoculée. Est-ce la bactéridie qui a agi, ou les autres éléments solides ou liquides qui l'accompagnent et qui se reproduisent comme elle dans l'économie ? M. Paul Bert dit :

« Je puis faire périr la bactéridie dans la goutte de sang par l'oxygène comprimé, inoculer ce qui reste et reproduire la maladie et la mort sans que la bactéridie se montre. Donc les bactéridies ne sont ni la cause ni l'effet nécessaire de la maladie charbonneuse. Celle-ci est due à un virus. » (Société de biologie, séance du 13 janvier 1877 [167])

Le sang d'un animal, disais-je tout à l'heure, exposé à l'air pur, c'est-à-dire privé de toute particule solide, vivante, ne se putréfie pas aux plus hautes températures de l'atmosphère, et ne donne naissance à aucun organisme quelconque. Dès lors, une première question se présente à l'esprit : abstraction faite de la bactéridie, le sang des animaux charbonneux a-t-il encore cette pureté extraordinaire des liquides de l'économie ? En d'autres termes, la bactéridie est-elle le seul organisme qui existe dans le sang du charbon proprement dit ? L'expérience répond affirmativement. Si le sang est extrait du corps de l'animal charbonneux par des procédés semblables à ceux que j'ai employés jadis pour constater que le sang de l'économie [168] est pur, on constate que ce sang charbonneux est imputrescible et que la bactéridie seule peut continuer de s'y développer. En conséquence, il devient facile d'avoir la bactéridie à l'état de pureté, de la cultiver dans ces conditions, hors du corps de l'animal, dans des liquides quelconques, à la seule condition que ceux-ci soient appropriés à sa nutrition, et de la conserver indéfiniment, toujours pure, dans des cultures successives et variées, comme on cultive purs les moisissures, les vibrions et en général les divers ferments organisés.

A l'origine de nos observations actuelles, et une seule fois, nous avons fait venir de Chartres, par l'intermédiaire obligeant d'un habile vétérinaire de cette ville, M. Boutet, un peu de sang charbonneux. Depuis lors, la bactéridie, sans cesse cultivée, a passé maintes et maintes fois de nos vases de verre dans d'autres vases pareils ou dans le corps d'animaux qu'elle a infectés, sans que sa pureté ait été un seul jour compromise. Si cela était nécessaire, nous pourrions préparer des kilogrammes de la bactéridie charbonneuse en quelques heures, en nous servant de liquides artificiels et morts, si l'on peut ainsi parler.

Tous les liquides nourriciers des êtres inférieurs peuvent être utilisés, même, à la rigueur, les liquides artificiels et minéraux. Mais un de ceux qui conviennent le mieux pour cet objet, à cause de la facilité avec laquelle on peut se le procurer rapidement et pur, en quantité quelconque, est l'urine rendue neutre ou un peu alcaline.

Ces faits et les méthodes qu'ils suggèrent vont nous servir à résoudre les questions que nous nous sommes posées, à savoir s'il faut attribuer les effets du charbon à la bactéridie ou à un virus [169]. Dans la solution minérale et artificielle que j'ai employée autrefois pour la culture des ferments, composée de cendres de levure, de tartrate d'ammoniaque et de sucre, semons, dans des conditions de pureté irréprochable, une infiniment petite quantité de sang charbonneux ; dans ce premier milieu prélevons une goutte pour semence nouvelle dans l'urine, de celle-ci passons à une urine nouvelle, et ainsi de suite pendant des mois entiers, puis inoculons les bactéridies des dernières cultures. Ces bactéridies ont exercé leurs ravages avec toute l'efficacité du sang charbonneux lui-même : l'expérience ne nous a laissé aucune incertitude à cet égard. On ne saurait donc douter que la virulence du sang charbonneux n'appartient en aucune manière ni aux globules rouges poisseux, ni aux globules blancs, puisque nos cultures, par leurs répétitions successives indéfinies, ont dû éteindre absolument dans les dernières cultures la présence des globules rouges et blancs déposés en quantité si faible dans la première culture.

Ce qui précède laisse entières les hypothèses d'une substance diastasique soluble ou d'un virus à granulations microscopiques. Un ferment diastasique soluble pourrait être un produit de la bactéridie, se régénérer, par conséquent, en même temps que celle-ci, et se trouver dès lors dans la dernière comme dans la première culture. A l'égard de la présence d'un virus, et tant la nature de ces derniers est encore obscure et mystérieuse, on peut, à la rigueur, faire une hypothèse analogue. La bactéridie pourrait le produire, ou ce virus lui-même après avoir eu sa première origine dans le sang charbonneux, pourrait se reproduire à la façon d'un organisme.

Les expériences suivantes écartent complètement la première hypothèse, celle d'un ferment soluble. Qu'on vienne à filtrer les liquides des cultures chargées de bactéridies ou le sang charbonneux lui-même, pris sur l'animal charbonneux qui vient de mourir, et qu'on inocule simultanément les liquides non filtrés et ces mêmes liquides filtrés, on constate que l'inoculation d'une goutte du liquide charbonneux avant la filtration amène rapidement la mort, tandis que l'inoculation de 10, 20, 30, 40 et 80 gouttes du liquide filtré est absolument sans effet. Sans aucun doute, si cette expérience si simple et si probante n'a jamais été faite, c'est que la filtration dont je parle est une opération des plus délicates et des plus difficiles. Les moyens ordinaires sont tout à fait inefficaces ; il s'agit de filtrer, en effet, des liquides tenant en suspension des filaments et des germes dont les plus petits n'ont pas plus d'un millième de millimètre de diamètre. Après bien des essais infructueux, nous y sommes arrivés avec une perfection qui ne laisse rien à désirer.

Ces expériences de filtration éloignent complètement l'idée que le sang charbonneux ou la bactéridie puissent porter avec eux une substance virulente soluble, mais il reste encore l'hypothèse, bien invraisemblable, il est vrai, que dans les cultures un virus a pu se reproduire en même temps que la bactéridie, virus chargé de corpuscules microscopiques, lesquels seraient arrêtés par les matières filtrantes, en même temps que les globules du sang et les bactéridies. On se rappelle que M. Chauveau [170] a annoncé que les virus n'agissent que par des particules solides qu'ils tiennent en suspension. Ce nouveau doute ne peut tenir devant l'observation attentive des cultures dans l'urine neutre ou légèrement alcaline. Ce liquide peut être obtenu dans un état de limpidité extraordinaire. Or, voici comment se présente le développement des bactéridies dans ce liquide, après qu'il a été ensemencé. Du jour au lendemain, plus rapidement même, on voit la bactéridie se multiplier en filaments tout enchevêtrés, cotonneux, sans que le liquide, dans les intervalles des filaments, soit le moins du monde obscurci, et sans que le microscope puisse faire découvrir dans ce liquide le moindre corpuscule organisé ou amorphe, si ce n'est les longs fils de la bactéridie.

En résumé, la bactéridie peut se multiplier dans des liquides artificiels, indéfiniment, sans perdre son action sur l'économie, et il est impossible d'admettre que, dans ces conditions, elle soit accompagnée d'une substance soluble ou d'un virus, partageant avec elle la cause des effets du *sang de rate* ou de la maladie charbonneuse proprement dite.

Nous espérons donner bientôt la véritable interprétation des expériences de M. Paul Bert [171].

Bien des questions sont encore à résoudre concernant la maladie charbonneuse, sans compter celles qui se rapportent aux moyens préventifs ou curatifs du mal et à l'*habitat* d'origine de la bactéridie. Nous avons la confiance que les méthodes dont nous faisons usage nous permettront de les résoudre.

DE L'ATTÉNUATION DES VIRUS ET DE LEUR RETOUR À LA VIRULENCE

[Avec la collaboration de MM. Chamberland et Roux.]

Dans des publications récentes, j'ai fait connaître le premier exemple d'atténuation d'un virus par les seules ressources de l'expérimentation [172]. Formé d'un microbe spécial d'une extrême petitesse, ce virus peut être multiplié par des cultures artificielles en dehors du corps des animaux. Ces cultures, abandonnées sans contamination possible de leur contenu, éprouvent, avec le temps, des modifications plus ou moins profondes dans leur virulence. L'oxygène de l'air s'est offert à nous comme le principal auteur de ces atténuations, c'est-à-dire de ces amoindrissements dans la facilité de multiplication du microbe ; car il est sensible que la virulence se confond dans ses activités diverses avec les diverses facultés de développement du parasite dans l'économie.

Il n'est pas besoin d'insister sur l'intérêt de ces résultats et de leurs déductions. Chercher à amoindrir la virulence par des moyens rationnels, c'est fonder sur l'expérimentation l'espoir de préparer avec des virus actifs, de facile culture dans le corps de l'homme ou des animaux, des virus-vaccins de développement restreint, capables de prévenir les effets mortels des premiers. Aussi avons-nous appliqué tous nos efforts à la recherche de la généralisation possible de l'action de l'oxygène de l'air dans l'atténuation des virus.

Le virus charbonneux, étant l'un des mieux étudiés, devait le premier attirer notre attention. Toutefois, nous allions nous heurter dès l'abord à une difficulté. Entre le microbe du choléra des poules et le microbe du charbon, il existe une différence essentielle qui ne permet pas de calquer rigoureusement la nouvelle recherche sur l'ancienne. Le microbe du choléra des poules, en effet, ne paraît pas se résoudre dans ses cultures en véritables germes [173]. Dans celles-ci, ce ne sont que cellules ou articles toujours prêts à se multiplier par scission sans que les conditions particulières où ils donnent de vrais germes soient connues *.

La levure de bière est un exemple frappant de ces productions cellulaires pouvant se multiplier indéfiniment, sans apparition de leurs spores d'origine. Il existe beaucoup de mucédinées à mycéliums tubuleux qui, dans certaines conditions de culture, donnent des chaînes de cellules plus ou moins sphériques, appelées *conidies*. Celles-ci, détachées de leurs branches, peuvent se reproduire sous la forme de cellules, sans jamais faire apparaître, à moins d'un changement dans les conditions des cultures, les spores de leurs mucédinées respectives. On pourrait comparer ces organisations végétales aux plantes qu'on multiplie par bouture et dont on ne fait point servir les fruits et les graines à la reproduction de la plante-mère.

La bactérie charbonneuse, dans ses cultures artificielles, se comporte bien différemment. Ses filaments mycéliens, si l'on peut ainsi dire [174], se sont à peine multipliés pendant vingt-quatre ou quarante-huit heures qu'on les voit se transformer, principalement ceux qui ont le libre contact de l'air, en corpuscules

* J'ai fait observer antérieurement que les petits articles du microbe se résolvent en granulations de très petit diamètre. Il est difficile [d'admettre] que ces granulations soient les vrais germes des articles, puisque, avec le temps, il y a mort du microbe. Seraient-elles des granulations sans vitalité propre ?

ovoïdes très réfringents, pouvant s'isoler peu à peu et constituer les véritables germes du petit organisme. Or, l'observation démontre que ces germes, si vite formés dans les cultures, n'éprouvent avec le temps de la part de l'air atmosphérique aucune altération, soit dans leur vitalité, soit dans leur virulence. Je pourrais présenter à l'Académie un tube contenant des spores d'une bactéridie charbonneuse formée il y a quatre ans, le 21 mars 1877 : chaque année, on essaye la germination des petits corpuscules et chaque année cette germination se fait avec la même facilité et la même rapidité qu'à l'origine ; chaque année également on éprouve la virulence des nouvelles cultures et elles ne manifestent aucun affaiblissement apparent. Dès lors, comment tenter l'action de l'air atmosphériue sur le virus charbonneux dans l'espoir de l'atténuer ?

Le nœud de la difficulté est peut-être tout entier dans le fait de cette production rapide des germes de la bactéridie que nous venons de rappeler. Sous sa forme filamenteuse et dans sa multiplication par scission, cet organisme n'est-il pas de tout point comparable au microbe du choléra des poules ? Qu'un germe proprement dit, qu'une graine ne subisse de la part de l'air aucune modification, cela se conçoit aisément, mais on conçoit non moins aisément que, s'il doit y avoir un changement, celui-ci porte de préférence sur un fragment mycélien. C'est ainsi qu'une bouture qui serait abandonnée sur le sol au contact de l'air ne tarderait pas à perdre toute vitalité, tandis que dans ces conditions la graine se conserverait, prête à reproduire la plante. Si ces vues ont quelque fondement, nous sommes conduits à penser que, pour éprouver l'action de l'oxygène de l'air sur la bactéridie charbonneuse, il serait indispensable de pouvoir soumettre à cette action le développement mycélien du petit organisme, dans des circonstances où il ne pourrait fournir le moindre corpuscule-germe. Dès lors, le problème qui consiste à faire subir à la bactéridie l'action de l'oxygène revient à empêcher intégralement la formation des spores. La question ainsi posée, nous allons le reconnaître, est susceptible de recevoir une solution.

On peut en effet empêcher les spores d'apparaître dans les cultures artificielles du parasite charbonneux par divers artifices. A la température la plus basse à laquelle ce parasite se cultive, c'est-à-dire vers +16°, la bactéridie ne prend pas de germes, tout au moins pendant un temps très long. Les formes du petit microbe, à cette limite inférieure de son développement, sont irrégulières, en boules, en poires, en un mot monstrueuses, mais dépourvues de spores. Il en est de même sur ce dernier point aux températures les plus élevées encore compatibles avec la culture du parasite, températures qui varient un peu suivant les milieux. Dans le bouillon neutre de poule, la bactéridie ne se cultive plus à 45°. Sa culture y est facile, au contraire, et abondante de 42° à 43°, mais également sans formation possible des spores. En conséquence, on peut maintenir au contact de l'air pur, entre 42° et 43°, une culture mycélienne [175] de bactéridie entièrement privée de germes. Alors apparaissent les très remarquables résultats suivants : après un mois d'attente environ, la culture est morte, c'est-à-dire que, semée dans du bouillon récent, il y a stérilité complète. La veille et l'avant-veille du jour où se manifeste cette impossiblité de développement et tous les jours précédents, dans l'intervalle d'un mois, la reproduction de la culture est au contraire facile. Voilà pour la vie et la nutrition de l'organisme. En ce qui concerne sa virulence, on constate ce fait extraordinaire que la bactéridie en est dépourvue déjà après huit jours de séjour à 42°-43° et ultérieurement ; du moins ses cultures sont inoffensives pour le cobaye, le lapin et le mouton, trois des espèces animales les plus aptes à contracter le charbon. Nous sommes donc en possession, non pas seulement de l'atténuation de la virulence, mais de sa suppression, en apparence complète, par un simple artifice de culture. En outre, nous avons la possibilité de conserver et de cultiver à cet état inoffensif le terrible microbe. Qu'arrive-t-il dans ces huit premiers jours à 43° qui suffisent à priver la bactéridie de toute virulence ? Rappelons-nous que le microbe du choléra des poules, lui aussi, périt dans ses cultures au contact de l'air, en un temps bien plus long il est vrai, mais que dans l'intervalle il éprouve des atténuations successives. Ne sommes-nous pas autorisés à penser qu'il doit en être de même du microbe du charbon ? Cette prévision est confirmée par l'expérience. Avant l'extinction de sa virulence, le microbe du charbon passe par des degrés divers d'atténuation et, d'autre part, ainsi que cela arrive également pour le microbe du choléra des poules, chacun de ces états de virulence atténuée peut être reproduit par la culture [176]. Enfin, puisque, d'après une de nos récentes Communications, le charbon ne récidive pas [177], chacun de nos microbes charbonneux atténué constitue pour le microbe supérieur un vaccin, c'est-à-dire un virus propre à donner une maladie plus bénigne. Quoi de plus facile dès lors que de trouver dans ces virus successifs des virus propres à donner la fièvre charbonneuse aux moutons, aux vaches, aux chevaux sans les faire périr et pouvant les préserver ultérieurement de la maladie mortelle ? Nous avons pratiqué cette opération avec un grand succès sur les moutons. Dès qu'arrivera l'époque du parcage des troupeaux dans la Beauce, nous en tenterons l'application sur une grande échelle.

Déjà M. Toussaint [178] a annoncé qu'on pouvait préserver les moutons par des inoculations préventives ; mais, lorsque cet habile observateur aura publié ses résultats, au sujet desquels nous avons fait des études approfondies, encore inédites, nous ferons voir toute la différence qui existe entre les deux méthodes, l'incertitude de l'une, la sûreté de l'autre [179]. Celle que nous faisons connaître a, en outre, l'avantage très grand de reposer sur l'existence de virus-vaccins cultivables à volonté, qu'on peut multiplier à l'infini dans l'intervalle de quelques heures, sans avoir jamais recours à du sang charbonneux.

Les faits qui précèdent soulèvent un problème d'un haut intérêt : je veux parler du retour possible de la virulence des virus atténués ou même éteints [180]. Nous venons d'obtenir, par exemple, une bactéridie charbonneuse privée de toute virulence pour le cobaye, le lapin et le mouton. Pourrait-on lui rendre son activité vis-à-vis de ces espèces animales ? Nous avons préparé également le microbe du choléra des poules dépourvu de toute virulence pour les poules. Comment lui rendre la possibilité d'un développement dans ces gallinacés ?

Le secret de ces retours à la virulence est tout entier, présentement, dans des cultures successives dans le corps de certains animaux.

Notre bactéridie, inoffensive pour les cobayes, ne l'est pas à tous les âges de ces animaux ; mais qu'elle est courte la période de la virulence ! Un cobaye de plusieurs années d'âge, d'un an, de six mois, d'un mois, de quelques semaines, de huit jours, de sept, de six jours ou même moins, ne court aucun danger de maladie et de mort par l'inoculation de la bactéridie affaiblie dont il s'agit ; celle-ci, au contraire, et tout surprenant que paraisse ce résultat, tue le cobaye d'un jour. Il n'y a pas eu encore d'exception sur ce point dans nos expériences. Si l'on passe alors d'un premier cobaye d'un jour à un autre, par inoculation du sang du premier au second, de celui-ci à un troisième, et ainsi de suite, on renforce progressivement la virulence de la bactéridie, en d'autres termes, son accoutumance à se développer dans l'économie. Bientôt, par suite, on peut tuer les cobayes de trois et de quatre jours, d'une semaine, d'un mois, de plusieurs années, enfin les moutons eux-mêmes. La bactéridie est revenue à sa virulence d'origine. Sans hésiter, quoique nous n'ayons pas encore eu l'occasion d'en faire l'épreuve, on peut dire qu'elle tuerait les vaches et les chevaux. Puis elle conserve cette virulence indéfiniment si l'on ne fait rien pour l'atténuer de nouveau.

En ce qui concerne le microbe du choléra des poules, lorsqu'il est arrivé à être sans action sur ces dernières, on lui rend la virulence en agissant sur des petits oiseaux, serins, canaris, moineaux, etc., toutes espèces qu'il tue de prime-saut. Alors, par des passages successifs dans le corps de ces animaux, on lui fait prendre peu à peu une virulence capable de se manifester de nouveau sur les poules adultes.

Ai-je besoin d'ajouter que, dans ce retour à la virulence et chemin faisant, on peut préparer des virus-vaccins à tous les degrés de virulence pour la bactéridie et qu'il en est ainsi pour le microbe du choléra ?

Cette question du retour à la virulence est du plus grand intérêt pour l'étiologie des maladies contagieuses.

Je terminais ma Communication du 26 octobre dernier [181] en faisant remarquer que l'atténuation des virus par l'influence de l'air doit être un des facteurs de l'extinction des grandes épidémies. Les faits qui précèdent, à leur tour, peuvent servir à rendre compte de l'apparition dite *spontanée* de ces fléaux. Une épidémie qu'un affaiblissement de son virus a éteinte peut renaître par le renforcement de ce virus sous certaines influences. Les récits que j'ai lus d'apparition spontanée de la peste me paraissent en offrir des exemples, témoin la peste de Benghazi, en 1856-1858, dont l'éclosion n'a pu être rattachée à une contagion d'origine. La peste est une maladie virulente propre à certains pays. Dans tous ces pays, son virus atténué doit exister, prêt à y reprendre sa forme active quand des conditions de climat, de famine, de misère, s'y montrent de nouveau. Il est d'autres maladies virulentes qui apparaissent *spontanément* en toutes contrées : tel est le typhus des camps. Sans nul doute, les germes des microbes, auteurs de ces dernières maladies, sont partout répandus. L'homme les porte sur lui ou dans son canal intestinal sans grand dommage, mais prêts également à devenir dangereux lorsque, par des conditions d'encombrement et de développement successifs à la surface des plaies, dans des corps affaiblis ou autrement, leur virulence se trouve progressivement renforcée.

Et voilà que la virulence nous apparaît sous un jour nouveau qui ne laisse pas d'être inquiétant pour l'humanité, à moins que la nature, dans son évolution à travers les siècles passés, ait déjà rencontré toutes les occasions de production des maladies virulentes ou contagieuses, ce qui est fort invraisemblable.

Qu'est-ce qu'un organisme microscopique inoffensif pour l'homme ou pour tel animal déterminé ? C'est un être qui ne peut se développer dans notre corps ou dans le corps de cet animal ; mais rien ne prouve que, si cet être microscopique venait à pénétrer dans une autre des mille et mille espèces de la création, il ne pourrait l'envahir et la rendre malade. Sa virulence, renforcée alors par des passages successifs dans les représentants de cette espèce, pourrait devenir en état d'atteindre tel ou tel animal de grande taille, l'homme ou certains animaux domestiques. Par cette méthode, on peut créer des virulences et des contagions nouvelles. Je suis très porté à croire que c'est ainsi qu'ont apparu, à travers les âges, la variole, la syphilis, la peste, la fièvre jaune, etc., et que c'est également par des phénomènes de ce genre qu'apparaissent, de temps à autre, certaines grandes épidémies, celles de typhus, par exemple, que je viens de mentionner.

Les faits observés à l'époque de la variolisation (inoculation de la variole) avaient introduit dans la science l'opinion inverse, celle de la diminution possible de la virulence par le passage des virus à travers certains sujets. Jenner partageait cette manière de voir, qui n'a rien d'invraisemblable [182]. Cependant, jusqu'à présent nous n'en avons pas rencontré d'exemples, quoique nous les ayons cherchés intentionnellement.

Ces inductions trouveront, je l'espère, de nouveaux appuis dans des Communications ultérieures.

DE LA POSSIBILITÉ DE RENDRE LES MOUTONS RÉFRACTAIRES AU CHARBON PAR LA MÉTHODE DES INOCULATIONS PRÉVENTIVES

[Avec la collaboration de MM. Chamberland et Roux.]

Six mois après que j'eus annoncé à l'Académie la possibilité d'atténuer le microbe du choléra des poules [183] et de préparer un virus-vaccin pour cette affection, c'est-à-dire un virus donnant la maladie et non la mort et préservant de l'action du virus mortel, suivant la loi générale de la non-récidive des maladies virulentes, M. Toussaint, professeur à l'École vétérinaire de Toulouse, publia un résultat du même ordre en ce qui concerne le *charbon* [184].

En inoculant des moutons, soit par du sang charbonneux défibriné filtré sur plusieurs doubles de papier, soit par ce même sang défibriné porté préalablement à 55° pendant dix minutes, les moutons, d'après M. Toussaint, peuvent ultérieurement supporter, sans périr, des inoculations de sang charbonneux.

Ce fait d'une préservation possible du charbon par des inoculations préventives est de la plus rigoureuse exactitude, et c'est vainement que, dans une autre enceinte [185], on aura fait des tentatives pour l'infirmer.

Toutefois, si nous sommes d'accord avec M. Toussaint sur la parfaite exactitude de sa remarquable observation, nous devons réfuter les opinions et récuser même certains faits qu'il a présentés à cette occasion, parce qu'ils sont tout à la fois contraires à la vérité et en opposition avec les résultats de mon travail sur le choléra des poules.

Historiquement, voici comment les choses se sont passées.

La bactéridie, suivant M. Toussaint, déposerait dans le sang des animaux où elle se multiplie une matière qui peut devenir son propre vaccin [186]. Par la filtration à froid dans un cas, par la chaleur de 55° dans l'autre, on éloigne ou on tue la bactéridie. Dès lors, l'inoculation du sang filtré ou l'inoculation du sang chauffé introduirait dans le corps des animaux inoculés la matière vaccinale privée de bactéridies. M. Toussaint mêlait en outre arbitrairement à ces explications la croyance à une prétendue action *phlogogène* [187] du sang charbonneux. Si l'exposition de M. Toussaint eût été fondée, la question des virus-vaccins, telle que je l'ai présentée, aurait été tout entière à reprendre. D'une part, j'ai montré que le virus-vaccin du choléra était un être vivant, un microbe, que ce microbe est morphologiquement le même que le virus très virulent, qu'il se cultive comme ce dernier, dont il diffère par une aptitude moindre à se propager dans le corps des animaux. Pour M. Toussaint, au contraire, le virus-vaccin de la bactéridie serait une sorte de produit soluble formé pendant la vie de cet organisme, une substance privée de vie, ne pouvant se reproduire par génération, n'ayant donc à aucun titre les caractères d'un virus animé. J'avais montré, en outre, que la partie soluble des cultures du microbe du choléra des poules était incapable de les vacciner [188]. Sur tous les points, par conséquent, le savant professeur de Toulouse, à son insu peut-être, car il n'y fait aucune allusion, battait en brèche les vues et certaines observations que j'avais produites, ou n'en tenait aucun compte pour l'explication des résultats qu'il avait obtenus *

Aussi, lorsque dans le Jura, où je me trouvais alors en vacances, je reçus l'annonce des assertions de M. Toussaint, j'en éprouvai une vive émotion. Bientôt, revenu de ma surprise, pesant le fort et le

* Il y a eu dans le courant du mois d'août 1880 deux publications de M. Toussaint, l'une à l'Académie des sciences le 2 août [Identité de la septicémie aiguë et du choléra des poules. *Comptes rendus de l'Académie des sciences,* XCI, 1880, p. 301-304], l'autre à l'Académie de médecine le 3 août [Procédé pour la vaccination des moutons et des jeunes chiens contre la maladie charbonneuse. *Bulletin de l'Académie de médecine,* 2e sér., IX, 1880, p. 792-796].

faible des faits qui venaient d'être publiés, je jugeai que M. Toussaint devait mal comprendre ce qu'il avait observé et qu'il avait dû commettre des erreurs de fait d'une grande importance. La préservation du charbon à l'aide d'inoculations préventives me charmait dans l'extension qu'elle apportait à la voie ouverte par la découverte du vaccin du choléra des poules ; mais tout ce qui avoisinait ce fait capital dans la publication de M. Toussaint m'apparut, après réflexion, sans fondement sérieux dans l'expérience.

Mes jeunes collaborateurs, MM. Chamberland et Roux, se trouvant alors, comme moi-même, en vacances, je leur écrivis sur-le-champ qu'il fallait abandonner toute idée de villégiature, ce qu'ils acceptèrent avec leur dévouement habituel. Des expériences furent entreprises, les unes par M. Roux à Paris, les autres par M. Chamberland et moi dans le Jura.

Trois semaines étaient à peine écoulées que nos prévisions étaient réalisées. Nous avions acquis la conviction que, parmi les résultats de M. Toussaint, les uns manquaient d'exactitude, que les autres étaient mal interprétés, qu'enfin l'explication de l'immunité charbonneuse devait être à beaucoup d'égards calquée sur celle de la vaccination du choléra des poules. Nous avions reconnu que la bactéridie chauffée à 55°, quoiqu'elle ne puisse se cultiver à cette température, n'est pas morte ou du moins peut ne pas l'être, qu'elle vit encore, quelquefois même après trente minutes d'exposition à 55°, sous une épaisseur assez faible du sang, qu'elle est seulement modifiée dans sa vitalité propre. Quand le chauffage à 55° tue la bactéridie, ce dont il est facile de s'assurer par un essai de culture, qui dans ce cas est stérile, l'inoculation du sang après le chauffage n'a aucune action préservatrice.

M. Toussaint avait rencontré dans ses expériences d'inoculation de sang charbonneux chauffé de nombreux insuccès, c'est-à-dire des cas de mort par le charbon ; mais, sous l'empire d'idées préconçues erronées, au lieu de conclure que ses insuccès provenaient de la bactéridie qui n'était pas morte à 55°, il supposait que des spores s'étaient formées dans le sang avant le chauffage, et que ces spores se cultivaient dans le corps des moutons et les faisaient périr charbonneux [189].

M. Toussaint avait indiqué, outre l'action de la chaleur, celle de la filtration pour préparer le sang apte aux inoculations préventives : nous avons reconnu que cette dernière méthode est toujours défectueuse. De deux choses l'une, le sang filtré donne le charbon et tue, ou bien il n'agit pas et dans ce cas il ne préserve pas. Par des dilutions on ne peut obtenir un sang charbonneux vaccinal.

En résumé, dans l'expérience de M. Toussaint, le microbe charbonneux n'est pas tué, comme il le croyait, mais seulement modifié dans sa vitalité. C'est bien, à très peu près, l'explication de la vaccination dans le choléra des poules. Néanmoins, entre les microbes-vaccins du choléra des poules et la bactéridie qui a été chauffée, on constate une différence qui, dans notre sujet, et principalement lorsqu'on se place au point de vue d'une application pratique, mérite la plus grande attention. Les microbes atténués du choléra des poules, ainsi que je l'ai fait voir, peuvent se reproduire par cultures successives en conservant leurs atténuations propres. Il n'en est pas de même de la bactéridie modifiée par la chaleur de 55°. Je vais revenir sur ce point.

Dès le 20 août dernier *, j'annonçais la plupart de ces résultats à M. Bouley, qui les communiqua immédiatement à M. Toussaint, présent à Paris, et nous eûmes bientôt la satisfaction d'apprendre que M. Toussaint, guidé également par de nouvelles études personnelles, abandonnait complètement sa première interprétation.

Et maintenant que la question de doctrine est

* Je lis dans le *Bulletin de l'Académie de médecine* du 8 mars 1881, page 302, que M. Toussaint aurait rectifié ses premières Notes au Congrès de Reims, le 19 août 1880. Il doit y avoir ici une erreur de date : la rectification doit dater des derniers jours d'août 1880.

réglée, ce qu'il importe le plus d'élucider est la question pratique, celle de la possibilité de créer l'immunité charbonneuse. D'après nos études, qui sont fort nombreuses, la méthode de M. Toussaint est très incertaine. Trois cas peuvent se présenter : 1° la bactéridie périt par la chaleur et, dès lors, le sang charbonneux ne saurait servir à des inoculations préventives ; 2° la bactéridie ne périt pas, mais elle garde une virulence qui tue les moutons ; 3° la bactéridie est modifiée ; dans ce dernier cas seul, il est possible qu'elle préserve, c'est-à-dire qu'elle provoque un *charbon* qui s'arrête et n'aboutit pas à la mort de l'animal. Des expériences directes, préliminaires, permettent seules de reconnaître dans quelle condition se trouve la bactéridie après le chauffage du sang charbonneux. Réussit-on à obtenir la bactéridie dans l'état où elle peut préserver, elle ne peut être fixée par la culture, et déjà, dans le sang qui la recèle, elle se modifie souvent en quelques jours. La culture de la bactéridie, convenablement atténuée par la chaleur, redonne une bactéridie virulente, ce qui la distingue essentiellement, comme je le disais tout à l'heure, des microbes atténués du choléra des poules. Dans nos expériences même, il est arrivé qu'un sang charbonneux, maintenu trente minutes à 55° et dont la bactéridie modifiée se cultivait encore, a donné une culture virulente qui a tué trois moutons sur trois inoculés.

Il résulte de tout ce qui précède que, si l'on voulait inoculer des troupeaux de moutons par le procédé artificiel de M. Toussaint, on pourrait être exposé à de grandes pertes, bien que cependant on puisse assurer que ceux des moutons qui survivraient seraient préservés d'un charbon ultérieur. En outre, la méthode suppose que l'on a à sa disposition une grande quantité de sang charbonneux, ce qui est un grave inconvénient.

Par la Communication que j'ai eu l'honneur de lui faire tout récemment, en mon nom et au nom de MM. Chamberland et Roux [190], l'Académie sait aujourd'hui que la question est résolue dans son importance pratique.

Nous venons d'y ajouter de nouveaux perfectionnements qui intéresseront vivement, je l'espère, l'Académie. Je lui demande de me permettre de les lui faire connaître tout de suite par la lecture d'une nouvelle Note, du reste fort courte.

LE VACCIN DU CHARBON

[Avec la collaboration de MM. Chamberland et Roux.]

Dans la lecture que j'ai faite à l'Académie le 28 février dernier [191], nous avons annoncé qu'il était facile d'obtenir le microbe charbonneux aux degrés les plus divers de virulence, depuis la virulence mortelle, c'est-à-dire qui tue, cent fois sur cent, cobayes, lapins, moutons, jusqu'à la virulence la plus inoffensive, en passant d'ailleurs par une foule d'états intermédiaires. La méthode de préparation de ces virus atténués est d'une merveilleuse simplicité, puisqu'il a suffi de cultiver la bactéridie très virulente dans du bouillon de poule à 42°-43° et d'abandonner la culture après son achèvement au contact de l'air à cette même température. Grâce à cette circonstance que la bactéridie, dans les conditions dont il s'agit, ne forme pas de spores [192], la virulence d'origine ne peut se fixer dans un germe, ce qui arriverait infailliblement à des températures comprises entre 30° et 40° et au-dessous. Dès lors la bactéridie s'atténue de jour en jour, d'heure en heure, et finit par devenir si peu virulente qu'on est contraint, pour manifester en elle un reste d'action, de recourir à des cobayes d'un jour [193]. Cette virulence si faible, si près de s'éteindre, nous a portés naturellement à multiplier les expériences afin d'arriver, s'il était possible, à des atténuations encore plus grandes. Nous y sommes parvenus en prenant pour point de départ la bactéridie la plus virulente que nous ayons eue jusqu'à présent entre les mains. C'est précisément celle dont j'ai parlé dans ma lecture du 28 février, provenant de la germination de corpuscules-germes de quatre ans de durée. Cette bactéridie a pu être maintenue sans périr plus de six semaines à 42°-43°. L'expérience a commencé le 28 janvier. Dès le 9 février, sa culture ne tuait plus les cobayes adultes. Trente et un jours après, le 28 février, une culture, faite à 35°, préparée à l'aide du flacon toujours maintenu à 42°-43°, tuait encore les très jeunes souris, mais non les cobayes, les lapins et les moutons *. Le 12 mars, c'est-à-dire quarante-trois jours après le 28 janvier, une culture nouvelle ne tuait plus ni souris ni cobayes, pas même les cobayes nés depuis quelques heures seulement. Nous avons été ainsi mis en possession d'une bactéridie qu'il est impossible de faire revenir à la virulence. Si jamais ce retour était obtenu, on peut assurer que ce serait en recourant à des espèces animales nouvelles, aujourd'hui inconnues pour être inoculables, absolument différentes de celles que nous savons être présentement aptes à contracter le charbon. En d'autres termes, nous possédons maintenant et nous avons le moyen simple de nous procurer une bactéridie issue de la bactéridie la plus virulente et qui est complètement inoffensive, tout à fait comparable à ces nombreux organismes microscopiques qui remplissent nos aliments, notre canal intestinal, la poussière que nous respirons, sans qu'ils soient pour nous des occasions de maladie ou de mort, parmi lesquels même nous allons chercher souvent des auxiliaires de nos industries.

Que ce résultat est imprévu lorsqu'on songe que cette bactéridie inoffensive se cultive dans des milieux artificiels avec autant de facilité que la bactéridie la plus virulente et que morphologiquement elle ne peut

* Les souris sont plus sensibles au charbon que les cobayes.

s'en distinguer, si ce n'est par les caractères les plus fugitifs * !

Les considérations et les faits suivants ne sont pas moins dignes d'intérêt.

Dans ma lecture du 28 février, j'ai fait observer que le microbe charbonneux se distingue de celui du choléra des poules par l'absence probable, dans les cultures de ce dernier, de germes proprement dits. Toutes les cultures, en effet, du microbe du choléra des poules finissent par périr, soit qu'on les conserve au contact de l'air, soit qu'on les enferme dans des tubes clos en présence de gaz inertes, tels que l'azote et le gaz carbonique. Le microbe du charbon, au contraire, se résout dans ses cultures en corpuscules brillants, formant poussière, qui sont de véritables germes. Ce sont eux que nous avons vus se multiplier dans les terres autour des cadavres charbonneux, ensuite ramenés par les vers de terre à la surface, où ils souillent les récoltes et deviennent les agents de propagation de la terrible maladie dans les étables ou sur les terres de parcage [194].

Nous arrivons ainsi à nous poser la question suivante, si digne d'être méditée quand on la considère du point de vue élevé des principes de la philosophie naturelle : tous ces virus charbonneux atténués qui nous occupent sont-ils capables, eux aussi, de se résoudre en corpuscules-germes, et, si la réponse est affirmative, quels sont les caractères de ces derniers [195] ? Reviennent-ils d'emblée à la virulence des germes de la bactéridie virulente d'où on les a tirés par la méthode d'atténuation prédécemment exposée ? Sinon, se confondent-ils avec ceux d'une bactéridie sans virulence aucune ? Ou bien enfin ces germes,

* Lorsque la bactéridie est très atténuée, ses filaments sont plus courts, plus divisés. La culture moins abondante forme sur les parois des vases un dépôt uniforme, tandis que, à l'état virulent, on la voit le plus souvent en flocons cotonneux, constitués par de très longs fils. Cependant il suffit d'attendre la formation des spores et de faire de celles-ci une culture nouvelle, pour qu'elle reprenne les formes de développement de la bactéridie virulente.

multiples dans leur nature, fixent-ils et pour toujours les virulences de leurs bactéridies propres, ajoutant ainsi aux connaissances médicales et aux grandes lois naturelles ce principe nouveau de l'existence d'autant de germes qu'il y a de sortes de virulences dans certains virus animés ?

C'est cette dernière proposition qui est exacte. Autant de bactéridies de virulences diverses, autant de germes dont chacun est prêt à reproduire la virulence de la bactéridie dont il émane.

Ai-je besoin d'ajouter maintenant qu'une application pratique d'une grande importance nous est offerte ? Tout en réservant l'étude ultérieure des difficultés de détail que nous pourrons rencontrer dans la mise en œuvre d'une vaste prophylaxie charbonneuse, il n'en reste pas moins établi que nous avons à notre disposition non seulement des bactéridies filamenteuses pouvant servir de virus-vaccins dans l'affection charbonneuse, mais des virus-vaccins fixés dans leurs germes avec toutes leurs qualités propres, transportables, sans altération possible.

COMPTE RENDU SOMMAIRE DES EXPÉRIENCES FAITES À POUILLY-LE-FORT, PRÈS MELUN, SUR LA VACCINATION CHARBONNEUSE

[Avec la collaboration de MM. Chamberland et Roux.]

Dans une lecture que j'ai faite à l'Académie le 28 février dernier, qui avait pour objet la découverte d'une méthode de préparation des virus atténués du charbon [196], je m'exprimais ainsi, en mon nom et au nom de mes jeunes collaborateurs :

« Chacun de nos microbes charbonneux atténués constitue pour le microbe supérieur un *vaccin*, c'est-à-dire un virus propre à donner une maladie plus bénigne. Quoi de plus facile, dès lors, que de trouver dans ces virus successifs des virus propres à donner la *fièvre charbonneuse* aux moutons, aux vaches, aux chevaux, sans les faire périr et pouvant les préserver ultérieurement de la maladie mortelle ? Nous avons pratiqué cette opération avec un grand succès sur les moutons. Dès qu'arrivera l'époque du parcage des troupeaux dans la Beauce, nous en tenterons l'application sur une grande échelle. »

L'affection charbonneuse fait perdre chaque année tant de millions à la France, il serait si désirable de pouvoir en préserver les espèces ovine, bovine, chevaline, que l'occasion d'une application de la méthode de vaccination dont je parle s'est offerte à nous presque immédiatement, sans que nous ayons eu à attendre l'époque du parcage des moutons.

Dès le mois d'avril dernier, la Société d'agriculture de Melun, par l'organe de son président, M. le baron de la Rochette, me proposa de se rendre compte par une expérience décisive des résultats que je venais d'annoncer à l'Académie. Je m'empressai d'accepter, et le 28 avril il fut convenu et affirmé ce qui suit :

1° La Société d'agriculture de Melun met à la disposition de M. Pasteur soixante moutons.

2° Dix de ces moutons ne subiront aucun traitement.

3° Vingt-cinq de ces moutons subiront deux inoculations vaccinales, à douze ou quinze jours d'intervalle, par deux virus charbonneux inégalement atténués.

4° Ces vingt-cinq moutons seront, en même temps que les vingt-cinq restants, inoculés par le charbon très virulent, après un nouvel intervalle de douze ou quinze jours.

Les vingt-cinq moutons non vaccinés périront tous ; les vingt-cinq vaccinés résisteront, et on les comparera ultérieurement avec les dix moutons réservés ci-dessus, afin de montrer que les vaccinations n'empêchent pas les moutons de revenir à un état normal.

5° Après l'inoculation générale du virus très virulent aux deux lots de vingt-cinq moutons vaccinés et non vaccinés, les cinquante moutons resteront réunis dans la même étable ; on distinguera une des séries de l'autre en faisant, avec un emporte-pièce, un trou à l'oreille des vingt-cinq moutons vaccinés.

6° Tous les moutons qui mourront charbonneux seront enfouis un à un dans des fosses distinctes, voisines les unes des autres, situées dans un enclos palissadé.

7° Au mois de mai 1882, on fera parquer dans l'enclos dont il vient d'être question vingt-cinq moutons neufs, n'ayant jamais servi à des expériences, afin de prouver que les moutons neufs se contagionneront spontanément par les germes charbonneux qui auront été ramenés à la surface du sol par les vers de terre [197].

8° Vingt-cinq autres moutons neufs seront parqués tout à côté de l'enclos précédent, à quelques mètres de distance, là où l'on n'aura jamais enfoui d'animaux charbonneux, afin de montrer qu'aucun d'entre eux ne mourra du charbon.

Addition à la convention-programme précédente.

M. le président de la Société d'agriculture de Melun ayant exprimé le désir que ces expériences pussent être étendues à des vaches, j'ai répondu que nous étions prêts à le faire, en avertissant toutefois la Société que, jusqu'à présent, les épreuves de vaccination sur les vaches n'étaient pas aussi avancées que celles sur les moutons, qu'en conséquence il pourrait arriver que les résultats ne fussent pas aussi manifestement probants que sur les moutons. Dans tous les cas, j'exprimais ma reconnaissance à la Société de Melun de vouloir bien mettre dix vaches à notre disposition, [ajoutant] que six seraient vaccinées et quatre non vaccinées, qu'après la vaccination les dix vaches recevraient en même temps que les cinquante moutons l'inoculation du virus très virulent. J'affirmais d'autre part que les six vaches vaccinées ne seraient pas malades, tandis que les quatre non vaccinées périraient en totalité ou en partie, ou du moins seraient toutes très malades.

Ce programme, j'en conviens, avait des hardiesses de prophétie qu'un éclatant succès pouvait seul faire excuser. Plusieurs personnes eurent l'obligeance de m'en faire la remarque, non sans y mêler quelque reproche d'imprudence scientifique. Toutefois, l'Académie doit comprendre que nous n'avions pas libellé un tel programme sans avoir de solides appuis dans des expériences préalables, bien qu'aucune de ces dernières n'eût l'ampleur de celle qui se préparait. Le hasard, d'ailleurs, favorise les esprits préparés, et c'est dans ce sens, je crois, qu'il faut entendre la parole inspirée du poète : *Audentes fortuna juvat.*

Les expériences ont commencé le 5 mai, dans la commune de Pouilly-le-Fort, près Melun, dans une ferme appartenant à M. Rossignol.

Sur le désir de la Société d'agriculture qui avait pris l'initiative des essais, on convint de remplacer deux moutons par deux chèvres, et, comme aucune condition quelconque d'âge ou de race n'avait été fixée par nous, les cinquante-huit moutons étaient d'âge, de race et de sexe différents. Sur les dix animaux de l'espèce bovine, il y avait huit vaches, un bœuf et un taureau.

Le 5 mai 1881, on inocula, au moyen d'une seringue de Pravaz, vingt-quatre moutons, une chèvre et six vaches, chaque animal par cinq gouttes d'une culture d'un virus charbonneux atténué. Le 17 mai, on réinocula ces vingt-quatre moutons, la chèvre et les six vaches par un second virus charbonneux également atténué, mais plus virulent que le précédent.

Le 31 mai, on procéda à l'inoculation très virulente qui devait juger de l'efficacité des inoculations préventives des 5 et 17 mai. A cet effet, on inocula d'une part les trente et un animaux précédents, vaccinés, et d'autre part vingt-quatre moutons, une chèvre et quatre vaches. Aucun de ces derniers animaux n'avait subi de traitement préalable.

Le virus très virulent qui servit le 31 mai était régénéré des corpuscules-germes du parasite charbonneux conservé dans mon laboratoire depuis le 21 mars 1877 [198].

Afin de rendre les expériences plus comparatives, on inocula alternativement un animal vacciné et un animal non vacciné. L'opération faite, rendez-vous fut pris, par toutes les personnes présentes, pour le jeudi 2 juin, par conséquent après quarante-huit heures seulement depuis le moment de l'inoculation virulente générale.

A l'arrivée des visiteurs, le 2 juin, les résultats émerveillèrent l'assistance. Les vingt-quatre moutons et la chèvre qui avaient reçu les virus atténués, ainsi que les six vaches, avaient toutes les apparences de la santé ; au contraire, vingt et un moutons et la chèvre qui n'avaient pas été vaccinés étaient déjà morts charbonneux ; deux autres des moutons non vaccinés moururent sous les yeux des spectateurs, et le dernier de la série s'éteignit à la fin du jour.

Les vaches non vaccinées n'étaient pas mortes. Nous avons déjà prouvé antérieurement que les vaches étaient moins sujettes que les moutons à mourir du charbon ; mais toutes avaient des œdèmes volumineux autour du point d'inoculation, derrière l'épaule. Certains de ces œdèmes ont pris, les jours suivants, de telles dimensions qu'ils contenaient plusieurs litres de liquide, déformaient l'animal : l'un d'eux même touchait presque à terre. La température de ces vaches s'éleva de 3°. Les vaches vaccinées n'éprouvèrent ni élévation de température, ni tumeur, pas la moindre inappétence, ce qui rend le succès des épreuves tout aussi complet pour les vaches que pour les moutons.

Le vendredi 3 juin, une des brebis vaccinées mourut. L'autopsie en fut faite le jour même par M. Rossignol et par M. Garrouste, vétérinaire militaire. La brebis fut trouvée pleine, à terme, et l'agneau mort dans la matrice depuis douze à quinze jours. L'opinion des vétérinaires qui ont fait l'autopsie est que la mort de cette brebis devait être attribuée à la mort du fœtus.

Les expériences dont je viens de présenter un compte rendu sommaire ont excité la plus vive curiosité dans le département de Seine-et-Marne et dans les départements voisins. Elles ont eu pour témoins plusieurs centaines de personnes, parmi lesquelles je citerai le président de la Société d'agriculture de Melun, M. de la Rochette ; M. Tisserand, directeur de l'Agriculture ; le préfet de Seine-et-Marne, M. Patinot ; un des sénateurs du département, M. Foucher de Careil, président du Conseil général ; M. Bouley, membre de cette Académie ; le maire de Melun, M. Marc de Haut, président, et M. Decauville, vice-président du Comice de Seine-et-Marne ; plusieurs conseillers généraux ; tous les grands cultivateurs de la contrée ; M. Gassend, directeur de la Station agronomique de Seine-et-Marne ; M. le Dr Rémilly, président, et M. Pigeon, vice-président de la Société d'agriculture de Seine-et-Oise ; M. de Blowitz, correspondant du *Times* ; les chirurgiens et vétérinaires militaires en garnison à Melun ; enfin, un grand nombre de vétérinaires civils, parmi lesquels je nommerai, outre M. Rossignol, de Melun, MM. Garnier et Percheron, de Paris ; Nocart, d'Alfort ; Verrier, de Provins ; Biot et Grand, de la Société médicale de l'Yonne ; Thierry, de Tonnerre ; Butel, de Meaux ; Borgnon, de Couilly ; Caffin, de Pontoise ; Bouchet, de Milly ; Pion, de Grignon ; Mollereau, de Charenton ; Cagnat, de Saint-Denis, etc.

Je ne cacherai pas que j'éprouve ici une vive satisfaction à donner les noms des vétérinaires que le désir de connaître la vérité appela à Pouilly-le-Fort, dans la ferme de leur confrère, M. Rossignol. Le plus grand nombre d'entre eux, sinon tous, avaient accueilli avec incrédulité l'annonce des résultats de notre programme. Dans leurs conversations, dans leurs journaux, ils se montraient fort éloignés d'accepter comme vraie la préparation artificielle des virus-vaccins du choléra des poules et de l'affection charbonneuse. Ce sont aujourd'hui les plus fervents apôtres de la nouvelle doctrine. La confiance de l'un d'eux, le plus sceptique au début, allait jusqu'à vouloir se faire vacciner [199]. C'est d'un bon augure. Ils deviendront les propagateurs de la vaccination charbonneuse. Notre concours leur est acquis. Il importe essentiellement que les cultures vaccinales soient, pour un temps du moins, préparées et contrôlées dans mon laboratoire. Une mauvaise application de la méthode pourrait compromettre l'avenir d'une pratique qui est appelée à rendre de grands services à l'agriculture.

En résumé, nous possédons maintenant des virus-vaccins du charbon, capables de préserver de la maladie mortelle, sans jamais être eux-mêmes mortels, vaccins vivants, cultivables à volonté, transportables partout sans altération, préparés enfin par une méthode qu'on peut croire susceptible de généralisation, puisque, une première fois, elle a servi à trouver le vaccin du choléra des poules. Par le caractère des conditions que j'énumère ici, et à n'envisager les choses que du point de vue scientifique, la découverte des vaccins charbonneux constitue un progrès sensible sur le vaccin jennérien, puisque ce dernier n'a jamais été obtenu expérimentalement [200].

LA RAGE

On dit que Pasteur s'est intéressé à la rage, maladie assez rare qui ne posait pas vraiment un problème de santé publique, parce que dans son enfance, à Arbois, un loup enragé avait semé la terreur dans la population, mordant bêtes et hommes. Pasteur aurait assisté à la cautérisation au fer rouge des personnes mordues, et aurait entendu parler de la mort de huit d'entre elles dans d'atroces souffrances. Ce serait ce souvenir de jeunesse qui l'aurait conduit à se préoccuper de cette maladie.

Quoi qu'il en soit, avec la rage, nous retrouvons le même schéma que pour le choléra des poules et le charbon du mouton. Les différences s'expliquent par des ajustements nécessaires pour adapter ce schéma à la spécificité de la maladie. Cette spécificité tient d'abord à ce qu'ici le germe est un virus, au sens moderne du mot, et que, par conséquent, il est invisible au microscope optique. Son identification et son isolement étaient impossibles au XIXe siècle. Dans ces conditions, Pasteur aurait pu se demander si la rage était bien, comme le choléra des poules et le charbon, produite par un micro-organisme [1]. Il décida de passer outre ce problème, et il procéda exactement comme pour les précédentes maladies, en postulant l'existence d'un germe de la rage ; l'impossibilité de voir celui-ci ne l'entraîna pas à imaginer une théorie nouvelle. Les principales variations dans le protocole expérimental concernent la

1. Elle aurait pu être produite par tout autre chose, une substance soluble, un venin comme on l'a longtemps cru. Le mot *virus*, rappelons-le, signifie étymologiquement *poison, venin*, et il désignait l'agent des maladies.

manière d'inoculer la maladie, de cultiver le virus et d'amoindrir sa virulence.

S'agissant de l'inoculation de la maladie, Pasteur constate qu'en cas de morsure par un animal enragé, le délai de manifestation des troubles est très variable ; et qu'il en est de même si l'on procède par injections intramusculaires d'humeurs contaminées. C'est que le virus rabique se propage essentiellement par les voies nerveuses, et que les principaux troubles sont dus à l'attaque du système nerveux central (encéphale et moelle épinière) par ce virus. Pour que la rage se déclare, il faut donc que le virus parvienne jusqu'au système nerveux. Or, celui-ci est relativement isolé du reste de l'organisme, si bien que le délai d'apparition de la maladie sera différent selon le tissu contaminé (par l'injection ou la morsure), la quantité de virus, et toutes choses susceptibles d'affecter sa possibilité d'atteindre le système nerveux. Pasteur le constate empiriquement, et il résout le problème en inoculant la maladie par trépanation. Dans ces conditions, le virus est directement mis au contact du système nerveux, et le délai de manifestation des troubles est plus bref et plus régulier.

Par ailleurs, la culture du virus ne se fait plus *in vitro*, mais dans des animaux vivants. Pasteur ignore tout de la particularité des virus (au sens moderne du mot), et donc de l'impossibilité de les cultiver en bouillon comme les bactéries ou les levures [2]. Il procède de manière totalement empirique en faisant passer le virus de lapin en lapin (ou parfois de chien en chien) : il prélève le bulbe rachidien ou la moelle épinière d'un animal mort de rage, en dilue une partie dans du sérum et l'injecte par trépanation à un nouvel animal (dont il prélèvera le bulbe ou la moelle quand il sera mort, et ainsi de suite).

Enfin, pour amoindrir la virulence, Pasteur reprend la méthode qu'il a utilisée pour le choléra des poules et le charbon. Il l'adapte en tenant compte de la différence de la méthode de culture du virus : c'est le système nerveux des animaux contaminés qui sert de « bouillon de culture », c'est donc en laissant « vieillir » et se dessécher des fragments de moelle épinière de lapin enragé, qu'il fabrique son vaccin (il semble s'être inspiré ici de travaux de son collaborateur Émile Roux qui étudiait alors la survie du virus dans la moelle épinière).

Ce vaccin est d'abord expérimenté sur des chiens ; puis, le

2. Les virus, au sens moderne du mot, sont des parasites complets et obligatoires ; ils ont donc besoin de leurs cellules-hôtes vivantes pour se reproduire.

7 juillet 1885, c'est la célèbre vaccination de Joseph Meister, mordu deux jours auparavant par un chien enragé ; ensuite celle du berger Jean-Baptiste Jupille, et d'une multitude de personnes dont les *Comptes rendus de l'Académie des sciences* ont gardé le nom et la condition. Ces pages sont de véritables morceaux d'anthologie (c'est pourquoi on pourra les lire ci-après) ; la légende de Pasteur, « le bienfaiteur de l'humanité », prend forme. Dans les textes présentés ici, le tableau des résultats est sans doute un peu enjolivé. Il est vrai que la plupart des personnes traitées n'ont pas été atteintes par la rage, malgré leurs morsures par des animaux enragés ; il est vrai qu'elles n'ont pas eu à souffrir de l'injection du virus atténué en tant que tel ; mais il est vrai aussi que les injections massives de moelle épinière de lapin diluée ne sont pas tout à fait anodines, et qu'elles ont parfois entraîné des troubles assez graves.

Avant de se laisser emporter par le lyrisme pastorien, il faut noter que Pasteur a eu, encore une fois, beaucoup de chance. Généralement, un vaccin n'agit que de manière préventive, avant l'infection par la maladie. Or les personnes vaccinées par Pasteur étaient déjà contaminées par la rage ; mais, comme celle-ci est assez longue à se déclarer, les injections de grandes quantités de vaccin ont eu le temps d'agir [3]. Une autre maladie n'aurait pas permis ce protocole expérimental ; le souvenir du loup enragé a bien servi la médecine.

Pour conclure, on remarquera que, même dans ses grandes envolées humanitaires, Pasteur garde les pieds sur terre : il calcule soigneusement qu'il suffit d'un seul établissement de traitement de la rage pour toute la France, compte tenu du nombre de cas, des délais de déclaration de la maladie, des distances à parcourir pour rejoindre ce centre, etc. Jusqu'à la fin de sa carrière, il aura été un homme d'ordre méticuleux.

Les textes présentés sont :

— Nouveaux faits pour servir à la connaissance de la rage (avec la collaboration de MM. Chamberland, Roux et Thuillier), *Comptes rendus de l'Académie des sciences,* séance du 11 décembre 1882, XCV, p. 1187-1192 (*Œuvres complètes,* tome VI, p. 575-579).

— Microbes pathogènes et vaccins, *Congrès périodique*

3. Jenner n'avait pas eu cette chance ; il ne pouvait vacciner des personnes déjà contaminées par la variole ; c'est pourquoi il expérimenta en vaccinant le jeune James Phipps (âgé de huit ans et en parfaite santé), puis en lui inoculant la variole pour vérifier l'efficacité du vaccin (les comités d'éthique n'existaient pas à l'époque).

international des sciences médicales, 8e session, Copenhague, séance du 10 août 1884 ; *Copenhague,* 1886, I, p. 19-28 (*Œuvres complètes,* tome VI, p. 590-602).

— Méthode pour prévenir la rage après morsure, *Comptes rendus de l'Académie des sciences,* séance du 26 octobre 1885, CI, p. 765-773 (*Œuvres complètes,* tome VI, p. 603-612).

— Résultats de l'application de la méthode pour prévenir la rage après morsure, *Comptes rendus de l'Académie des sciences,* séance du 1er mars 1886, CII, p. 459-466 (*Œuvres complètes,* tome VI, p. 612-622).

NOUVEAUX FAITS POUR SERVIR À LA CONNAISSANCE DE LA RAGE

[Avec la collaboration de MM. Chamberland, Roux et Thuillier.]

De toutes les maladies, la rage paraît être celle dont l'étude offre le plus de difficultés. L'observation clinique est impuissante : il faut recourir sans cesse à l'expérimentation ; mais la signification de la moindre tentative expérimentale se heurtait naguère encore à des doutes insurmontables.

La salive était la seule matière où l'on eût constaté la présence du virus rabique *. Or, la salive inoculée par morsure ou par injection directe dans le tissu cellulaire ne communique pas la rage à coup sûr. En outre, quand la maladie se déclare, ce n'est qu'après une incubation toujours longue, dont la durée est variable et indéterminée.

De ces particularités, il résulte que, si l'on veut porter un jugement sur des expériences d'inoculations dont les résultats sont négatifs, on craint toujours, soit de ne pas avoir maintenu assez longtemps en observation les sujets inoculés, soit d'être en présence d'expériences avortées. En joignant à ces circonstances certaines difficultés de se procurer à volonté le virus, la

* Galtier (V.). *Comptes rendus de l'Académie des sciences,* XCII, 1881, p. 303.

répugnance et le danger de manier des chiens rabiques, on comprend aisément que l'étude de la rage soit faite pour déconcerter.

La situation n'est plus la même aujourd'hui.

Lorsque je résolus, il y a deux ans, de soumettre cette maladie à une étude approfondie, sans me faire illusion sur les difficultés et les longueurs d'une telle étude, je compris que le premier problème à résoudre devait consister dans la recherche d'une méthode d'inoculation du mal qui, tout en supprimant sa trop longue incubation, le ferait apparaître avec certitude. Cette méthode, nous l'avons trouvée et, en mon nom et au nom de mes collaborateurs, je l'ai exposée dans une Note, présentée à cette Académie le 30 mai 1881. Elle repose d'une part sur ce fait, que le système nerveux central est le siège principal du virus rabique [201], qu'on l'y trouve en grande quantité, qu'on peut l'y recueillir à l'état de parfaite pureté ; en second lieu, que la matière rabique inoculée pure à la surface du cerveau, à l'aide de la trépanation, donne la rage rapidement et sûrement [202].

Depuis lors, nous avons trouvé les mêmes avantages, avec des formes de rage un peu différentes, dans une autre méthode d'une application encore plus facile, l'injection intraveineuse du virus.

Les deux grands obstacles à une étude expérimentale de la rage se trouvaient levés désormais.

Quoique les nouvelles recherches que j'ai l'honneur de communiquer aujourd'hui à l'Académie laissent encore beaucoup à désirer, telles qu'elles sont néanmoins, elles suggèrent en foule des vues et des tentatives nouvelles. Et puis, comme le dit Lavoisier, « on ne donnerait jamais rien au public si l'on voulait atteindre le bout de la carrière qui se présente successivement et qui paraît s'étendre à mesure qu'on avance pour la parcourir ».

J'ai pensé que mon exposition gagnerait en clarté et en brièveté, si je me bornais à résumer les conséquences qui se dégagent de notre étude, en réservant les détails des faits pour les joindre ultérieurement, à titre de documents, à la présente Communication.

I. La rage mue et la rage furieuse [203], plus généralement toutes les formes de rage, procèdent d'un même virus. Nous avons reconnu, en effet, qu'on peut passer expérimentalement de la rage furieuse à la rage mue et, inversement, de la rage mue à la rage furieuse.

II. Rien n'est plus varié que les symptômes rabiques. Chaque cas de rage a, pour ainsi dire, les siens propres, et il y a tout lieu d'admettre que leurs caractères dépendent de la nature des points du système nerveux, encéphale et moelle épinière, où le virus se localise et se cultive.

III. Dans la salive rabique, le virus se trouvant associé à des microbes divers, l'inoculation de cette salive peut donner lieu à trois genres de mort :

La mort par le microbe nouveau que nous avons fait connaître sous le nom de *microbe de la salive* [204] ;

La mort par des développements exagérés de pus ;

La mort par la rage.

IV. Le bulbe rachidien d'une personne morte de rage, comme celui d'un animal quelconque également mort de rage, est toujours virulent.

V. Le virus rabique se rencontre non seulement dans le bulbe rachidien, mais, en outre, dans tout ou partie de l'encéphale.

On le trouve également localisé dans la moelle, et souvent dans toutes les parties de la moelle.

La virulence dans la moelle, soit supérieure, soit moyenne, soit lombaire, même tout près du chevelu [205], ne le cède en rien à la virulence de la matière du bulbe rachidien ou des parties de l'encéphale.

Tant que les matières de l'encéphale ou de la moelle ne sont pas envahies par la putréfaction, la virulence y persiste.

Nous avons pu conserver un cerveau rabique avec toute sa virulence, trois semaines durant, à une température voisine de 12°.

VI. Pour développer la rage rapidement et à coup sûr, il faut recourir à l'inoculation à la surface du cerveau, dans la cavité arachnoïdienne, à l'aide de la trépanation. On réalise également la double condition de la suppression d'une longue durée dans l'incubation et de l'apparition certaine du mal par l'inoculation du virus pur dans le système circulatoire sanguin.

Pour la mise en œuvre de ces méthodes, la coopération de M. Roux nous a été aussi active que précieuse. Il a acquis une habileté assez grande pour que les accidents consécutifs aux traumatismes soient une très rare exception.

Par l'emploi de ces méthodes, si favorables à l'étude expérimentale de la maladie, la rage se déclare souvent au bout de six, huit et dix jours.

VII. La rage communiquée par injection de la matière rabique dans le système sanguin offre très fréquemment des caractères fort différents de ceux de la rage furieuse donnée par morsure ou par trépanation, et il est vraisemblable que beaucoup de cas de rage silencieuse ont dû échapper à l'observation. Dans les cas de rage qu'on pourrait appeler rages *médullaires*, les paralysies promptes sont nombreuses, la fureur souvent absente, les aboiements rabiques rares ; par contre, les démangeaisons sont parfois effroyables [206].

Les détails de nos expériences portent à croire que dans les inoculations par le système sanguin, telles que nous les avons déterminées, la moelle épinière est la première atteinte, c'est-à-dire que le virus s'y fixe et s'y multiplie tout d'abord.

VIII. L'inoculation, non suivie de mort, de la salive ou du sang de rabique, par injection intraveineuse chez le chien, ne préserve pas ultérieurement de la rage et de la mort, à la suite d'une inoculation nouvelle de matière rabique pure, faite par trépanation ou par inoculation intraveineuse *.

IX. Nous avons rencontré des cas de guérison

* Ces résultats contredisent ceux qui ont été annoncés par M. Galtier, à cette Académie, le 1er août 1881, par des expériences faites sur le mouton. [Galtier (V.). Les injections de virus rabique dans le torrent circulatoire ne provoquent pas l'éclosion de la rage et semblent conférer l'immunité. La rage peut être transmise par l'ingestion de matières rabiques, *Comptes rendus de l'Académie des sciences,* XCIII, 1er août 1881, p. 284-285.]

spontanée de rage après que les premiers symptômes rabiques seuls s'étaient développés, jamais après que les symptômes aigus avaient apparu.

Nous avons rencontré également des cas de disparition des premiers symptômes, avec reprise du mal après un long intervalle de temps (deux mois) ; dans ces circonstances, les symptômes aigus ont été suivis de mort, comme dans les cas habituels.

X. Dans une de nos expériences, sur trois chiens inoculés en 1881, dont deux avaient pris rapidement la rage et en étaient morts, le troisième, après avoir manifesté les premiers symptômes, s'est guéri.

Ce dernier chien, réinoculé en 1882, à deux reprises, par trépanation, n'a pu devenir enragé.

En conséquence, la rage, quoiqu'elle ait été bénigne dans ses symptômes, n'a pas récidivé.

Voilà un premier pas dans la voie de la découverte de la préservation de la rage.

XI. Nous possédons présentement quatre chiens qui ne peuvent prendre la rage, quels que soient le mode d'inoculation et l'intensité de la virulence de la matière rabique.

Les chiens témoins, inoculés en même temps, prennent tous la rage et en meurent.

Ces quatre chiens comprennent le précédent, celui de la proposition X. Comme ce dernier, sont-ils préservés contre la rage par la maladie bénigne guérie, qui aurait échappé à l'observation, ou sont-ils réfractaires naturellement à la rage, si tant est qu'il y ait de tels chiens ? C'est un point que nous examinerons ultérieurement et prochainement.

Je me borne à ajouter que, l'homme ne contractant jamais la rage qu'à la suite d'une morsure par un animal enragé, il suffirait de trouver une méthode propre à s'opposer à la rage du chien pour préserver l'humanité du terrible fléau. Ce but est encore éloigné, mais, en présence des faits qui précèdent, n'est-il pas permis d'espérer que les efforts de la science actuelle l'atteindront un jour ?

C'est à l'obligeance de M. Bourrel, vétérinaire à

Paris, bien connu par ses publications sur la rage, que nous avons dû les deux premiers chiens à rage furieuse et à rage mue employés au début de nos expériences (décembre 1880). Depuis lors, la rage a été entretenue sans discontinuité dans mon laboratoire. A diverses reprises, nous avons pu utiliser des chiens morts de rage à l'École d'Alfort [207], grâce à l'empressement à nous servir de MM. Goubaux, directeur, et Nocard, professeur distingué de cette École. Enfin, tout récemment, M. Rossignol, vétérinaire à Melun [208], nous a procuré la tête d'une vache, morte enragée chez un fermier de sa clientèle, à la suite des morsures d'un chien enragé.

Il est intéressant de savoir que déjà sont morts de la rage (le dernier, ce matin même) tous les animaux inoculés par trépanation, le 22 novembre dernier, à l'aide du bulbe du cerveau de cette vache, à l'aide du lobe moyen du cervelet, à l'aide du lobe sphénoïdal droit, enfin par la matière du lobe frontal gauche, d'où il résulte que toutes les parties de l'encéphale de cette bête avaient cultivé en abondance le virus rabique. Cependant, à l'exception d'une forte congestion du lobe frontal gauche et d'une congestion moindre dans la moelle allongée, toutes les parties du cerveau paraissaient très saines.

Les propositions qui précèdent sont le fruit d'observations recueillies dans des épreuves d'inoculations de rage, au nombre de plus de deux cents, sur des chiens, des lapins, des moutons.

MICROBES PATHOGÈNES ET VACCINS

Messieurs,

Si nos Congrès sont des réunions où s'agitent les plus graves problèmes de la médecine, ils servent encore à marquer pour l'avenir les grands points de direction. Il y a trois ans, à la veille du Congrès de Londres [209], la doctrine microbienne, appliquée à l'étiologie des maladies transmissibles, était encore vivement attaquée. Des esprits réfractaires aux idées de progrès continuaient à soutenir que « la maladie est en nous, de nous, par nous [210] ».

On pouvait croire que les partisans décidés de la spontanéité morbide se montreraient à Londres ardents à la défendre ; mais l'opposition à la doctrine de l'extériorité de la cause première des maladies contagieuses n'osa pas se manifester, et la discussion sur ces questions ne fut pas même ouverte.

On vit là, une fois de plus, que, quand tout est préparé pour le triomphe d'une vérité nouvelle, l'âme commune d'une grande assemblée sait s'incliner devant elle.

Du reste, tous les esprits clairvoyants avaient pressenti que le jour où la génération spontanée des êtres microscopiques avait pu légitimement être taxée d'hypothèse chimérique, et que, d'autre part, la vie de ces êtres avait apparu comme la cause principale de la décomposition organique et des fermentations, la théorie de la spontanéité en médecine avait vécu [211].

C'est également du Congrès de Londres que date la constatation d'un autre progrès de grand avenir, celui de l'atténuation possible des virus [212], de la variabilité de leurs virulences et de la conservation de celles-ci par des cultures appropriées, de l'application enfin de ce progrès à la médecine des animaux.

Aux microbes-vaccins du choléra des poules et du charbon, on a pu en ajouter d'autres. C'est maintenant par centaines de mille que se comptent les animaux préservés contre l'atteinte de maladies contagieuses mortelles. Malgré la vivacité des contradictions qui accueillirent ces nouveautés, elles furent bientôt emportées par le courant des idées nouvelles.

Le cercle des applications du nouveau progrès sera-t-il borné dans l'avenir à la prophylaxie des maladies des animaux ? Outre qu'il n'y a jamais lieu de désespérer d'une découverte et de sa fécondité, on peut dire que cette question est déjà résolue en principe. Le charbon, par exemple, est propre aux animaux et à l'homme. Eh bien, il est permis de déclarer que, s'il y avait utilité à le faire, rien ne serait plus simple que de procurer à l'homme l'immunité contre cette affection [213]. Le procédé qui sert pour les bestiaux lui serait applicable, pour ainsi dire, sans modifications. Il s'agirait seulement de procéder avec un excès de prudence que n'exige pas la vie d'un bœuf ou d'un mouton. Au lieu de vacciner par deux vaccins seulement, on en prendrait trois ou quatre, de virulences croissantes, en choisissant les premiers assez faibles pour ne jamais exposer le sujet à la moindre complication morbide, quelle que puisse être la réceptivité de sa constitution à la maladie [214].

Pour les maladies humaines, la difficulté n'est donc pas dans l'application de la nouvelle méthode de prophylaxie, mais plutôt dans la connaissance des propriétés physiologiques de leurs virus. Atténuer ces virus dans la mesure convenable, c'est sur ce point que doivent porter les efforts de l'expérimentation. Mais, l'expérimentation, permise sur les animaux, est criminelle quand il s'agit de l'homme. Elle est, pour les maladies exclusivement propres à notre espèce, la cause principale de la complication des recherches. Songeons toutefois que les études dont nous parlons datent d'hier, que les résultats sont déjà féconds et qu'on a le droit d'attendre de nouveaux progrès, quand sera plus approfondie la connaissance des maladies des animaux, de celles surtout qui affectent tout à la fois l'homme et les espèces animales.

C'est ce désir de pénétrer plus avant dans une recherche de cette nature qui m'a engagé à étudier la rage, malgré les obscurités dont cette maladie paraissait entourée.

Il y a quatre années déjà que cette étude de la rage a été commencée dans mon laboratoire et poursuivie sans autre interruption que les intervalles forcés inhérents aux conditions mêmes de la recherche, conditions très défavorables. Les incubations du mal sont toujours de longue durée ; le local n'est jamais suffisant et l'on se trouve ainsi dans l'impossibilité de multiplier, à un moment donné, les expériences. Cependant, malgré ces obstacles matériels, que la sollicitude du Gouvernement français pour les grands intérêts scientifiques a, d'ailleurs, tout fait pour aplanir [215], les expériences que nous avons déjà instituées, mes collaborateurs et moi, ne se comptent plus. Je me bornerai aujourd'hui, Messieurs, à exposer les résultats les plus récents de nos recherches.

Le mot de maladie, et surtout d'une maladie comme la rage, éveille immédiatement dans l'esprit l'idée de remède. Mais se proposer tout d'abord la recherche de la guérison, c'est s'exposer le plus souvent à un labeur stérile. C'est vouloir en quelque sorte attendre le progrès du hasard. Mieux vaut entreprendre de connaître en premier lieu la nature, la cause et l'évolution de la maladie avec l'espoir lointain d'en découvrir la prophylaxie.

Si la rage n'est plus aujourd'hui un problème insurmontable, c'est à cette dernière méthode que nous devons ce progrès.

Ainsi que nous l'avons constaté, le virus rabique se développe invariablement dans le système nerveux, dans l'encéphale, dans la moelle épinière, dans les nerfs et dans les glandes salivaires ; il n'apparaît pas simultanément dans toutes ces parties. Il peut, par exemple, se cultiver à l'extrémité de la moelle avant d'atteindre le cerveau. On peut le rencontrer en un ou plusieurs points de l'encéphale et non dans les autres.

Si l'on vient à sacrifier un animal en pleine rage, la recherche de la présence, ici ou là, du virus rabique dans le système nerveux ou dans les glandes peut être assez longue, mais heureusement nous avons reconnu que, toutes les fois que la mort arrive naturellement par le développement de la rage, la portion de la moelle allongée qui unit la moelle au cerveau, et qu'on désigne sous le nom de bulbe, est toujours rabique [216]. Quand un animal meurt de rage (et on sait que la maladie se termine toujours par la mort), on est assuré de pouvoir avec certitude puiser dans son bulbe de la matière rabique propre à donner la rage à la suite d'inoculations faites à la surface du cerveau dans la cavité arachnoïdienne par l'opération du trépan.

Qu'on prenne un chien quelconque dans la rue et qu'on l'inocule de la rage par cette méthode de trépanation en se servant pour matière inoculatrice d'une partie du bulbe d'un animal mort de la rage, et la rage se déclarera toujours. C'est par centaines qu'on peut compter le nombre des chiens recueillis en fourrière, sans choix quelconque, qui ont été inoculés de la rage par cette méthode. Jamais il n'y a eu le moindre insuccès ; on a opéré de même sur des centaines de cochons d'Inde et sur un plus grand nombre encore de lapins, sans qu'il se soit présenté une seule exception.

Ces deux grands résultats, présence constante du virus dans le bulbe au moment de la mort et certitude de donner la rage par l'inoculation dans la cavité arachnoïdienne, sont comme des axiomes expérimentaux et leur importance est capitale.

Grâce à la précision de leur application et la mise en œuvre pour ainsi dire quotidienne de ces critériums de l'expérience, nous pûmes avancer avec sûreté dans une étude aussi ardue. Mais, si solides que fussent ces bases expérimentales, elles sont néanmoins incapables par elles-mêmes de nous donner la moindre idée d'une méthode de vaccination contre la rage.

Dans l'état actuel de la science, la découverte d'une méthode de vaccination contre une maladie virulente suppose : 1° qu'on a affaire à un virus pouvant revêtir des intensités diverses dont les plus faibles pourront servir à titre vaccinal ; 2° qu'on a en sa possession une méthode permettant de produire ces virulences diverses. Or, présentement, la science ne connaît qu'une sorte de rage, la rage du chien [217]. Toute rage de chien, d'homme, de cheval, de bœuf, de loup, de renard, etc., provient originairement d'une morsure de chien enragé. La rage n'est jamais spontanée, pas plus chez le chien que chez les autres animaux. Tous les faits qu'on cite de rage spontanée n'ont aucune authenticité sérieuse ; j'ajoute que c'est ne rien dire que d'arguer qu'il a bien fallu qu'il y eût un premier cas de rage. Tenir ce langage pour résoudre la difficulté qui nous occupe, c'est invoquer sans motif le problème, aujourd'hui encore insondable, de l'origine de la vie. Ce serait répondre à qui affirmerait qu'un chêne provient toujours d'un chêne, qu'il a bien fallu qu'un premier chêne fût de production spontanée. La science qui se connaît elle-même sait qu'il ne lui servirait de rien de disserter sur l'origine des choses ; elle sait que, pour le moment du moins, cette origine est en dehors de la puissance de son investigation [218].

En résumé, la question de savoir si le virus rabique est susceptible de revêtir des intensités diverses à la manière des virus du choléra des poules, du charbon, du microbe de la salive, du rouget du porc [219]... est la première question à résoudre pour arriver à une prophylaxie de la rage.

Mais comment reconnaître l'existence d'intensités diverses possibles dans le virus rabique ? A quel critérium recourir pour évaluer la force d'un virus qui, toutes les fois qu'il n'avorte pas, devient mortel ?

Est-ce aux symptômes extérieurs de la rage qu'on aura recours ? Mais ces symptômes sont très variables. Ils dépendent essentiellement des parties de l'encéphale et de la moelle où le virus va tout d'abord se localiser et vivre. La rage la plus caressante, car il en est de pareilles, peut produire chez un autre animal de même espèce la rage la plus furieuse.

Pourrait-on se servir de la durée d'incubation du mal pour évaluer une intensité rabique ? Mais quoi de plus changeant ! Qu'un chien enragé morde divers chiens. L'un d'eux prendra la rage après un mois ou six semaines, un autre après deux ou trois mois et davantage. Quoi de plus variable également que la durée d'incubation de la rage suivant ses divers modes d'inoculation ! Ne voit-on pas la rage tantôt se déclarer, tantôt avorter à la suite de la morsure ou d'inoculations hypodermiques, toutes choses égales d'ailleurs, tandis qu'une inoculation à la surface du cerveau n'est jamais stérile et que l'incubation est alors d'une durée relativement courte ?

Il est cependant possible d'évaluer assez sûrement l'intensité du virus rabique par la durée de l'incubation, à la double condition d'adopter pour méthode la méthode d'inoculation intracranienne, d'éloigner en outre, par la proportion de la matière inoculée, une des grandes causes de perturbation des résultats inhérents aux inoculations par morsures, hypodermiques ou intraveineuses.

Les durées d'incubation, en effet, peuvent dépendre beaucoup des quantités de virus efficaces, c'est-à-dire des quantités de virus qui arrivent au système nerveux, sans diminution ni modification. Quoique les quantités de virus propres à donner la rage puissent être, pour ainsi dire, infiniment petites — on en a bien la preuve, par le fait vulgaire de la rage se déclarant à la suite de morsures rabiques qui, le plus souvent, introduisent dans l'économie un poids de virus à peine appréciable — il est facile de changer du simple au double la durée de l'incubation par le seul fait d'un changement dans la proportion de ces très petites quantités inoculées. Je citerai les exemples suivants :

Le 10 mai 1882, on inocule dans la veine du jarret d'un chien X gouttes d'un liquide obtenu en broyant une portion du bulbe d'un chien mort par virus de rage des rues dans trois ou quatre fois son volume de bouillon stérilisé.

A un second chien on inocule 1/100 de cette quantité et à un troisième 1/200. Le premier chien a été pris de rage après dix-huit jours d'incubation, le deuxième après trente-cinq jours, le troisième a été épargné, c'est-à-dire que, pour ce dernier, et avec le mode d'inoculation dont on s'est servi dans cette expérience, la quantité de virus a été insuffisante pour donner la rage. Ce dernier chien, comme tous les chiens en général, était susceptible de prendre la rage, car, l'ayant réinoculé le 3 septembre 1882, il fut atteint de rage vingt-deux jours après.

Je prends un autre exemple portant sur des lapins et par un mode d'inoculation différent, celui de la trépanation. Le bulbe d'un lapin mort de rage à la suite de l'inoculation d'un virus très virulent est délayé dans deux à trois fois son volume de bouillon stérilisé. Après avoir laissé reposer quelques instants le mélange, on inocule par trépanation à un premier lapin II gouttes du liquide surnageant, à un autre lapin 1/4 de cette quantité, puis successivement à d'autres lapins 1/16, 1/64, 1/128, 1/512 de cette même quantité. Tous ces lapins sont morts de rage et les durées d'incubation pour chacun d'eux ont été de huit jours, neuf jours, dix jours pour les troisième et quatrième lapins, douze jours et seize jours pour les derniers.

Ces changements dans les durées d'incubation n'avaient pas été amenés par un affaiblissement de la virulence intrinsèque du virus que les dilutions auraient provoqué, parce qu'on retomba sur la durée d'incubation de huit jours en inoculant les bulbes de tous ces lapins après leur mort à de nouveaux lapins.

Nous voyons par ces exemples que, dans les cas où la rage résulte de morsures ou d'inoculations hypodermiques, les perturbations dans les durées des incubations doivent être attribuées principalement à la grande variation possible des proportions toujours indéterminées de virus inoculés atteignant le système nerveux central.

Si donc on veut se servir de la durée des incubations pour mesurer des intensités de virulence, il est indispensable de recourir tout à la fois à la méthode de trépanation qui est absolument sûre dans son action, jointe à l'emploi de quantités de virus supérieures aux quantités qui seraient seulement nécessaires pour donner la rage. En opérant ainsi, les irrégularités dans les durées d'incubation d'un même virus tendent à disparaître complètement, parce qu'on atteint toujours au maximum d'effet qu'un virus peut produire : ce maximum se caractérise par un minimum dans la durée d'incubation.

C'est ainsi que nous avons fini par avoir entre les mains une méthode qui a permis de rechercher l'existence possible de virulences rabiques diverses et de les comparer entre elles. Tout le secret de cette méthode, je le répète, consiste à inoculer par la méthode de la trépanation et en se servant de quantités de virus qui, bien que très faibles, sont supérieures à celles qui seraient seulement suffisantes pour donner la rage [220]. Cette méthode affranchit les durées d'incubation de leurs causes perturbatrices, et les rend exclusivement dépendantes des activités des virus dont les mesures respectives sont données par les minimums des durées d'incubation que ces activités déterminent.

La première application de cette méthode fut faite à l'étude de la rage du chien et particulièrement à la question de savoir si la rage du chien est toujours semblable à elle-même, avec la seule différence que pourrait y apporter la nature des diverses races canines.

Prenons donc des chiens rabiques des rues à des époques quelconques dans les diverses saisons d'une même année ou de plusieurs années, et appartenant aux races de chiens les plus variées. Isolons pour chacun d'eux, à chaque fois, leurs bulbes et inoculons la matière de ces bulbes par la méthode de la trépanation à un ou deux lapins, en nous servant de II gouttes du liquide obtenu par le broiement, dans deux à trois fois leur volume d'un liquide stérilisé, avec tous les soins de pureté convenables [221]. L'inoculation se fait à l'aide d'une aiguille de seringue de Pravaz un peu courbée à son extrémité qu'on engage à travers la dure-mère dans la cavité arachnoïdienne. Voici ce qu'on observe : Sur tous les lapins, quel que soit le chien rabique employé, la durée d'incubation est comprise, pour ainsi dire sans exception, dans un intervalle de douze à quinze jours. Jamais on ne tombe sur des durées d'incubation de onze, de dix, de neuf et de huit jours. Jamais non plus sur des durées d'incubation de plusieurs semaines et de plusieurs mois.

La rage de chien, la rage ordinaire, la seule connue, est donc très sensiblement une dans sa virulence ; ses modifications, très restreintes d'ailleurs, paraissent ne dépendre que des susceptibilités des diverses races connues. Mais nous allons assister à un changement profond dans cette virulence rabique du chien.

Considérons l'un quelconque de nos nombreux lapins inoculés par le virus d'un chien à rage des rues et, après sa mort, inoculons, toujours par trépanation, II gouttes du liquide de son bulbe, préparé comme nous l'avons dit, à un second lapin dont le bulbe servira de même pour un troisième lapin, le bulbe de celui-ci pour un quatrième et ainsi de suite. On verra manifestement, dès les premiers passages, une tendance à la diminution de la durée dans l'incubation de la rage des lapins successifs. Je prends un exemple :

Dans les derniers mois de l'année 1882, 15 vaches et 1 taureau moururent de rage dans une ferme des environs de Melun, chef-lieu du département de Seine-et-Marne, à la suite de morsures faites le 2 octobre par le chien de la ferme qui était devenu enragé. La tête d'une des vaches, morte le 19 novembre, est adressée à mon laboratoire par M. Rossignol, vétérinaire à Melun [222]. Des expériences multipliées, faites sur des chiens et des lapins, prouvèrent que toutes les parties suivantes, seules éprouvées, de l'encéphale, bulbe, cervelet, lobe frontal, lobe sphénoïdal étaient rabiques. Les lapins inoculés par trépanation à l'aide de ces parties du cerveau furent pris de rage le dix-septième ou le dix-huitième jour après leur inoculation. Avec le bulbe d'un des lapins morts on inocule deux nouveaux lapins. L'un d'eux est pris de rage le quinzième jour, et l'autre le vingt-troisième jour après leurs inoculations respectives.

Je remarque une fois pour toutes qu'en passant de la rage d'un animal à un autre animal d'espèce différente avant que le virus rabique du premier soit fixé dans sa virulence maximum, il y a de grandes irrégularités dans les durées d'incubation des nouveaux animaux inoculés. Nous en avons ici un exemple, puisque le même virus nous donne, pour un lapin, quinze jours d'incubation, et, pour l'autre, vingt-trois, toutes choses égales d'ailleurs en apparence.

Le bulbe du premier de ces lapins morts est inoculé à deux nouveaux lapins, toujours par trépanation. L'un d'eux est pris de rage après dix jours, l'autre après quatorze jours. Avec le bulbe du premier mort on inocule encore deux nouveaux lapins ; cette fois la rage se déclare en dix jours pour l'un, en douze jours pour l'autre. Au cinquième passage par deux lapins, la rage s'est déclarée en onze jours pour chacun d'eux, en onze jours également pour le sixième passage, en douze jours pour le septième, en dix et onze jours pour le huitième, en dix jours pour le neuvième et le dixième passages, en neuf jours pour le onzième, en huit et neuf jours pour le douzième, et ainsi de suite, avec des variations de vingt-quatre heures au plus, jusqu'au vingt et unième passage, où la rage s'est déclarée en huit jours et ultérieurement toujours en huit jours jusqu'au cinquantième passage qui vient d'avoir lieu ces jours derniers. Commencée le 19 novembre 1882, cette longue série d'expériences qui dure encore est continuée afin de conserver le virus rabique dans sa virulence maximum, atteinte, comme on le voit, depuis longtemps déjà.

Permettez-moi de vous faire observer ici combien doivent être grandes la sûreté et la facilité de la trépanation et de l'inoculation rabique qui la suit, puisque, depuis vingt mois, et cela environ tous les douze jours, des lapins sont trépanés et inoculés successivement par un virus rabique d'origine unique, sans qu'il y ait eu jamais d'interruption dans l'expérience.

Les cochons d'Inde conduisent plus vite au maximum de la virulence qui leur est propre. Dans cette espèce, la durée de l'incubation, également variable et irrégulière au début des passages successifs, se fixe assez promptement à une durée minimum de cinq jours. Sept ou huit passages seulement de cobaye à cobaye conduisent au maximum de la virulence. Du reste, suivant l'origine du premier virus inoculé, on observe chez les cobayes et chez les lapins des différences dans le nombre des passages nécessaires pour atteindre le maximum de la virulence [223].

Si l'on vient à reporter ces rages, de virulence maximum, offertes par les lapins et par les cobayes, sur des sujets de la race canine, on obtient un virus rabique de chien qui dépasse de beaucoup la virulence connue de la rage des chiens.

Mais j'ai hâte de le dire, de quelle utilité peut être la découverte que nous venons d'exposer de l'existence et de la production de rages diverses, toutes plus violentes et plus rapidement mortelles que la rage actuelle du chien ? L'homme de science ne dédaigne rien de ce qu'il peut découvrir dans le champ de la science pure, mais la foule que terrifie la pensée seule de la rage demande autre chose que des curiosités scientifiques. Combien ne serait-on pas plus intéressé par la connaissance de virus rabiques qui seraient, au contraire, atténués dans leur virulence. On aurait l'espoir de créer des virus rabiques vaccins, comme nous l'avons fait pour les virus du choléra des poules, du microbe de la salive, du mal rouge des porcs, même de la septicémie aiguë. Malheureusement, les méthodes qui avaient servi pour ces virus se sont montrées inapplicables ou insuffisantes quand il s'est agi de la rage. Il a fallu songer dès lors à trouver des méthodes nouvelles, indépendantes, par exemple, des cultures *in vitro* du virus rabique mortel.

Jenner, le premier, a introduit dans la science l'opinion que le virus qu'il appelait le *grease* du cheval, que nous nommons aujourd'hui avec plus d'exactitude le *horse-pox,* doit adoucir les effets de sa virulence, si l'on peut ainsi parler, en passant par la vache avant qu'on puisse le transporter sur l'homme sans danger. Dès lors, l'idée d'une diminution possible de la virulence rabique par des passages à travers le corps de certains animaux devait être tentée. Bien des essais furent entrepris, mais la plupart des espèces éprouvées exaltèrent la virulence à la manière du lapin et du cobaye ; heureusement, il n'en fut pas de même de l'espèce singe.

Le 6 décembre 1883, le bulbe d'un chien rabique dont la rage avait été déterminée par le virus d'un enfant mort de rage est inoculé à un singe par trépanation. Celui-ci est pris de rage onze jours après ; de ce premier singe on passa à un second qui est encore pris de rage en onze jours. Chez un troisième, la rage ne se déclara qu'après vingt-trois jours, etc. Le bulbe de chacun des singes fut inoculé par trépanation chaque fois à deux lapins. Or, les lapins issus du premier singe furent pris de rage en treize et seize jours ; ceux du deuxième, en quatorze et vingt jours ; ceux du troisième, en vingt-six et trente jours ; ceux du quatrième, tous deux après vingt-huit jours ; ceux du cinquième, après vingt-sept jours ; ceux du sixième, après trente jours.

On ne peut douter dès lors que par le passage de singe à singe et des divers singes aux lapins, la virulence diminue pour ces derniers ; elle diminue également pour les chiens.

D'autres observations de même nature faites sur des séries de singes ont conduit à des résultats de même ordre. Nous sommes donc en possession d'une méthode qui permet d'atténuer la virulence rabique. Des inoculations successives de singe à singe donnent des virus qui, reportés sur des lapins, leur communiquent la rage après des durées d'incubation dont la longueur augmente progressivement. Néanmoins, si l'on part de l'un quelconque de ces lapins pour inoculer successivement de nouveaux lapins, la rage de ceux-ci obéit à la loi d'augmentation de la virulence par passage de lapin à lapin dont nous avons parlé précédemment.

L'application de ces faits conduit à une méthode de vaccination des chiens contre la rage. Comme point de départ, on prendra l'un des lapins issus d'un singe de passage assez élevé pour que les inoculations hypodermiques ou intraveineuses du bulbe de ce lapin n'entraînent pas la mort. Les inoculations préventives suivantes ont lieu avec les bulbes de lapins provenant par passages successifs du lapin qui sert d'origine [224].

Dans ces expériences, nous avons employé le plus souvent l'inoculation de virus de lapins morts après des durées d'incubation de quatre semaines, en renouvelant trois et quatre fois les inoculations préventives avec les bulbes des lapins provenant successivement les uns des autres à la suite du lapin qui avait servi de point de départ.

Je n'entre pas ici dans plus de détails, parce que j'attends de nos expériences actuelles de grandes simplifications à ces pratiques.

Il semble cependant, Messieurs, que cette Communication offre une grande lacune : je n'y parle pas du microbe de la rage. Nous ne l'avons pas [225]. Le procédé pour l'isoler laisse encore à désirer et les difficultés de sa culture en dehors du corps des animaux n'ont pas été levées, même en nous servant de la matière nerveuse fraîche pour milieu de culture. Les méthodes qui nous ont servi pour avancer dans l'étude de la rage doivent d'autant plus, peut-être, attirer l'attention. Longtemps encore l'art de prévenir les maladies sera aux prises avec des maladies virulentes dont les microbes échapperont à nos recherches. C'est donc un point scientifique capital que l'on puisse découvrir, à la rigueur, la vaccination d'une maladie virulente, sans avoir à sa disposition son virus propre et en restant dans l'ignorance de l'isolement et de la culture du microbe correspondant [226].

Lorsque la méthode de vaccination des chiens fut établie et que nous eûmes entre les mains un grand nombre de chiens rendus réfractaires à cette maladie, dans la prévision d'une application pratique ultérieure et, me souvenant des oppositions qui avaient accueilli à ses débuts la découverte de Jenner [227], j'eus la pensée de soumettre à une Commission compétente les faits qui me semblent appelés dans l'avenir à servir de base à la vaccination des chiens contre la rage.

Le ministre de l'Instruction publique, M. Fallières, à qui je parlai de mon projet, voulut bien l'approuver, et il chargea MM. Béclard, Paul Bert, Bouley, Tisserand, Villemin, Vulpian du contrôle des faits que j'avais annoncés sommairement à l'Académie des sciences dans sa séance du 19 mai dernier. La Commission, après avoir désigné M. Bouley comme président et M. le Dr Villemin comme secrétaire, se mit tout de suite à l'œuvre et j'ai la satisfaction de vous informer qu'elle vient d'adresser un premier Rapport au Ministre. J'ai pu, ici même, en avoir connaissance. Voici en quelques mots les principaux faits que relate ce premier Rapport de la Commission de la rage. J'ai livré successivement à la Commission 23 chiens vaccinés, c'est-à-dire rendus réfractaires par des inoculations préventives. Ces 23 chiens ont été mis en comparaison et par séries diverses avec 19 chiens témoins pris à la fourrière, sans choix quelconque :

En premier lieu, 2 réfractaires et 2 témoins furent inoculés par la méthode de la trépanation sous la dure-mère à la surface du cerveau, le 1er juin, par le bulbe d'un chien rabique des rues ;

Le 3 juin, 1 réfractaire et 1 témoin sont mordus par 1 chien rabique furieux, chien des rues ;

Le 4 juin, de nouveau et par le même chien furieux la Commission a fait mordre 1 réfractaire et 1 témoin ;

Le 6 juin, le chien furieux qui a servi les 3 et 4 juin étant mort, on inocule par son bulbe et par la méthode de la trépanation 3 chiens réfractaires et 3 chiens témoins ;

Le 10 juin, la Commission fait mordre 1 réfractaire et 1 témoin par un nouveau chien rabique des rues ;

Le 17 juin, la Commission fait mordre 2 nouveaux chiens, 1 réfractaire et 1 témoin, par l'un des témoins du 1er juin qui a pris la rage le 14 juin à la suite de l'inoculation par trépanation qu'il avait subie le 1er juin ;

Le 19 juin, la Commission fait inoculer devant elle dans une veine du jarret 3 réfractaires et 3 témoins par le bulbe d'un chien à rage des rues ;

Le 20 juin, la Commission fait inoculer devant elle, également dans une veine, 12 chiens dont 8 réfractaires et 4 témoins venant de la fourrière ;

Le 26 juin, avec le bulbe du second témoin, trépané le 1er juin et mort de rage furieuse le 25, la Commission fait inoculer dans la veine du jarret : 1° un chien témoin venu de la fourrière ; 2° un chien réfractaire.

Le 28 juin, la Commission, ayant appris que M. Paul Simon, vétérinaire, avait 1 chien rabique mordeur dans son infirmerie, fait conduire chez lui pour les y faire mordre 4 chiens dont 2 réfractaires et 2 témoins.

Sans entrer plus avant dans ce résumé du Rapport de la Commission de la rage, celle-ci constate, en terminant son Rapport, que jusqu'ici elle a mis en expérience 42 chiens dont 23 lui furent remis par moi à titre de chiens réfractaires à la rage, et 19 témoins pouvant devenir enragés. Ceux de ces chiens qui ne sont pas morts des suites des inoculations ou morsures, sont en observation et continueront de l'être longtemps encore.

En bornant à l'heure présente l'examen de l'état des sujets soumis au contrôle des expériences de la Commission, il y a eu sur 19 témoins :

3 cas de rage sur 6 mordus ;

6 sur 8, à la suite des inoculations intraveineuses ;

5 sur 5, à la suite des inoculations par trépanation, tandis que SUR LES 23 CHIENS VACCINÉS, IL NE S'EST PAS DÉCLARÉ UN SEUL CAS DE RAGE.

Au cours des expériences, le 13 juillet, un réfractaire est mort à la suite d'une *diarrhée noire* qui s'est manifestée dans les premiers jours de juillet. Afin de savoir si la rage n'était pour rien dans les causes de sa mort, on s'est empressé d'inoculer son bulbe par la méthode de la trépanation à 3 lapins et à 1 cochon d'Inde. Ces 4 animaux vont encore aujourd'hui très bien. C'est la preuve manifeste que le chien n'est pas mort de rage, mais d'une maladie commune.

Le second Rapport de la Commission [228] portera

sur la constatation de l'état réfractaire à la rage de 20 chiens qu'elle aura elle-même vaccinés.

Permettez-moi d'ajouter que, ce matin même, j'ai reçu l'information que le chien témoin, mordu le 17 juin par un des témoins qui avait été lui-même mordu le 1er juin, a été pris de rage le 8 août au matin et que tous les réfractaires continuent de se porter à merveille.

C'est donc, à l'heure présente, 4 sur 6 témoins mordus qui ont été pris de rage, tous en moins de deux mois. Cette proportion de 2/3 ou 66 p. 100 de chiens témoins pris de rage, après morsures, alors que deux mois ne se sont pas encore écoulés depuis que les morsures ont eu lieu, est considérable. Cela vient évidemment de ce que le nombre des morsures est en général bien plus grand lorsque le combat a lieu dans une cage de fer que dans la rue, où le chien attaqué, après une première morsure, s'éloigne précipitamment d'ordinaire.

MÉTHODE POUR PRÉVENIR LA RAGE APRÈS MORSURE

La prophylaxie de la rage, telle que je l'ai exposée en mon nom et au nom de mes collaborateurs, dans des Notes précédentes, constituait assurément un progrès réel dans l'étude de cette maladie, progrès toutefois plus scientifique que pratique. Son application exposait à des accidents. Sur 20 chiens traités, je n'aurais pu répondre d'en rendre réfractaires à la rage plus de 15 ou 16.

Il était utile, d'autre part, de terminer le traitement par une dernière inoculation très virulente, inoculation d'un virus de contrôle, afin de confirmer et de renforcer l'état réfractaire. En outre, la prudence exigeait que l'on conservât les chiens en surveillance pendant un temps supérieur à la durée d'incubation de la maladie produite par l'inoculation directe de ce dernier virus. Dès lors, il ne fallait pas moins quelquefois d'un intervalle de trois à quatre mois pour être assuré de l'état réfractaire à la rage.

De telles exigences auraient limité beaucoup l'application de la méthode.

Enfin, la méthode ne se serait prêtée que difficilement à une mise en train toujours immédiate, condition réclamée cependant par ce qu'il y a d'accidentel et d'imprévu dans les morsures rabiques.

Il fallait donc arriver, si cela était possible, à une méthode plus rapide et capable de donner une sécurité, j'oserais dire, parfaite sur les chiens.

Et comment d'ailleurs, avant que ce progrès fût atteint, oser se permettre une épreuve quelconque sur l'homme [229] ?

Après des expériences, pour ainsi dire sans nombre, je suis arrivé à une méthode prophylactique, pratique et prompte, dont les succès sur le chien sont déjà assez nombreux et sûrs pour que j'aie confiance dans la généralité de son application à tous les animaux et à l'homme lui-même.

Cette méthode repose essentiellement sur les faits suivants :

L'inoculation au lapin, par la trépanation, sous la dure-mère, d'une moelle rabique de chien à rage des rues, donne toujours la rage à ces animaux après une durée moyenne d'incubation de quinze jours environ.

Passe-t-on du virus de ce premier lapin à un second, de celui-ci à un troisième, et ainsi de suite, par le mode d'inoculation précédent, il se manifeste bientôt une tendance de plus en plus accusée dans la diminution de la durée d'incubation de la rage chez les lapins successivement inoculés [230].

Après vingt à vingt-cinq passages de lapin à lapin, on rencontre des durées d'incubation de huit jours, qui se maintiennent pendant une période nouvelle de vingt à vingt-cinq passages. Puis on atteint une durée d'incubation de sept jours, que l'on retrouve avec une régularité frappante pendant une série nouvelle de passages allant jusqu'au quatre-vingt-dixième. C'est du moins à ce chiffre que je suis en ce moment ; et c'est à peine s'il se manifeste actuellement une tendance à une durée d'incubation d'un peu moins de sept jours.

Ce genre d'expériences, commencé en novembre 1882, a déjà trois années de durée, sans que la série ait été jamais interrompue, sans que jamais, non plus, on ait dû recourir à un virus autre que celui des lapins successivement morts rabiques. Rien de plus facile, en conséquence, d'avoir constamment à sa disposition, pendant des intervalles de temps considérables, un virus rabique d'une pureté parfaite, toujours identique à lui-même ou à très peu près. C'est là le nœud *pratique* de la méthode.

Les moelles de ces lapins sont rabiques dans toute leur étendue avec constance dans la virulence.

Si l'on détache de ces moelles des longueurs de quelques centimètres avec les précautions de pureté aussi grandes qu'il est possible de les réaliser, et qu'on les suspende dans un air sec, la virulence disparaît lentement dans ces moelles jusqu'à s'éteindre tout à fait. La durée d'extinction de la virulence varie quelque peu avec l'épaisseur des bouts de moelle, mais surtout avec la température extérieure. Plus la température est basse et plus durable est la conservation de la virulence. Ces résultats constituent le point *scientifique* de la méthode *.

Ces faits étant établis, voici le moyen de rendre un chien réfractaire à la rage, en un temps relativement court.

Dans une série de flacons, dont l'air est entretenu, à l'état sec, par des fragments de potasse [232] déposés sur le fond du vase, on suspend, chaque jour, un bout de moelle rabique fraîche de lapin mort de rage,

* Si la moelle rabique est mise à l'abri de l'air, dans le gaz acide carbonique, à l'état humide, la virulence se conserve (tout au moins pendant plusieurs mois), sans variation de son intensité rabique, pourvu qu'elle soit préservée de toute altération microbienne étrangère [231].

rage développée après sept jours d'incubation. Chaque jour également, on inocule sous la peau du chien une pleine seringue Pravaz de bouillon stérilisé, dans lequel on a délayé un petit fragment d'une de ces moelles en dessiccation, en commençant par une moelle d'un numéro d'ordre assez éloigné du jour où l'on opère, pour être bien sûr que cette moelle n'est pas du tout virulente. Des expériences préalables ont éclairé à cet égard. Les jours suivants, on opère de même avec des moelles plus récentes, séparées par un intervalle de deux jours, jusqu'à ce qu'on arrive à une dernière moelle très virulente, placée depuis un jour ou deux seulement en flacon.

Le chien est alors rendu réfractaire à la rage. On peut lui inoculer du virus rabique sous la peau ou même à la surface du cerveau par trépanation sans que la rage se déclare.

Par l'application de cette méthode, j'étais arrivé à avoir cinquante chiens de tout âge et de toute race, réfractaires à la rage, sans avoir rencontré un seul insuccès, lorsque, inopinément, se présentèrent dans mon laboratoire, le lundi 6 juillet dernier, trois personnes arrivant d'Alsace :

Théodore Vone, marchand épicier à Meissengott, près de Schlestadt [233], mordu au bras, le 4 juillet, par son propre chien devenu enragé ;

Joseph Meister, âgé de neuf ans, mordu également le 4 juillet, à 8 heures du matin par le même chien. Cet enfant, terrassé par le chien, portait de nombreuses morsures, à la main, aux jambes, aux cuisses, quelques-unes profondes, qui rendaient même sa marche difficile. Les principales de ces morsures avaient été cautérisées, douze heures seulement après l'accident, à l'acide phénique [234], le 4 juillet, à 8 heures du soir, par le Dr Weber, de Villé ;

La troisième personne, qui, elle, n'avait pas été mordue, était la mère du petit Joseph Meister.

A l'autopsie du chien abattu par son maître, on avait trouvé l'estomac rempli de foin, de paille et de fragments de bois. Le chien était bien enragé. Joseph

Meister avait été relevé de dessous lui couvert de bave et de sang.

M. Vone avait au bras de fortes contusions, mais il m'assura que sa chemise n'avait pas été traversée par les crocs du chien. Comme il n'y avait rien à craindre, je lui dis qu'il pouvait repartir pour l'Alsace le jour même, ce qu'il fit. Mais je gardai auprès de moi le petit Meister et sa mère.

La séance hebdomadaire de l'Académie des sciences avait précisément lieu le 6 juillet ; j'y vis notre confrère M. le Dr Vulpian, à qui je racontai ce qui venait de se passer. M. Vulpian, ainsi que le Dr Grancher, professeur à la Faculté de médecine, eurent la complaisance de venir voir immédiatement le petit Joseph Meister et de constater l'état et le nombre de ses blessures. Il n'en avait pas moins de 14.

Les avis de notre savant confrère et du Dr Grancher furent que, par l'intensité et le nombre de ses morsures, Joseph Meister était exposé presque fatalement à prendre la rage. Je communiquai alors à M. Vulpian et à M. Grancher les résultats nouveaux que j'avais obtenus dans l'étude de la rage depuis la Lecture que j'avais faite à Copenhague, une année auparavant [235].

La mort de cet enfant paraissant inévitable, je me décidai, non sans de vives et cruelles inquiétudes, on doit bien le penser, à tenter sur Joseph Meister la méthode qui m'avait constamment réussi sur des chiens.

Mes cinquante chiens, il est vrai, n'avaient pas été mordus avant que je détermine leur état réfractaire à la rage, mais je savais que cette circonstance pouvait être écartée de mes préoccupations, parce que j'avais déjà obtenu l'état réfractaire à la rage sur un grand nombre de chiens après morsure [236]. J'avais rendu témoins, cette année, les membres de la Commission de la rage de ce nouveau et important progrès.

En conséquence, le 6 juillet, à 8 heures du soir, soixante heures après les morsures du 4 juillet, et en présence des Drs Vulpian et Grancher, on inocula, sous un pli fait à la peau de l'hypocondre droit du petit Meister, une demi-seringue Pravaz d'une moelle de lapin mort rabique, le 21 juin, et conservée depuis lors en flacon à air sec, c'est-à-dire depuis quinze jours.

Les jours suivants des inoculations nouvelles furent faites, toujours aux hypocondres, dans les conditions dont je donne ici le tableau :

				UNE DEMI-SERINGUE PRAVAZ	
Le 7	juillet	9h	matin	Moelle du 23 juin.	Moelle de 14 jours.
Le 7	»	6	soir	» 25 »	» 12 »
Le 8	»	9	matin	» 27 »	» 11 »
Le 8	»	6	soir	» 29 »	» 9 »
Le 9	»	11	matin	» 1er juillet.	» 8 »
Le 10	»	11	matin	» 3 »	» 7 »
Le 11	»	11	matin	» 5 »	» 6 »
Le 12	»	11	matin	» 7 »	» 5 »
Le 13	»	11	matin	» 9 »	» 4 »
Le 14	»	11	matin	» 11 »	» 3 »
Le 15	»	11	matin	» 13 »	» 2 »
Le 16	»	11	matin	» 15 »	» 1 »

Je portai ainsi à 13 le nombre des inoculations et à 10 le nombre des jours de traitement. Je dirai plus tard qu'un plus petit nombre d'inoculations eussent été suffisantes. Mais on comprendra que dans ce premier essai je dusse agir avec une circonspection toute particulière.

Par les diverses moelles employées, on inocula par trépanation deux lapins neufs, afin de suivre les états de virulence de ces moelles.

L'observation des lapins permit de constater que les moelles des 6, 7, 8, 9, 10 juillet n'étaient pas virulentes, car elles ne rendirent pas leurs lapins enragés. Les moelles des 11, 12, 14, 15, 16 juillet furent toutes virulentes, et la matière virulente s'y trouvait en proportion de plus en plus forte. La rage se déclara après sept jours d'incubation sur les lapins des 15 et

16 juillet ; après huit jours sur ceux du 12 et du 14 ; après quinze jours sur ceux du 11 juillet.

Dans les derniers jours, j'avais donc inoculé à Joseph Meister le virus rabique le plus virulent, celui du chien renforcé par une foule de passages de lapins à lapins, virus qui donne la rage à ces animaux après sept jours d'incubation, après huit ou dix jours aux chiens. J'étais autorisé dans cette entreprise par ce qui s'était passé pour les cinquante chiens dont j'ai parlé.

Lorsque l'état d'immunité est atteint, on peut sans inconvénient inoculer le virus le plus virulent et en quantité quelconque. Il m'a toujours paru que cela n'avait d'autre effet que de consolider l'état réfractaire à la rage.

Joseph Meister a donc échappé, non seulement à la rage que ses morsures auraient pu développer, mais à celle que je lui ai inoculée pour contrôle de l'immunité due au traitement, rage plus virulente que celle du chien des rues.

L'inoculation finale très virulente a encore l'avantage de limiter la durée des appréhensions qu'on peut avoir sur les suites des morsures [237]. Si la rage pouvait éclater, elle se déclarerait plus vite par un virus plus virulent que par celui des morsures. Dès le milieu du mois d'août, j'envisageais avec confiance l'avenir de la santé de Joseph Meister. Aujourd'hui encore, après trois mois et trois semaines écoulés depuis l'accident, cette santé ne laisse rien à désirer [238].

Quelle interprétation donner à la nouvelle méthode que je viens de faire connaître pour prévenir la rage après morsure ? Je n'ai pas l'intention de traiter aujourd'hui cette question d'une manière complète. Je veux me borner à quelques détails préliminaires, propres à faire comprendre le sens des expériences que je poursuis dans le but de bien fixer les idées sur la meilleure des interprétations possibles.

En se reportant aux méthodes d'atténuation progressive des virus mortels et à la prophylaxie qu'on peut en déduire ; étant donnée, d'autre part, l'influence de l'air dans l'atténuation, la première pensée qui s'offre à l'esprit pour rendre compte des effets de la méthode, c'est que le séjour des moelles rabiques au contact de l'air sec diminue progressivement l'intensité de la virulence de ces moelles jusqu'à la rendre nulle [239].

On serait, dès lors, porté à croire que la méthode prophylactique dont il s'agit repose sur l'emploi de virus d'abord sans activité appréciable, faibles ensuite et de plus en plus virulents.

Je montrerai ultérieurement que les faits sont en désaccord avec cette manière de voir. Je prouverai que les retards dans les durées d'incubation de la rage communiquée, jour par jour, à des lapins, ainsi que je l'ai dit tout à l'heure, pour éprouver l'état de virulence de nos moelles desséchées au contact de l'air, sont un effet d'appauvrissement en quantité du virus rabique contenu dans ces moelles et non un effet de son appauvrissement en virulence [240].

Pourrait-on admettre que l'inoculation d'un virus, de virulence toujours identique à elle-même, serait capable d'amener l'état réfractaire à la rage, en procédant à son emploi par quantités très petites, mais quotidiennement croissantes ? C'est une interprétation des faits de la méthode que j'étudie au point de vue expérimental.

On peut donner de la nouvelle méthode une autre interprétation encore, interprétation assurément fort étrange au premier aspect, mais qui mérite toute considération, parce qu'elle est en harmonie avec certains résultats déjà connus que nous offrent les phénomènes de la vie chez quelques êtres inférieurs, et notamment chez divers microbes pathogènes.

Beaucoup de microbes paraissent donner naissance dans leurs cultures à des matières qui ont la propriété de nuire à leur propre développement.

Dès l'année 1880, j'avais institué des recherches afin d'établir que le microbe du choléra des poules devait produire une sorte de poison de ce microbe [241]. Je n'ai point réussi à mettre en évidence la présence d'une telle matière ; mais je pense aujourd'hui que cette étude doit être reprise — et je n'y manquerai pas pour ce qui me regarde — en opérant en présence du gaz acide carbonique pur.

Le microbe du rouget du porc se cultive dans des bouillons très divers, mais le poids qui s'en forme est tellement faible et si promptement arrêté dans sa proportion que c'est à peine, quelquefois, si la culture s'en accuse par de faibles ondes soyeuses à l'intérieur du milieu nutritif. On dirait que, tout de suite, prend naissance un produit qui arrête le développement de ce microbe, soit qu'on le cultive au contact de l'air, soit dans le vide.

M. Raulin, mon ancien préparateur, aujourd'hui professeur à la Faculté de Lyon, a établi, dans la thèse si remarquable qu'il a soutenue à Paris, le 22 mars 1870, que la végétation de l'*aspergillus niger* développe une substance qui arrête, en partie, la production de cette moisissure quand le milieu nutritif ne renferme pas de sels de fer [242].

Se pourrait-il que ce qui constitue le virus rabique soit formé de deux substances distinctes et qu'à côté de celle qui est vivante, capable de pulluler dans le système nerveux, il y en ait une autre, non vivante, ayant la faculté, quand elle est en proportion convenable, d'arrêter le développement de la première ? J'examinerai expérimentalement, dans une prochaine Communication, avec toute l'attention qu'elle mérite, cette troisième interprétation de la méthode de prophylaxie de la rage.

Je n'ai pas besoin de faire remarquer en terminant que la plus sérieuse des questions à résoudre en ce moment est peut-être celle de l'intervalle à observer entre l'instant des morsures et celui où commence le traitement. Cet intervalle pour Joseph Meister a été de deux jours et demi. Mais il faut s'attendre à ce qu'il soit souvent beaucoup plus long.

Mardi dernier, 20 octobre, avec l'assistance obligeante de MM. Vulpian et Grancher, j'ai dû commencer à traiter un jeune homme de quinze ans, mordu depuis six jours pleins, à chacune des deux mains, dans des conditions exceptionnellement graves. [...]

L'Académie n'entendra peut-être pas sans émotion le récit de l'acte de courage et de présence d'esprit de l'enfant dont j'ai entrepris le traitement mardi dernier. C'est un berger, âgé de quinze ans, du nom de Jean-Baptiste Jupille, de Villers-Farlay (Jura), qui, voyant un chien à allures suspectes, de forte taille, se précipiter sur un groupe de six de ses petits camarades, tous plus jeunes que lui, s'est élancé, armé de son fouet, au-devant de l'animal. Le chien saisit Jupille à la main gauche. Jupille alors terrasse le chien, le maintient sous lui, lui ouvre la gueule avec sa main droite pour dégager sa main gauche, non sans recevoir plusieurs morsures nouvelles, puis, avec la lanière de son fouet, il lui lie le museau, et, saisissant l'un de ses sabots, il l'assomme. [...]

RÉSULTATS DE L'APPLICATION DE LA MÉTHODE POUR PRÉVENIR LA RAGE APRÈS MORSURE

Le 26 octobre dernier, j'ai fait connaître à l'Académie une méthode pour prévenir la rage après morsure et les détails de son application à un jeune Alsacien, Joseph Meister, mordu gravement le 4 juillet précédent [243]. Le chien était manifestement enragé, et une enquête récente, faite par les autorités allemandes [244], a de nouveau démontré que ce chien était en plein accès de rage au moment où il a mordu Meister. La santé de cet enfant est toujours parfaite. La morsure remonte à huit mois environ.

Au moment même de la lecture de ma Note du 26 octobre, j'avais en traitement le jeune berger Jupille, mordu, autant et plus grièvement peut-être que Meister, le 14 octobre [245]. La santé de Jupille ne laisse également rien à désirer. Sa morsure remonte à quatre mois et demi.

A peine ces deux premières tentatives heureuses étaient-elles connues qu'un grand nombre de personnes, mordues par des chiens enragés, réclamèrent le traitement qui avait servi pour Meister et Jupille. Ce matin même — ceci est écrit le jeudi 25 février — avec le Dr Grancher, dont le dévouement et le zèle sont au-dessus de tout éloge, nous avons commencé les inoculations préventives du 350e malade.

Bien que mon laboratoire, consacré depuis plus de cinq années à l'étude de la rage, ait été un centre d'informations en tout ce qui concerne cette maladie, j'ai partagé, je l'avoue, la surprise générale en constatant un chiffre aussi élevé de personnes mordues par des chiens enragés. Cette ignorance tenait à plus d'une cause.

Aussi longtemps que la rage a été jugée incurable, on cherchait à éloigner de l'esprit des malades le nom même de cette maladie. Une personne était-elle mordue, chacun déclarait qu'elle l'avait été par un chien non enragé, quoique le rapport du vétérinaire ou du médecin affirmât le contraire, et le plus grand silence était recommandé sur l'accident. Au désir de ne pas effrayer la personne en danger, ses proches ajoutaient la peur de lui nuire. N'a-t-on pas été quelquefois jusqu'à refuser tout travail à des ouvriers qu'on savait avoir été mordus par un chien enragé ? On se persuadait facilement qu'une personne mordue pourrait tout à coup devenir dangereuse, ce qui heureusement n'arrive pas. L'homme enragé n'est à craindre que dans la période des derniers accès du mal.

Afin de bien convaincre les personnes prévenues, même celles qui pourraient être hostiles, j'ai pris la précaution de dresser des statistiques très sévères. J'ai eu soin d'exiger des certificats constatant l'état rabique du chien, certificats délivrés par des vétérinaires autorisés ou par des médecins. Cependant je n'ai pu me soustraire, dans quelques cas très rares, à l'obligation de traiter des personnes mordues par des chiens suspects de rage qui avaient disparu, parce que ces personnes, outre le danger possible de leurs morsures, vivaient sous l'empire de craintes capables d'altérer leur santé si nous leur avions refusé notre intervention.

Je n'ai pas voulu traiter des personnes mordues dont les vêtements n'avaient pas été visiblement troués ou lacérés par les crocs de l'animal. Il est bien évident que, dans ce cas, nul danger n'est à craindre, parce que le virus n'a pu pénétrer dans les chairs, alors même qu'il puisse en résulter une plaie contuse, profonde et même saignante. Dans un certain nombre de cas suspects, l'état rabique du chien a été établi dans mon laboratoire même, à la suite d'inoculations à des lapins ou à des cobayes de la matière nerveuse prise sur le cadavre de l'animal.

Je voudrais donner ici une idée assez exacte de la physionomie du traitement et de la nature des morsures, en citant dans leur ordre chronologique une des séries de personnes soumises au traitement. Comme il serait fastidieux d'énumérer les détails relatifs à 350 personnes, je choisirai plus particulièrement parmi les cent premières mordues et traitées. Celles-ci occupent l'intervalle de temps écoulé du 1er novembre au 15 décembre.

Leur intérêt est très particulier. Elles se trouvent dès à présent en dehors de la période vraiment dangereuse.

Si j'ouvre mon registre au chapitre de cette première centaine, je trouve dans un intervalle de dix jours la variété des cas suivants. Ils donneront à l'Académie l'idée d'un des défilés quotidiens qui se présentent au laboratoire chaque matin :

Étienne Roumier, quarante-huit ans, de la commune d'Ourouëre (Nièvre), mordu aux deux mains, le 4 novembre 1885, par un chien reconnu enragé par M. Moreau, vétérinaire. Aucune cautérisation ni pansement quelconque pendant vingt-quatre heures.

Chapot, âgé de quarante-trois ans, et sa fille âgée de quatorze ans, habitant Lyon, tous deux mordus à la main gauche, le 6 novembre 1885, la jeune fille bien plus gravement que son père. Les blessures ont été lavées à l'alcali volatil par un pharmacien. Chien reconnu rabique par l'École vétérinaire de Lyon.

François Saint-Martin, âgé de dix ans, de Tarbes, mordu au pouce droit, le vendredi 7 novembre, lavé à l'ammoniaque par un pharmacien. Chien reconnu enragé par M. Dupont, chef du service sanitaire des épizooties.

Marguerite Luzier, âgée de treize ans, de Fongrave (Haute-Garonne), mordue à la jambe par un chat enragé, le 11 novembre 1885. Cautérisation à l'acide phénique. L'étendue des morsures oblige de placer cette enfant à l'hôpital des Enfants, à cause des soins chirurgicaux que réclame son état.

Corbillon, âgé de vingt-sept ans, habitant La Neuville, près Clermont (Oise), mordu le 12 novembre 1885. Chien reconnu enragé par M. Chantareau, vétérinaire à Clermont. Cautérisé au fer rouge huit heures après l'accident.

Bouchet, âgé de cinq ans et demi, habitant à la septième écluse du canal de Saint-Denis, mordu le 12 novembre à la main gauche et à la cuisse gauche. Vêtement de la cuisse déchiré. Chien reconnu enragé par M. Coret, vétérinaire à Aubervilliers. Cautérisé au fer rouge, trois quarts d'heure après l'accident, par le Dr Dumontel.

Mme Delcroix, de Lille (Nord), mordue le 6 novembre au pied droit, cautérisée au fer rouge neuf heures après l'accident. Chien reconnu enragé par M. Frélier, vétérinaire à Lille.

Plantin, habitant Étrung (Nord), mordu au commencement de novembre 1885 à la main droite ; cautérisé quarante-huit heures après l'accident. Chien reconnu enragé par M. Éloire, vétérinaire à La Capelle (Aisne).

Jeanne Pazat, âgée de sept ans, de Mareuil (Dordogne), mordue le 12 novembre par un chien reconnu enragé par le Dr de Pindray. Ne s'est présentée que quarante-huit heures après l'accident au Dr de Pindray, qui a jugé, avec raison, qu'il n'y avait pas à pratiquer la cautérisation.

Mme Achard, de Saint-Étienne, mordue le 9 novembre au pied droit et le 12 novembre par le même chien à la main droite. Chien reconnu enragé par M. Charloy, vétérinaire à Saint-Étienne. Pas de cautérisation.

Mme Alphonsine Legrand, de la commune de Baune, dans le département de l'Aisne. Mordue au menton le 6 novembre 1885. Chien reconnu enragé par M. Decarme, vétérinaire à Château-Thierry. Pas de cautérisation.

Antoine Cattier, âgé de quarante-trois ans, habitant 12, rue Hospitalière-Saint-Gervais, à Paris, mordu à la main le

16 novembre. Cautérisé au fer rouge, seulement vingt heures après l'accident. Chien reconnu enragé par son maître ; voix rabique caractéristique, refusant toute nourriture, mordillant et avalant du bois et autres objets.

A Saint-Ouen, près Paris, sont mordus, le 15 novembre 1885, *Ternat, sa femme, Mme Delzors* et *Mme Dalibard,* tous quatre par un chien reconnu enragé de son vivant et après sa mort par le vétérinaire Sanfourche, de Saint-Ouen. Cautérisations insignifiantes ou tardives.

Dr John Hughes, d'Oswestry (Angleterre), mordu le 13 novembre 1885. Deux blessures fortes à la lèvre inférieure. Aucune cautérisation. Chien reconnu enragé par le docteur lui-même.

Veuve Faure, du village de l'Alma, en Algérie, mordue à la jambe, le 1er septembre 1885 ; vêtements déchirés par le même chien qui a mordu les quatre enfants dits *d'Algérie,* dont un est mort à l'hôpital de Mustapha, à Alger, deux mois après sa morsure. Description très soignée des symptômes rabiques chez cette enfant, par le Dr Moreau, d'Alger. Le traitement préventif a été appliqué aux trois autres au milieu de novembre.

Mme Gréteau, de Bordeaux, mordue le 14 novembre à l'annulaire droit par deux morsures, l'une dans la pulpe de l'extrémité, l'autre dans l'ongle qui fut coupé vers son milieu. Chien reconnu enragé par le Dr Douand. Lavage des plaies à l'ammoniaque et cautérisation légère.

Voisenet (Noël), de Semur (Côte-d'Or), cinquante ans : mordu le 16 novembre aux deux jambes par une chienne reconnue enragée par M. Colas, vétérinaire. Cautérisation au fer rouge quatre heures seulement après l'accident.

Guichon, de Bordeaux, soixante-sept ans ; mordu le 15 novembre à la main gauche par le chien qui a mordu Mme Gréteau dont il est parlé ci-dessus.

Halfacre (Walter), de Londres, vingt-huit ans ; mordu à la main le 15 novembre, envoyé par le Dr Sir James Paget. Pas de cautérisation sérieuse. Le frère d'Halfacre mourut de la rage, il y a cinq ans, à la suite d'une morsure à laquelle on n'avait donné aucune attention, tant elle avait paru insignifiante.

Calmeau, de Vassy-lez-Avallon, mordu dans la nuit du 15 au 16 novembre au ventre, à la cuisse, au genou, vêtements et chemise en lambeaux. Pas de cautérisation quelconque. Chienne reconnue enragée par le vétérinaire de Semur, M. Colas. C'est la même chienne qui a mordu Voisenet (Noël) dont il est question ci-dessus.

Lorda (Jean), âgé de trente-six ans, demeurant à Lasse

(Basse-Pyrénées). L'observation de ce sujet est des plus intéressantes. Mordu le 25 octobre 1885, Lorda n'est arrivé à mon laboratoire que le 21 novembre, le vingt-septième jour après sa morsure. Le jour où il fut mordu, sept porcs et deux vaches le furent également et par le même chien. Or, les neuf animaux sont morts de la rage, les porcs après une courte durée d'incubation de quinze jours à trois semaines. C'est après la mort par rage de ces porcs que Lorda, effrayé, partit pour Paris. La première vache mourut trente-quatre jours après sa morsure, la seconde cinquante-deux jours après. Je dois le détail de ces faits si curieux à M. Inda, vétérinaire habile de Saint-Palais. Une observation de son Rapport ne doit pas être omise : c'est qu'aussitôt après leurs morsures, les vaches avaient été cautérisées profondément au fer rouge, ce détail est souligné par M. Inda. J'ai eu des preuves assez nombreuses de l'inefficacité des cautérisations, dans certains cas, de celles mêmes faites au fer rouge et sans retard. La santé de Lorda est toujours parfaite. Son traitement a été terminé le 28 novembre dernier.

Telle est l'énumération, dans l'ordre chronologique de leur arrivée à mon laboratoire, de vingt-cinq personnes mordues comprises dans une période de dix jours. Toutes les autres périodes de dix jours offrent une énumération dont le récit n'apprendrait rien de plus que celle-ci, quoique, dans chacune d'elles, on puisse rencontrer un ou plusieurs cas de morsures non moins intéressants que celui de Lorda [246]. Afin d'abréger, je ne citerai qu'un seul de ces cas, et je le choisis de préférence à d'autres parce qu'il m'a causé de vives craintes. Il est relatif à un jeune garçon de huit ans, nommé Jullion, habitant Charonne, rue de Vignolles, n° 6, mordu le 30 novembre. Cet enfant, voyant le chien venir à lui, se mit à crier. A ce moment, la mâchoire inférieure du chien entre dans la bouche ouverte de l'enfant. Un croc coupe la lèvre supérieure et pénètre profondément au fond du palais, tandis qu'un des crocs de la mâchoire supérieure, restée hors de la bouche de l'enfant, pénétrait entre l'œil droit et le nez. Aucune cautérisation n'était possible. Le chien qui a mordu Jullion a été reconnu enragé par M. Guillemard, vétérinaire, rue de Cîteaux, 37, à Paris.

Je pourrais extraire de la série des personnes traitées beaucoup d'autres cas de morsures au visage et à la tête sans cautérisation quelconque.

Pour une seule personne, le traitement a été inefficace ; elle a succombé à la rage, après avoir subi ce traitement. C'est la jeune Louise Pelletier. Cette enfant, âgée de dix ans, mordue le 3 octobre 1885, à La Varenne-Saint-Hilaire, par un gros chien de montagne, m'a été amenée le 9 novembre suivant, le trente-septième jour seulement après ses blessures, blessures profondes au creux de l'aisselle et à la tête. La morsure à la tête avait été si grave et d'une si grande étendue que, malgré des soins médicaux continus, elle était très purulente et sanguinolente, le 9 novembre. Elle avait une étendue de 0,12m à 0,15m et le cuir chevelu se soulevait encore en un endroit. Cette plaie m'inspira de cruelles inquiétudes. Je priai le Dr Vulpian de venir en constater l'état. J'aurais dû, dans l'intérêt scientifique de la méthode, refuser de soigner cette enfant arrivée si tard, dans des conditions exceptionnellement graves ; mais, par un sentiment d'humanité et en face des angoisses des parents, je me serais reproché de ne pas tout tenter.

Des symptômes avant-coureurs de l'hydrophobie se manifestèrent le 27 novembre, onze jours seulement après la fin du traitement. Ils devinrent plus manifestes le 1er décembre au matin. La mort survint, avec les symptômes rabiques les plus accusés, dans la soirée du 3 décembre.

Une grave question se présentait. Quel virus rabique avait amené la mort ? Celui de la morsure du chien ou celui des inoculations préventives ? Il me fut facile de le déterminer. Vingt-quatre heures après la mort de Louise Pelletier, avec l'autorisation de ses parents et du Préfet de police, le crâne fut trépané dans la région de la blessure, et une petite quantité de la matière cérébrale fut aspirée, puis inoculée par la méthode de la trépanation à deux lapins. Ces deux lapins furent pris de rage paralytique dix-huit jours après, et tous les deux au même moment. Après la mort de ces lapins, leur moelle allongée fut inoculée à de nouveaux lapins qui prirent la rage après une durée d'incubation de quinze jours. Ces résultats expérimentaux suffisent pour démontrer que le virus qui a fait mourir la jeune Pelletier était le virus du chien par lequel elle avait été mordue. Si la mort avait été due aux effets du virus des inoculations préventives, la durée de l'incubation de la rage à la suite de cette seconde inoculation à des lapins aurait été de sept jours, au plus. Cela résulte des explications de ma précédente Note à l'Académie [247].

Si le traitement préventif n'a jamais amené de résultats fâcheux, dans 350 cas, pas un phlegmon, par un abcès, un peu de rougeur œdémateuse seulement à la suite des dernières inoculations, peut-on dire qu'il a été réellement efficace pour prévenir la rage après morsure ? Pour le très grand nombre de personnes déjà traitées, l'une depuis huit mois (Joseph Meister), la seconde depuis plus de quatre mois (Jean-Baptiste Jupille), et pour la plupart des 350 autres, on peut affirmer que la nouvelle méthode a fait ses preuves.

Son efficacité peut se déduire surtout de la connaissance des moyennes des cas de rage après morsure rabique. Les ouvrages de médecine humaine et de médecine vétérinaire fournissent, à cet égard, des indications peu concordantes, ce qui se comprend aisément si l'on se reporte à ce que je disais tout à l'heure, du silence gardé très souvent par les familles et par les médecins sur l'existence des morsures par chiens enragés, et même sur la nature de la mort, désignée, parfois sciemment, sous le nom de *méningite,* quand on sait bien qu'elle est due à la rage.

On comprendra mieux la difficulté d'établir de bonnes statistiques par le fait suivant : le 14 juillet 1885, cinq personnes ont été mordues successivement par un chien enragé, sur la route de Pantin. Toutes ces personnes sont mortes de la rage. M. le Dr Dujardin-Beaumetz a fait connaître au Conseil de salubrité de la Seine, par ordre de M. le Préfet de police, les noms, les circonstances des morsures et de la mort de ces cinq personnes. Qu'une telle série entre dans une statistique, la proportion des morts aux cas de morsure s'élèvera. Elle serait diminuée par une série semblable où, au contraire, sur cinq personnes mordues, il n'y aurait pas eu une seule mort.

J'aurais plus de confiance dans les statistiques suivantes : M. Leblanc, savant vétérinaire, membre de l'Académie de médecine, qui a longtemps dirigé le service sanitaire de la Préfecture de police de la Seine, a eu l'obligeance de me remettre un document précieux sur le sujet dont je parle. C'est un relevé officiel fait par lui-même sur les Rapports des Commissaires de police, ou d'après des renseignements de vétérinaires dirigeant des hôpitaux de chiens. Ce document comprend six années. Il porte :

Qu'en 1878, dans le département de la Seine, sur 103 personnes mordues, il y a eu 24 morts par rage ;

Qu'en 1879, sur 76 personnes mordues, il y a eu 12 morts par rage ;

Qu'en 1880, sur 68 personnes mordues, il y a eu 5 morts par rage ;

Qu'en 1881, sur 156 personnes mordues, il y a eu 23 morts par rage ;

Qu'en 1882, sur 67 personnes mordues, il y eu 11 morts par rage ;

Enfin, qu'en 1883, sur 45 personnes mordues, il y a eu 6 morts par rage.

Les nombres qui précèdent donnent, en moyenne, 1 mort par rage sur 6 mordus environ.

Mais, pour apprécier l'efficacité de la méthode de la prophylaxie de la rage, il reste une seconde question non moins capitale que celle de la moyenne des cas de morts par rage à la suite des morsures rabiques. C'est la question de savoir si nous sommes suffisamment éloignés de l'instant des morsures chez les personnes déjà traitées pour ne plus craindre qu'elles prennent la rage. En d'autres termes, dans quel délai la rage après morsure rabique fait-elle explosion ?

Les statistiques établissent que c'est surtout dans les deux mois, c'est-à-dire dans les quarante à soixante jours, qui suivent les morsures, que la rage se manifeste. Or, sur les personnes de tout âge et de tout sexe déjà traitées par la nouvelle méthode, 100 ont été mordues avant le 15 décembre, c'est-à-dire depuis plus de deux mois et demi. La seconde centaine a plus de six semaines et deux mois de morsure. Pour les 150 autres personnes traitées ou en traitement tout se passe jusqu'à présent comme pour les 200 premières.

On voit, en s'appuyant sur les statistiques les plus rigoureuses, quel nombre élevé de personnes ont été déjà soustraites à la mort.

La prophylaxie de la rage après morsure est fondée.

Il y a lieu de créer un établissement vaccinal contre la rage. [...]

Je m'empresse de remercier M. le Président et notre Confrère M. Vulpian de leurs appréciations si indulgentes et de l'occasion qu'ils veulent bien m'offrir, de dire ce que je pense d'un établissement vaccinal contre la rage. Au début de l'application de la méthode, je pensais qu'il serait indispensable de subir les inoculations préventives très peu de temps après les morsures. Lorsque le maire de Villers-Farlay (Jura) me pria d'appliquer au courageux berger Jupille le traitement qu'on pouvait déjà considérer avoir réussi pour Meister, je lui répondis qu'entre les deux sujets existait une différence essentielle, dont je ne pouvais prévoir l'influence sur le résultat du traitement. Pour Meister, soixante heures seulement s'étaient écoulées entre l'instant des morsures et le traitement ; pour Jupille, au contraire, six jours pleins ; je rappelle cette circonstance, afin de montrer ce que je pensais, au début des inoculations préventives.

Depuis ces deux premiers inoculés, d'après les conseils des Drs Vulpian et Grancher, comprenant bien que je ne pouvais exclure personne, il m'est arrivé de traiter une foule de mordus, après un long intervalle de temps. Or, jusqu'à présent, en laissant de côté le malheur arrivé à la petite Louise Pelletier, aucun accident ne s'est produit. Il semble que le traitement puisse être efficace à quelque moment qu'il intervienne, tant que les symptômes aigus de la rage n'ont pas éclaté.

Il est donc certain que, pour la France, un seul établissement peut suffire [248]. J'ajoute que je ne suis pas moins convaincu que l'établissement de Paris pourrait recevoir, en temps utile, toutes les personnes qui auraient été mordues en Europe. Nous avons reçu nombre de malades venant de la Russie, de l'Angleterre, de l'Allemagne, de la Hongrie, de l'Italie, de l'Espagne, beaucoup même de l'Amérique du Nord. Pour l'Amérique du Sud, le Chili, le Brésil, l'Australie..., il faudra évidemment former, dans l'établissement de Paris, de jeunes savants qui iront porter la méthode dans ces lointains pays. On pourrait faire de même assurément pour les diverses contrées d'Europe, mais je répète que cela n'est point nécessaire. La garantie du succès des opérations sera, en outre, d'autant plus grande qu'il y aura moins d'opérateurs. Quant à la dépense de voyage et de séjour des indigents jusqu'à Paris, elle sera toujours plus faible que celle des sommes engagées dans un établissement dont le personnel, nécessairement très choisi, coûtera fort cher, surtout si l'on considère la continuité obligée du travail et la responsabilité encourue.

Dans ces diverses occurrences, faut-il réclamer le concours de l'État ou de la Ville de Paris, pour une installation complète ? Je ne le pense pas, excepté peut-être pour une concession de terrains ou une indemnité annuelle. Dans tous les cas, l'établissement de Paris sera, au début et pour quelques années, un établissement international, et il est juste peut-être que les étrangers participent aux frais de l'établissement français.

Déjà une somme de 6 000 francs et une autre somme de 40 000 francs m'ont été adressées par M. Boinod, exécuteur testamentaire de Mme Dagnan, et par M. le comte de Laubespin. Je leur offre ici l'hommage public de ma gratitude.

Le Gouvernement, dont l'Académie a le bonheur

de posséder le plus éminent de ses représentants [249], voudra sans doute prêter son appui moral à la souscription dont je parle, dont le succès serait dès lors tout à fait assuré.

M. DE FREYCINET DEMANDE LA PAROLE ET S'EXPRIME COMME IL SUIT [250] :

Monsieur le Président,

Je ne crois pas trop m'avancer en donnant à l'Académie l'assurance que le Gouvernement s'associera avec empressement à l'œuvre si grandiose et si humaine que poursuit M. Pasteur.

M. Bertrand propose qu'une Commission soit chargée d'aviser aux mesures à prendre pour hâter, autant que possible, la réalisation des vœux exprimés par M. Vulpian et par M. Pasteur.

Cette Commission se composera de MM. Gosselin, Vulpian, Marey, P. Bert, Richet, Charcot, Jurien de la Gravière, Bertrand, de Freycinet.

NOTES

LA DISSYMÉTRIE MOLÉCULAIRE

1. *Comptes rendus de l'Académie des sciences,* 1844, XIX, p. 719.
2. Ces substances sont organiques, produites (et consommées) par des êtres vivants. D'où leur existence sous une seule forme dissymétrique.
3. Le succin est une sorte d'ambre. Il a donné son nom à l'acide succinique.
4. Les molécules organiques sont souvent dissymétriques du fait de la possibilité d'accrocher des radicaux différents sur l'atome de carbone (qui est tétravalent).
5. Cette conférence a été faite près de trente ans après les travaux de Pasteur sur la dissymétrie moléculaire. Il indique ici la voie qui l'a mené de ces travaux à ceux sur la fermentation.
6. Dans une solution sursaturée, des cristaux se forment lorsqu'on introduit des petits morceaux de matière solide, poussière ou autre, qui servent de « germes » autour desquels se construisent les cristaux. Pasteur imagine ici que c'est la dissymétrie de ces germes qui induit la dissymétrie des cristaux. Lors de son étude de la génération spontanée, c'est à de tels germes de cristallisation qu'il comparera les germes apportés par l'air dans ses bouillons de culture. Ici encore, il y a une grande unité dans la réflexion de Pasteur.
7. Il faut rapprocher cette séparation du règne organique et du règne minéral et l'impossibilité de la génération spontanée (une telle génération correspondrait à l'apparition spontanée d'une forme organique, dissymétrique, à partir d'une forme minérale, symétrique).

LES FERMENTATIONS

8. Pasteur, Mémoire sur l'alcool amylique, *Comptes rendus de l'Académie des sciences,* XLI, 1855, p. 296-300.
9. L'alcool amylique a pour formule $C_5H_{11}OH$; il existe sous diverses formes isomères.

10. Le glucose a pour formule $C_6H_{12}O_6$. À l'état naturel, il est sous la forme D.

11. C'est là l'articulation entre la dissymétrie moléculaire, la fermentation et la vie.

12. Voir ci-après, page 67, le *Mémoire sur la fermentation de l'acide tartrique.*

13. L'acide lactique a pour formule $C_3H_6O_3$. Il existe sous deux formes isomères optiquement actives, L et D.

14. J. Pelouze et A. Gélis, Mémoire sur l'acide butyrique, *Comptes rendus de l'Académie des sciences,* XVI, 1843, p. 1262-1271.

15. Pasteur expliquera ensuite qu'un milieu légèrement alcalin favorise la levure lactique (qui transforme donc tout le sucre en acide lactique, lequel ne peut acidifier le milieu car il est transformé par la craie en lactate de calcium).

16. La matière azotée joue comme milieu de culture des levures. Ce n'est pas elle, mais c'est la levure elle-même, qui constitue le ferment, contrairement à ce que pensait Liebig. Ici, cette levure provient d'une contamination ; mais Pasteur va l'isoler.

17. Ch. Gerhardt, *Traité de Chimie organique,* Paris 1856.

18. M. Berthelot, Sur la fermentation alcoolique, *Comptes rendus de l'Académie des sciences,* XLIV, 1857, p. 702-706.

19. Pasteur prépare un bouillon nutritif à partir de levure de bière (levure alcoolique) ; les cellules de levure sont tuées par l'ébullition, et elles libèrent dans l'eau leur contenu. C'est cette « eau de levure » que Pasteur utilise, après l'avoir sucrée et alcalinisée, pour cultiver la levure lactique.

20. La fermentation se déroule dans des conditions anaérobies.

21. La fermentation lactique ne produit pas seulement de l'acide lactique, mais aussi de petites quantités d'acide acétique, d'alcool éthylique, etc., qui peuvent entrer dans de nouvelles voies métaboliques. Rien d'étonnant à ce qu'il y ait donc ici un peu de butyrate de chaux (d'autant plus que les conditions de culture sont telles qu'il y a sans doute des contaminations).

22. Voir les notes 16 et 19.

23. Cette acidification est due à la fermentation qui produit de l'acide lactique. L'acidité du milieu contrarie alors la fermentation et la croissance de la levure (précédemment, la craie neutralisait cette acidité, d'où une bonne croissance de la levure et une fermentation de tout le sucre).

24. C'est le point par lequel les travaux sur la génération spontanée s'articulent avec les études de la fermentation.

25. Voir la note 19 pour ce qui concerne cette eau de levure, utilisée comme bouillon de culture.

26. Pasteur, on le voit, a toujours à l'esprit les possibilités d'application pratique de ses travaux (ici à la fermentation alcoolique, et donc à la fabrication du vin, de la bière, etc.).

27. Le jus d'oignon aurait ainsi droit au titre de premier antibiotique découvert et scientifiquement testé.

28. Voir le mémoire suivant.

29. Voir le mémoire précédent.

30. C'est-à-dire un milieu de culture ne contenant pas de matières azotées organiques (hormis la levure elle-même). Cette absence de matière azotée organique montre que la fermentation du sucre est due à la levure et non à une décomposition d'une telle matière organique.

31. Pasteur, Nouveaux faits concernant l'histoire de la fermentation alcoolique ; lettre à M. Dumas, *Comptes rendus de l'Académie des sciences,* séance du 20 décembre 1858, XLVII, p. 1011-1013.

32. Voir la note 30.

33. Voir notes 15 et 23.

34. Voir la note 24.

35. Voir les deux mémoires précédents.

36. Voir, pages 27-42, la conférence sur l'activité optique de l'acide tartrique. Pasteur étudie ici l'effet de la fermentation sur cette activité optique.

37. J. Nicklès, Sur un acide particulier résultant du tartre brut sous l'influence de la chaux et des ferments, *Comptes rendus de l'Académie des sciences,* XXIII, 1846, p. 419-421.

38. Dumas, Malaguti et Leblanc, Sur l'identité des acides métacétonique et butyro-acétique, *Comptes rendus de l'Académie des sciences,* XXV, 1847, p. 781-784.

39. Cette matière azotée sert comme bouillon de culture.

40. Voir ci-après. La fermentation décompose l'acide tartrique optiquement actif en corps optiquement inactifs, d'où la perte de pouvoir rotatoire de la solution en fermentation.

41. Ce sont les mêmes expériences que celles décrites pour la levure lactique (voir ci-avant).

42. Voir p. 27-42.

43. Quand on fait fermenter une solution d'acide tartrique droit (et donc optiquement active), le pouvoir rotatoire diminue du fait de la décomposition de cet acide par la fermentation (voir note 40). Quand on fait fermenter une solution d'acide racémique (c'est-à-dire un mélange d'acide tartrique droit et d'acide tartrique gauche), solution optiquement inactive, il apparaît un pouvoir rotatoire à gauche, car la fermentation détruit l'acide tartrique droit sans toucher l'acide tartrique gauche (le milieu de culture ne contient donc plus que de l'acide tartrique gauche, qui est ainsi isolé à partir du racémique).

44. La spécificité de la fermentation, qui ne s'attaque qu'à l'acide tartrique droit, est en faveur de la thèse de Pasteur, selon qui la fermentation est due à des micro-organismes, inhérente à la vie et non à la simple décomposition de matière organique comme le voulait Liebig.

45. La fermentation alcoolique, comme toutes les fermentations, se fait selon des voies métaboliques extrêmement compliquées, où interviennent toutes sortes de substances ; ce qui était inaccessible à l'expérience du temps de Pasteur.

46. Le mémoire complet se trouve pages 52-126 du tome II des *Œuvres complètes.*

LA GÉNÉRATION SPONTANÉE

47. La plupart des nombreuses descriptions de génération spontanée données par Aristote se trouvent dans *Histoire des Animaux.*

48. Van Helmont, *Des principes de physique* (in *Œuvres traitant des principes de médecine et physique pour la guérison des maladies,* traduction de Jean Le Conte, chez Jean Antoine Huguetan et Guillaume Barbier, Lyon 1671, page 104) : « Si on comprime une chemise sale en la bouche d'un vaisseau, où il y ait du froment, dans une vingtaine de jours ou environ, le ferment sorti de la chemise est altéré par l'odeur des grains, transmue le blé revêtu de son écorce en souris, qui sont différenciées par une diversité de sexe, qui en après multiplient leur espèce, en habitant les uns avec les autres, et indifféremment avec ceux qui sont nés de la semence de pères et mères. Et ce qui est encore de plus admirable, c'est qu'ils ne sortent pas du froment comme des petits avortons et à demi formés, mais ils sont en leur dernière perfection, sans qu'ils aient besoin comme les autres du tétin de leur mère. »

49. Van Helmont, entre autres. Voir aussi Leeuwenhoek, *Arcana natura detecta,* Lugduni Batavorum 1722.

50. F. Redi, *Experimenta circa generationem insectorum,* Amsterdam 1671.

51. F. Redi, *Experimenta circa res diversas naturae,* Amsterdam 1675.

52. J.T. Needham, *An account of some new microscopical discoveries,* London 1745. Traduction française par L. Lavirote : *Nouvelles observations microscopiques avec des découvertes intéressantes sur la composition et la décomposition des corps organisés,* L.-É. Ganeau, Paris 1750.

53. Étienne Hales, *La Statique des végétaux et l'analyse de l'air,* ouvrage traduit de l'anglais par M. Buffon, Paris 1735.

54. *Nouvelles Recherches sur les découvertes microscopiques et la génération des corps organisés,* ouvrage traduit de l'italien de M. l'abbé Spallanzani, avec des notes par M. de Needham, Londres et Paris, 1769.

55. Il s'agit des expériences que reprendra Pasteur, et qui consistent à observer le devenir de décoctions d'herbes ou de viande dans des récipients clos où on les a fait bouillir.

56. C'est-à-dire le système voulant que ces micro-organismes proviennent d'œufs, et non d'une génération spontanée.

57. Needham avait imaginé une théorie de la reproduction et de la génération spontanée qui donnait à la matière organique une sorte de force d'auto-organisation, c'est ce qu'il appelait *force végétative.*

58. Note de Needham, pages 216-218 de *Nouvelles Recherches sur les découvertes microscopiques et la génération des corps organisés,* ouvrage traduit de l'italien de M. l'abbé Spallanzani, avec des notes par M. de Needham, Londres et Paris, 1769.

59. Pasteur ne prend en compte que l'altération de l'air, et pas celle de la force végétative. D'abord parce qu'il ne croit pas à cette dernière ; ensuite parce qu'il va maintenant étudier le rôle de l'air

dans la génération spontanée (il a montré que certains micro-organismes peuvent vivre sans oxygène libre ; voir l'étude des fermentations).

60. Charles-Nicolas Appert, *L'art de conserver pendant plusieurs années toutes les substances animales et végétales,* Paris 1810.

61. Louis-Joseph Gay-Lussac, Extrait d'un mémoire sur la fermentation, *Annales de chimie,* LXXVI, 1810, p. 245-259.

62. Th. Schwann, Vorläufige Mitteilung betreffend Versuche über Weingährung und Fäulniss, *Annalen des Physik und Chemie,* XLI, 1837, p. 184-193.

63. Ure, Versuche über die Gährung, *Journal für praktische Chemie,* XIX, 1840, p. 183-187. Helmholtz, Über das Wesen der Fäulniss und Gährung, *ibid.,* XXXI, 1844, p. 429-437.

64. Fr. Schulze, Vorläufige Mitteilung der Resultate einer experimentellen Beobachtung über Generatio æquivoca, *Annalen des Physik und Chemie,* XXXIX, 1836, p. 487-489.

65. H. Lœwel, Observations sur la sursaturation des dissolutions salines (sulfate de soude), *Annales de chimie et de physique,* XXIX, 1850, p. 62-127 ; XXXIII, 1851, p. 334-390 ; XXXVII, 1853, p. 155-180.

66. Rapprochement entre les germes autour desquels se forment les cristaux, et les germes à l'origine des micro-organismes (voir la note 6).

67. H. Schrœder et Th. von Dusch, Über Filtration der Luft in Beziehung auf Fäulniss und Gährung, *Annalen der Chemie und Pharmacie,* LXXXIX, 1854, p. 232-243 ; et *Annales de chimie et de physique,* 3e sér., XLI, 1854, p. 189-191.

68. H. Schrœder, Über Filtration der Luft in Beziehung auf Fäulniss, Gährung und Kristallisation, *Annalen der Chemie und Pharmacie,* CIX, 1859, p. 35-52.

69. Dans cette présentation, Pasteur tend légèrement à minimiser l'apport de ses prédécesseurs.

70. C'est-à-dire la génération spontanée.

71. Ici, Pasteur met quelque peu en scène son intervention dans un problème complexe (voir la note 69). Il va maintenant expliquer comment il est passé de l'étude des fermentations à celle de la génération spontanée.

72. Voir p. 45-75.

73. L'iode colore spécifiquement en bleu l'amidon.

74. Dans le champ du microscope.

75. Premières approches d'une application de la théorie des germes à la médecine et à l'hygiène.

76. Voir l'historique, pages 93-96.

77. Pasteur a de nouveau recours ici à « l'eau de levure » comme milieu de culture (voir la note 19).

78. Les bacteriums et vibrions sont des infusoires ; les mucors (ou mucédinées) sont des sortes de moisissures.

79. Une levure.

80. C'est ce que Pasteur a déjà établi dans le cas des levures alcoolique et lactique (voir l'étude des fermentations, pages 60-63).

81. C'est-à-dire la génération spontanée.

82. La présure, extraite du suc gastrique des ruminants, agit par elle-même, de manière purement chimique.

83. Voir, pages 51-67, l'étude de la fermentation lactique.

84. Ce dispositif augmente la pression, et permet donc de monter la température au-delà de 100° (la température d'ébullition est d'autant plus haute que la pression est forte).

85. C'est le principe de stérilisation du lait (différent de la pasteurisation où l'élévation de température est moindre, et ne vient pas à bout de tous les germes).

86. Ici encore, Pasteur envisage immédiatement une application de ses travaux (hygiène de la traite et du conditionnement du lait).

87. Voir les études sur les fermentations (pages 45-75).

88. Ces ballons ont été conservés jusqu'à nos jours.

89. L.-J. Gay-Lussac, Extrait d'un mémoire sur la fermentation, *Annales de chimie,* LXXVI, 1810, p. 252.

90. Les micro-organismes ne sont pas encore bien caractérisés et classifiés du temps de Pasteur. Celui-ci, qui ne leur reconnaît pas une génération spontanée, ne va cependant pas jusqu'à les considérer comme des êtres toujours bien définis (quoiqu'il ait différencié les levures selon les fermentations qu'elles entraînent).

91. Pasteur ne le précise pas, car cela va de soi pour lui, mais, dans tout ce qui suit, il s'agit évidemment de ballons dont le contenu a été porté à ébullition afin de le stériliser.

92. Voir la note 91.

93. Pasteur s'est très souvent déplacé, à travers la France mais aussi l'Europe, pour faire ses travaux, que ce soit pour rechercher les diverses sortes d'acide tartrique, pour étudier les maladies du vin, de la bière, ou celles du ver à soie.

94. La séparation des diverses souches de bactéries ou de levures, sur des boîtes de Pétri plutôt que dans des ballons, repose toujours sur ce principe.

95. L'eau salée peut atteindre plus de 100° sans bouillir, l'huile peut être chauffée à des températures bien plus élevées (d'où leur utilisation dans ce bain-marie destiné à élever les spores de la moisissure à de hautes températures).

96. Nous avons déjà rencontré cette problématique de la matière organique dans l'étude des fermentations (voir note 30). Pasteur la résout ici de la même manière, en utilisant des bouillons de culture qui, s'ils ne sont pas sans matière organique puisqu'ils contiennent du sucre, sont du moins sans « matière albuminoïde » (c'est-à-dire sans protéines).

97. Au XVIIIe siècle, pour expliquer la reproduction, les tenants du préformationnisme avaient recours à des germes (ovules ou animalcules) contenant l'être vivant tout formé. Ils niaient la génération spontanée, en invoquant l'existence de germes disséminés dans l'air, germes contenant des êtres vivants tout formés mais qui ne se développaient que lorsqu'ils se trouvaient dans un terrain adéquat (l'eau, la boue, les matières organiques en décomposition, etc.). Ici, contre le préformationnisme, Buffon défend à la fois une embryologie épigénétique et une génération spontanée qui, toutes

deux, se font par un auto-assemblage des molécules organiques, auto-assemblage guidé par un « moule intérieur » dans le cas de la reproduction (dans une conception voisine, qui a d'ailleurs inspiré celle de Buffon, Maupertuis accordait, lui, une sorte de mémoire aux molécules organiques).

98. Turpin, Mémoire sur la cause et les effets de la fermentation alcoolique et acéteuse, *Mémoires de l'Académie des sciences de l'Institut de France,* XVII, 1840, p. 93-153.

99. Voir les notes 30 et 96.

100. Voir l'étude des fermentations pour ce qui concerne l'action de la plus ou moins forte acidité, ou alcalinité, du milieu de culture sur les micro-organismes qui y croissent (notes 15 et 23).

101. Voir la note 30.

102. Les mucédinées (moisissures) sont incapables de photosynthèse, d'où la nécessité d'un apport de carbone organique.

103. Les progrès de la microbiologie amèneront effectivement la biologie à s'intéresser de plus en plus à la physiologie cellulaire et, par là, à la biochimie (c'est celle-ci qui, notamment, résoudra définitivement le problème des fermentations en en décrivant les voies métaboliques).

LES MALADIES DU VIN ET DE LA BIÈRE

104. Ce texte est extrait d'un ouvrage entièrement consacré à la bière et à sa fabrication.

105. Il s'agit donc bien d'envisager les applications pratiques des travaux antérieurs sur les fermentations et la génération spontanée.

106. Il s'agit d'une qualité de bière qui s'obtient par une fermentation à basse température, environ 5°C (c'est le cas des bières allemandes).

107. C'est le principe de la pasteurisation.

108. Parce que la fermentation a pu continuer, sans être gênée par les micro-organismes parasites (tués par la chaleur).

109. Bière à fermentation haute (haute température, 20°C environ), comme la plupart des bières anglaises (cf. la note 106).

110. Le collage est l'opération par laquelle on clarifie la bière en la débarrassant des particules en suspension.

111. Pasteur met toujours en avant les avantages pratiques et économiques de ses recherches.

112. D'où la deuxième phase de la démonstration pastorienne.

113. Voir pages 85-171.

LE CHOLÉRA DES POULES

114. Le mot *virus* n'avait pas, au temps de Pasteur, le même sens qu'aujourd'hui (où il désigne une sorte particulière de micro-organismes, extrêmement petits, invisibles au microscope optique, parasites obligés et sans métabolisme propre). *Virus* est un mot latin

signifiant *venin* ou *poison ;* il a d'abord désigné l'agent (inconnu) des maladies. Pasteur assimile cet agent des maladies à un micro-organisme (et non à un poison soluble, un agent chimique ; la notion de toxine apparaîtra plus tard). Le sens actuel de virus est dérivé de *virus filtrant,* c'est-à-dire un agent pathogène si fin qu'il passe à travers les filtres.

115. J. Liebig, *Traité de chimie organique,* Paris 1840-1844 (3 vol.).

116. Voir ci-avant, pages 45-75, l'étude des fermentations.

117. Voir les notes 30 et 96.

118. Les fermentations se font en général en anaérobiose.

119. *Contages* est le nom donné des substances qu'on imaginait responsables de la contagion (elles étaient supposées transmettre la maladie en passant d'un malade à une personne saine).

120. C. Davaine, Recherches sur les infusoires du sang dans la maladie connue sous le nom de « sang de rate », *Comptes rendus de l'Académie des sciences,* LVII, 1863.

121. A. Chauveau, Théorie de la contagion médiate ou miasmatique, appelée encore infection, *Comptes rendus de l'Académie des sciences,* LXVII, 1868.

122. Voir Tiegel, Über die fiebererregende Eigenschaft des Microsporon septicum. Ein Betrag zur Lehre von des fieberhaften Wundkrankheiten, *Arbeiten aus dem Berner pathologischen Institut,* 1871-1873, Würzburg 1873.

123. R. Koch, Untersuchungen über Bakterien. V. Die Aetiologie der Milzbrandkrankheit, begründet auf die Entwickelungsgeschichte des Bacillus anthracis (1876), *Cohn's Beiträge zur Biologie der Pflanzen,* II, 1877, p. 277-310.

124. De nombreuses maladies (non mortelles) ne frappent qu'une fois, le malade étant ensuite immunisé. À l'époque de Pasteur, on ignorait tout des principes de l'immunisation, mais on connaissait déjà la vaccination par laquelle Jenner avait protégé ses patients de la variole, et on avait déjà imaginé utiliser le principe de non-récidive. Pasteur introduit ici une idée qu'il va développer ensuite sur un plan pratique (mais non théorique) en tentant de protéger les poules du choléra par l'inoculation d'un « virus » dont la virulence a été atténuée.

125. Dictionnaire de médecine, de chirurgie et d'hygiène vétérinaires, par Hurtrel d'Arboval, Édition entièrement refondue par A. Zundel, Paris, 1874-1877 (article *charbon,* tome I, p. 334-358).

126. Éd. Perroncito, Epizootia tifoide nei gallinacei, Torino 1878 ; et *Ann. d. r. Accad. di agricolt. di Torino,* 1878, XXI.

127. H. Toussaint, Sur une maladie à forme charbonneuse, causée par un nouveau vibrion aérobie, *Comptes rendus de l'Académie des sciences,* LXXXVII, 1878, p. 69-72.

128. Voir ci-après, pages 239-273, les études sur le charbon.

129. Vibrion est un terme générique pour désigner les micro-organismes ; en général, il s'applique plus spécialement aux infusoires (voir la note 78).

130. Voir la note 19.

131. Le fait que tous les milieux de culture ne conviennent pas aux différents micro-organismes (voir les notes 15 et 23 par exemple) est étendu en une explication de leur caractère pathogène pour tel ou tel animal.

132. Pasteur utilise ici ses remarques précédentes pour tester la pureté de ses prélèvements de germe du choléra. Puisque ce germe ne se développe pas dans l'eau de levure, celle-ci restera pure si le prélèvement est pur ; en revanche, si le germe du choléra des poules est accompagné d'autres micro-organismes, ceux-ci se développeront dans l'eau de levure qui, ainsi, se troublera (voir, dans l'étude des fermentations, l'utilisation comparable du pH du milieu de culture, ou celle du jus d'oignon comme « antibiotique » ; notes 15, 23 et 27).

133. Voir, pages 226-235, l'exposé de la méthode utilisée par Pasteur pour atténuer la virulence du microbe du choléra des poules.

134. Voir la note 124. Pasteur a pris soin de préciser que l'atténuation de sa virulence ne changeait pas la nature du microbe ni donc, par conséquent, la nature de la maladie qu'il provoque (celle-ci est simplement moins grave). De la sorte, Pasteur peut comparer son expérience au cas des maladies qui ne frappent qu'une fois et immunisent le malade contre elles.

135. *Vaccine* est le nom de la maladie (également appelée cow-pox, picote, variole des vaches) que Jenner inoculait à ses patients pour les protéger de la variole. *Vaccin* était initialement le nom de l'humeur purulente des pustules de cow-pox, que l'on injectait aux patients à « vacciner ». En l'honneur de Jenner, Pasteur étendit le mot *vaccin* aux substances injectées pour protéger de maladies qui n'ont rien à voir avec la vaccine et la variole. Ce sens étendu est resté en usage.

136. Un séquestre est un fragment de tissu mort, séparé mais encore enclavé dans le tissu vivant (le plus souvent, ce mot est employé pour l'os, mais il peut s'appliquer à différents tissus, ici le muscle).

137. L'immunologie n'existait pas à l'époque de Pasteur. Il imaginera, entre autres, que le microbe sécrète dans son milieu de culture une substance qui empêche ensuite sa prolifération en ce milieu (comparer à la levure lactique qui acidifie son milieu, ce qui inhibe sa croissance ; voir note 23). L'incapacité de Pasteur à donner une explication correcte du phénomène n'est pas d'une importance extrême, car il vise avant tout à des applications pratiques (ici vétérinaires et médicales).

138. C'est le texte précédent, pages 201-214.

139. Voir les notes 125, 126 et 127.

140. Voir la note 135.

141. Ce qui signifie que sur vingt poules « vaccinées » par une seule injection de microbe atténué et contaminées ensuite par le microbe virulent, toutes sont malades, douze à quatorze en meurent, et six à huit survivent à la maladie.

142. L'explication diffère ici de celle suggérée dans la note 137 ; il s'agit de la disparition d'une substance nécessaire plutôt que de la sécrétion d'une substance inhibitrice dans le milieu de culture (ici le corps de l'animal).

143. Ce fait aurait dû suggérer à Pasteur l'invraisemblance de son explication.

144. Voir les notes 137, 142 et 143. Pasteur n'était pas médecin, ni même biologiste. Il applique directement à l'être vivant ce qu'il a constaté dans ses cultures *in vitro* : l'altération du milieu de culture inhibe la croissance et la reproduction des micro-organismes (cf. le rôle du pH, du jus d'oignon, etc.), et cette altération est parfois le fait des micro-organismes eux-mêmes (cf. la levure lactique qui acidifie le milieu, ou, de manière plus générale, l'épuisement des aliments du milieu par une culture intensive) ; par conséquent, si la poule vaccinée ne permet pas au microbe du choléra de se multiplier en elle, c'est parce que la vaccination a altéré son corps de sorte qu'il ne puisse plus être un milieu de culture pour le microbe.

145. La circulation du sang.

146. Par conséquent, le microbe libère bien une substance dans son milieu de culture (et donc dans le corps de l'animal). Cette substance a un effet narcotique, mais ce n'est pas elle qui tue l'animal (du moins à cette dose), ni qui l'immunise contre une attaque ultérieure de la maladie.

147. Cette théorie s'oppose un peu à ce qu'a écrit Pasteur ci-avant sur le fait que la vaccination touche l'animal entier, *via* notamment la circulation sanguine.

148. Voir, pages 281-322, les textes sur la rage. Pasteur y expliquera autrement le délai entre la morsure et la déclaration de la maladie.

149. Voir pages 206-207.

150. Voir la note 135.

151. Ci-avant (page 210), Pasteur présentait plutôt cette identité comme un désavantage, car on ne pouvait être assuré que le virus atténué ne redevienne pas virulent pour une raison ou une autre (pour le virus de la vaccine, qui est plus sûrement et plus naturellement différent de celui de la variole, ce phénomène n'est pas à craindre).

152. Voir pages 224-225.

153. La légende veut que cette méthode d'atténuation de la virulence ait été découverte par hasard, Pasteur ayant injecté à ses poules une vieille culture oubliée, le temps des vacances, dans un coin de son laboratoire.

154. Voir page 208.

155. Le fait que des micro-organismes puissent vivre en anaérobiose — ce qu'il a découvert lors de l'étude des fermentations — a marqué Pasteur et profondément influencé sa manière d'interpréter les résultats de ses expériences.

156. C'est-à-dire des spores, formes résistantes que certaines bactéries adoptent lorsque les conditions de vie deviennent difficiles. Ces spores peuvent survivre très longtemps dans des conditions très dures, et redonner ensuite les formes bactériennes normales.

157. Voir la note 155. La perte de virulence est en fait difficile à expliquer, et Pasteur interprète ici ses expériences de manière un peu osée. Il en est de même pour le recours qu'il fait ci-après aux « influences d'ordre cosmique », qui ne sont pas sans rappeler celles auxquelles il avait recours pour expliquer la dissymétrie moléculaire (voir page 36).

LE CHARBON DU MOUTON

158. Rayer, Inoculation du sang de rate, *Comptes rendus des séances et Mémoires de la Société de Biologie,* II, 1850 (1851), p. 141-144.

159. Voir la note 120.

160. Spores (cf. note 156).

161. Voir la note 123.

162. M. Duval et L. Lereboullet, *Manuel du microscope dans ses applications au diagnostic et à la clinique,* Paris 1877 (2e éd.), p. 64-74.

163. Joseph Lister (1827-1912), chirurgien anglais, créateur du pansement antiseptique qui porte son nom (il s'agit d'un pansement fait de plusieurs couches de tissu imbibé d'acide phénique à diverses concentrations).

164. Gosselin, Rapport sur un travail de M. A. Guérin, intitulé : Du rôle pathogénique des ferments dans les maladies chirurgicales ; nouvelle méthode de traitement des amputés, *Comptes rendus de l'Académie des sciences,* séance du 11 janvier 1875, LXXX, p. 81-86.

165. H. Pidoux, *La médecine expérimentale,* Paris 1876.

166. Voir la note 114.

167. P. Bert, Nouvelles recherches sur le sang de rate, *Comptes rendus des séances et Mémoires de la Société de Biologie,* séance du 9 décembre 1876, XXVIII, p. 380-381. Voir aussi la séance du 13 janvier 1877, XXIX, p. 19. Pour *virus*, cf. note 114.

168. L'économie animale.

169. C'est-à-dire un agent pathogène qui serait un poison, un venin, une substance soluble et non un micro-organisme. Pasteur emploie ici le mot virus dans son sens étymologique (voir la note 114).

170. Voir la note 121.

171. Voir Pasteur, Charbon et Septicémie (avec la collaboration de M. Joubert), *Comptes rendus de l'Académie des sciences,* séance du 16 juillet 1877, LXXXV, p. 101-105. (*Œuvres complètes,* tome VI, p. 172-188).

172. Voir, pages 226-235, *De l'atténuation du virus du choléra des poules.*

173. Le « microbe » du charbon produit des spores, contrairement à celui du choléra des poules (voir la note 156). Grâce à ces spores, ce microbe est susceptible de résister bien mieux que celui du choléra des poules à des conditions de vie difficiles, et donc aux traitements qu'on lui fait subir pour atténuer sa virulence.

174. On ne parle pas de mycélium pour les bactéries, mais seulement pour les champignons.

175. C'est-à-dire une culture où la bactérie ne forme pas de spores (cf. note 174.).

176. C'est-à-dire qu'on peut, par cultures successives, conserver la bactérie dans tel ou tel degré de virulence choisi.

177. Pasteur, *Sur la non-récidive de l'affection charbonneuse, Œuvres complètes,* tome VI, p. 316-322.

178. Toussaint, Procédé pour la vaccination des moutons et des jeunes chiens contre la maladie charbonneuse, *Bulletin de l'Académie de médecine*, 2e sér., IX, 1880, p. 792-796.

179. Voir, pages 259-264, *De la possibilité de rendre les moutons réfractaires au charbon par la méthode des inoculations préventives.*

180. Voir la note 151.

181. Voir, pages 226-235, *De l'atténuation du virus du choléra des poules.*

182. La vaccine pouvait être considérée comme une variole humaine atténuée par son passage chez la vache.

183. Voir la note 181.

184. Voir la note 178.

185. À l'Académie de médecine, séance du 27 juillet 1880.

186. Voir, pages 219-224, les hésitations de Pasteur sur la question : le microbe du choléra des poules produit-il une substance inhibant sa multiplication dans l'animal, ou épuise-t-il en celui-ci une substance qui serait nécessaire à sa multiplication ? (cf. notes 137, 142 et 144).

187. C'est-à-dire une substance produisant une inflammation. Nous avons vu, page 222, que Pasteur avait mis en évidence la production d'une substance narcotique par le microbe du choléra des poules (cf. note 146).

188. Voir pages 221-222.

189. Voir la note 173.

190. Voir, pages 251-258, *De l'atténuation des virus et de leur retour à la virulence.*

191. Voir la note 190.

192. Voir la note 173.

193. Voir, page 256, cette méthode de réactivation de la virulence.

194. Pasteur a montré que l'ensevelissement, même profond, de moutons charbonneux dans des pâturages est dangereux, car les vers de terre remontent en surface de la terre souillée par le bacille, qui contamine alors les moutons paissant l'herbe.

195. Voir la note* de la page 266.

196. Voir, pages 226-235, *De l'atténuation des virus et de leur retour à la virulence.*

197. Voir la note 194.

198. Voir page 265.

199. Il s'agit de M. Biot, selon René Vallery-Radot (*La Vie de Pasteur,* page 419 de l'édition de 1946).

200. Voir la note 151.

LA RAGE

201. La rage est due à un virus au sens moderne du mot, mais Pasteur emploie, ici comme auparavant, ce terme de *virus* au sens plus général de *micro-organisme.*

202. Le délai de manifestation de la maladie, lors d'une inoculation intramusculaire tient au temps nécessaire pour que le virus gagne et attaque le système nerveux.

203. La rage mue est une variété de rage où l'animal, au lieu de devenir furieux (comme dans la rage furieuse), semble frappé d'anxiété, dans l'impossibilité d'aboyer (d'où le nom de *mue,* ou *muette,* donné à cette rage) et de mordre par suite d'une incapacité à rapprocher les mâchoires.

204. *Comptes rendus de l'Académie des sciences,* séance du 24 janvier 1881, XCII, p. 159-165 (*Œuvres complètes,* tome VI, p. 559-566).

205. La partie inférieure de la moelle épinière.

206. L'un des principaux symptômes de la rage est une exacerbation de la sensibilité.

207. L'école vétérinaire.

208. C'est ce même vétérinaire qui avait secondé Pasteur dans sa grande expérience de Pouilly-le-Fort sur la vaccination contre le charbon. (Voir pages 267-273.)

209. *International Medical Congress,* seventh session, London 1881.

210. H. Pidoux, *La Médecine expérimentale,* Paris 1876 (souvent cité par Pasteur, voir la note 165).

211. On voit bien ici la relation entre les travaux de Pasteur sur la génération spontanée et ceux sur l'origine des maladies, l'impossibilité d'une génération spontanée entraînant l'impossibilité d'une spontanéité des maladies, puisque celles-ci sont provoquées par des micro-organismes.

212. Pasteur, *Vaccination in relation to chicken-cholera and splenic fever, Œuvres complètes,* tome VI, p. 370-378 (voir aussi notre édition pages 226-235).

213. Le vétérinaire Biot n'avait-il pas voulu se faire vacciner après l'expérience de Pouilly-le-Fort (voir la note 199) ?

214. C'est la méthode qu'adoptera Pasteur lorsqu'il s'agira de vacciner Joseph Meister, mordu par un chien enragé (voir pages 306-308). Jenner avait été beaucoup plus brutal lorsqu'en 1796 il avait testé l'efficacité de sa vaccination contre la variole sur un jeune garçon nommé James Phipps qui, lui, était en parfaite santé : après l'avoir « vacciné » avec du pus d'une pustule de vaccine, il lui inocula purement et simplement la variole (il attendit deux ans avant de publier le résultat, heureusement positif).

215. Pasteur fut parmi les premiers en France à insister sur la nécessité d'un soutien public à la recherche non seulement médicale mais, plus largement, scientifique. L'importance de ses travaux et leurs répercussions économiques (fabrication de la bière, du vin, du vinaigre, conservation des substances alimentaires, sériciculture, élevage, etc.) furent sans conteste des arguments très efficaces.

216. Le bulbe contient effectivement des centres vitaux.

217. Alors que pour la variole, Jenner disposait de la vaccine (variole de la vache) sans danger pour l'homme.

218. Comparer à la question de la génération spontanée qui implique celle de l'origine de la vie.

219. Pour le choléra des poules, voir pages 195-235 ; pour le charbon, pages 239-273 ; pour le microbe de la salive, voir note 204 ; le rouget du porc est une maladie que Pasteur étudia de manière moins complète que les précédentes.

220. Pasteur ne pouvant mesurer exactement la quantité de virus qu'il inocule (surtout lorsqu'il s'agit d'expériences utilisant des sources de virus différentes), sa méthode est forcément très approximative.

221. Voir la note 220 ; l'approximation est ici flagrante.

222. Voir la note 208.

223. Pasteur avait déjà fait une étude comparative de la virulence par des passages successifs chez différentes espèces dans le cas du charbon (pages 256-257). Voir, ci-après et note 182, ce que Pasteur dit de Jenner à propos de ces passages d'une espèce à une autre.

224. Ces « inoculations préventives suivantes » sont donc faites avec un virus de plus en plus virulent ; ce qui est conforme aux principes précédemment exposés. Cette méthode n'est cependant pas très claire (pourquoi repasser par le lapin, plutôt que de vacciner directement les chiens avec le bulbe du singe ?) ; ce n'est d'ailleurs pas celle que Pasteur retiendra pour mettre au point son vaccin (voir le texte suivant, pages 302-311).

225. Le « microbe » de la rage est un virus au sens moderne du mot, virus qui ne peut s'observer qu'au microscope électronique et qui était donc insaisissable pour Pasteur.

226. Comme on l'a constaté pour le choléra des poules et le charbon, et comme on le constatera pour la rage, les travaux de Pasteur sont très largement empiriques ; peu importe donc qu'il ait pu ou non observer au microscope le germe de la maladie.

227. Jenner a rencontré une certaine opposition quand il a présenté sa vaccination contre la variole, mais cette opposition ne fut pas excessive (ce fut celle que doit vaincre toute nouveauté) et sa méthode fut très vite adoptée dans le monde entier (Thomas Jefferson, le président des États-Unis se fit vacciner trois ans après la découverte de Jenner).

228. Ces rapports se trouvent pages 753-758 et 857-858 du tome VI des *Œuvres complètes.*

229. Voir la note 214.

230. C'est ce que Pasteur a exposé dans le texte précédent, page 296.

231. On retrouve là l'idée selon laquelle l'oxygène a un effet inhibiteur de la virulence (comme il en a un sur les fermentations anaérobies).

232. La potasse (comme la soude) absorbe très facilement l'humidité de l'air.

233. Actuellement Sélestat (Bas-Rhin) ; l'Alsace était allemande à cette époque.

234. L'acide phénique était utilisé comme antibiotique (voir la note 163).

235. Il s'agit du texte donné pages 286-302.

236. Dans les cas de morsure (et non dans ceux d'une inoculation par trépanation), c'est le délai nécessaire pour que la rage se déclare (en moyenne deux mois après la morsure) et, d'autre part, la grande quantité de virus inactivé injecté, qui permettent au vaccin d'agir malgré son application tardive.

237. Cette phrase est un peu déplacée dans la mesure où il s'agissait ici de soigner un être humain (et non de faire une expérience sur un animal).

238. Joseph Meister survivra et, bien plus tard, deviendra concierge de l'Institut Pasteur. Il se suicidera en 1940, lorsque les Allemands voudront lui faire ouvrir la crypte où repose le corps de Pasteur.

239. Voir la note 231.

240. Voir, dans le texte précédent (page 286-302), les différentes expériences faites par Pasteur pour essayer d'évaluer la virulence du virus de la rage.

241. Voir pages 220-223 Pasteur a dit précédemment que la vaccination nécessite le micro-organisme atténué mais vivant, et non une substance sécrétée par celui-ci dans son milieu de culture. Il est maintenant moins affirmatif, car ici le virus est un vrai virus, c'est-à-dire qu'il est suffisamment petit pour traverser tous les filtres. Par conséquent, le milieu de culture filtré (la moelle de lapin, séchée, diluée puis filtrée) conserve son pouvoir vaccinant (contrairement à ce qui se passait pour le choléra des poules ou le charbon, dont les germes étaient arrêtés par les filtres). Pasteur attribue alors ce pouvoir à une substance sécrétée dans ce milieu (car il n'imagine pas un micro-organisme si petit qu'il puisse passer à travers tous les filtres).

242. J. Raulin, *Études chimiques sur la végétation,* Thèse pour le doctorat ès sciences physiques, Paris 1870.

243. Voir le texte précédent pages 302-311.

244. Voir la note 233.

245. Voir le texte précédent pages 310-311.

246. C'est-à-dire des cas où le traitement fut commencé longtemps après la morsure.

247. Voir, pages 295-297, les différentes expériences faites par Pasteur pour essayer d'évaluer la virulence du virus de la rage.

248. Pasteur montre ici encore son sens de l'organisation.

249. M. de Freycinet, dont l'intervention conclut ce texte.

250. *Comptes rendus de l'Académie des sciences,* séance du 1er mars 1886, CII, p. 469.

BIBLIOGRAPHIE SOMMAIRE

BARIETY Maurice et COURY Charles, *Histoire de la médecine,* Fayard, Paris 1963.

BICHAT Xavier, *Recherches physiologiques sur la vie et la mort (première partie) et autres textes* Flammarion, Paris, 1995.

CAULLERY M., *Pasteur et la microbiologie,* in *Histoire générale des sciences* (sous la direction de R. Taton), PUF, Paris 1961 (3e volume).

CÉLINE Louis-Ferdinand, *Semmelweis,* Gallimard, Paris 1952.

DAGOGNET François, *Méthodes et doctrine dans l'œuvre de Pasteur,* PUF, Paris 1967.

DELAUNAY Albert, *Pasteur et la microbiologie,* PUF, Paris 1951.

DUBOS René, *Louis Pasteur, franc-tireur de la science,* traduction par E. Dussauze, PUF, Paris 1955.

DUCLAUX Émile, *Pasteur, histoire d'un esprit,* Charaire, Sceaux 1896.

GEISON G.G., *art. « Pasteur »,* in *Dictionary of Scientific Biography* (ed. by Ch. C. Gillipsie), Scribener and Sons, New York 1974.

LATOUR Bruno, *Microbes, Guerre et Paix,* A.-M. Métailié, Paris 1984.

MORVAN R.-G. (sous la direction de), *Encyclopédie internationale des sciences et des techniques* (10 vol.), Presses de la Cité, Paris 1969.

NICOLLE Jacques, *Pasteur, sa vie, sa méthode, ses découvertes,* Gérard (Marabout), Verviers 1969.

PASTEUR Louis, *Œuvres, réunies par Pasteur Vallery-Radot* (7 vol.), Masson, Paris 1922-1939.

PASTEUR Louis, *Correspondance, réunie et annotée par Pasteur Vallery-Radot* (4 vol.), Grasset, Paris 1940-1951.

PASTEUR Louis, *Pages choisies et commentées* (par E. Kahane), Éd. Sociales, Paris 1970.

PICHOT André, *Histoire de la notion de vie,* Gallimard (Tel), Paris 1993.

SALOMON-BAYET Claire (sous la direction de), *Pasteur et la révolution pastorienne,* Payot, Paris 1986.

SCHÜTZENBERGER P., *Les Fermentations,* Alcan, Paris 1896.

TROUESSART E.-L., *Les Microbes, les ferments et les moisissures,* Alcan, Paris 1891.

VALLERY-RADOT René, *La Vie de Pasteur,* Flammarion, Paris 1900 (nombreuses éditions successives).

VALLERY-RADOT René, *Madame Pasteur,* Flammarion, Paris 1941.

VIE DE PASTEUR

Pasteur est né le 27 décembre 1822 à Dole (Jura), dans une famille de tanneurs. Il fit ses études à Arbois, puis à Besançon. En 1842, il est admis à entrer à l'École normale supérieure, mais à un rang assez médiocre ; il préfère repasser le concours l'année suivante, il est alors classé quatrième. En 1846, il obtient l'agrégation de physique. En 1847, il soutient ses thèses de chimie et de physique et, en 1848, il expose les résultats de ses premiers travaux sur la dissymétrie moléculaire.

La même année, il est nommé professeur suppléant de chimie à l'université de Strasbourg. En 1849, il épouse la fille du recteur de cette université, Marie Laurent. Il poursuit ses travaux sur la dissymétrie moléculaire.

En 1853, il est doyen de la nouvelle Faculté des sciences de Lille. Il commence ses travaux sur la fermentation.

En 1857, il devient administrateur de l'École normale supérieure. Il occupera ce poste, avec bien des difficultés, jusqu'en 1867, où il doit le quitter.

En 1858, il commence ses travaux sur la génération spontanée, tout en poursuivant son étude des fermentations.

En 1862, il est élu à l'Académie des sciences. En 1863, à la demande de Napoléon III, il étudie les maladies des vins.

En 1866, il étudie les maladies des vers à soie dans le Midi.

En 1867, ayant quitté son poste d'administrateur, il crée un laboratoire de chimie physiologique à l'École normale supérieure.

En 1868, une attaque le laisse hémiplégique. Il n'en continue pas moins ses travaux ; notamment, en 1870, ses études sur la bière.

En 1873, il entre à l'Académie de médecine. En 1877, il se présente aux élections sénatoriales, dans le Jura ; il n'est pas élu.

En 1879, il commence à étudier le choléra des poules et le problème de l'atténuation de la virulence des germes pathogènes. Parallèlement, il s'attaque au charbon du mouton et à la rage.

En 1881, il réalise l'expérience de Pouilly-le-Fort, où il vaccine en public un troupeau de moutons contre le charbon. La même année, il entre à l'Académie française.

En 1885, il vaccine Joseph Meister qui avait été mordu par un chien enragé. Il poursuit ses vaccinations sur différentes personnes et, en 1886, décide de créer un institut de lutte contre cette maladie.

En 1887, Pasteur est victime d'une seconde attaque, il doit diminuer son activité.

En 1888, l'Institut Pasteur est inauguré.

Pasteur meurt le 28 septembre 1895, à Villeneuve-l'Étang (Seine-et-Oise).

TABLE

GF – TEXTE INTÉGRAL – GF

94/09/M5054-IX-1994 – Impr. MAURY Eurolivres SA, 45300 Manchecourt.
N° d'édition 15540. – Octobre 1994. – Printed in France.